本书得到以下项目资助：广东省基础与应用基础研究基金联合基金重点项目（2019B1515120052）、国家自然科学基金（52179029）与水利部珠江河口动力学及伴生过程调控重点实验室开放研究基金项目（[2017]KJ07）

流域景观格局演变及其生态水文响应研究

刘丙军　朱振杰 等　编著

科学出版社

北京

内 容 简 介

本书较为系统地总结了国内外生态水文学的研究现状及其发展趋势，通过大量野外调研、数据收集与整理，综合运用水文学、水动力学、景观生态学等多学科的理论与方法，分析了流溪河流域景观格局演变及其生态环境现状与存在的主要问题，研发了一套流域景观格局时空变化规律的多尺度分析方法，揭示了流域—廊道—河段多个维度景观格局演变特征以及生态水文水动力响应机制，研究成果可为南方湿润地区流域景观规划与生态保护提供一定的理论基础与实践指导。

本书可供大专院校水文水资源及相关专业本科生、研究生教学科研使用，也可供水利、环保、市政等规划设计部门科研人员参考。

审图号：粤 S（2022）151 号

图书在版编目（CIP）数据

流域景观格局演变及其生态水文响应研究 / 刘丙军等编著.—北京：科学出版社，2022.10

ISBN 978-7-03-073451-8

Ⅰ.①流… Ⅱ.①刘… Ⅲ.①流域-景观生态建设-研究②流域-生态-水文情势-研究 Ⅳ.①X171.4②X143

中国版本图书馆 CIP 数据核字（2022）第 191173 号

责任编辑：孟美岑 柴良木 / 责任校对：何艳萍

责任印制：赵 博 / 封面设计：北京图阅盛世

科学出版社 出版

北京东黄城根北街 16 号

邮政编码：100717

http://www.sciencep.com

涿州市般润文化传播有限公司印刷

科学出版社发行 各地新华书店经销

*

2022 年 10 月第 一 版 开本：787×1092 1/16

2025 年 2 月第二次印刷 印张：13

字数：300 000

定价：178.00 元

（如有印装质量问题，我社负责调换）

前　言

快速城市化引发的流域水资源短缺、水污染加剧、生物多样性降低、生态系统受损等综合性问题，一直是各级政府与相关部门关注的重点问题之一。20世纪末，由国际科学理事会发起的“国际全球环境变化人文因素计划”（IHDP）强调了城市化发展中人类活动与自然过程间相互作用对全球范围内生态环境变化影响的重要性。党的十九大提出了统筹山水林田湖草系统治理的新要求，进一步明确了流域生态文明建设的重要性。如何量化人类活动对多尺度流域土地利用变化以及景观格局演变的影响，揭示流域多尺度景观特征演变的生态水文效应，是当前生态水文学的前沿课题之一。

流溪河流域是广州市的母亲河，也是全广州地区近60%人口的饮用水源。随着经济社会的快速发展，流溪河流域城市化率超过了80%，大量自然用地被建设用地侵占，流域景观格局整体呈现逐步破碎化的趋势，下垫面蓄滞、下渗及截污能力明显被削弱；与此同时，近几十年间河道堤防的建设与河岸带高强度人为经济活动的开发，进一步导致流溪河河流廊道自然生态景观被逐步人工化，河岸带生物多样性遭到破坏；高密度梯级水电站修建导致河道渠系化，河道纵向连通性被削弱，水生生物洄游通道受阻，河流水环境容量也明显降低，水生态环境功能显著退化。高强度人类活动最终导致流溪河流域原有的自然山水林田草景观生态格局发生巨大改变，产生了严重的水生态环境问题，限制该流域经济社会的可持续发展。

本书在广东省基础与应用基础研究基金联合基金重点项目“广州黑臭水体成因及其防治技术”（2019B1515120052）、国家自然科学基金（52179029）与水利部珠江河口动力学及伴生过程调控重点实验室开放研究基金项目“河岸缓冲带生态景观格局变化的生态水文响应研究”（[2017]KJ07）等支持下，总结了国内外生态水文学的研究现状及其发展趋势，通过大量野外调研、数据收集与整理，综合运用水文学、水动力学、景观生态学等多学科的理论与方法，较系统地诊断了流溪河流域景观格局演变特征及其生态环境现状与存在的主要问题，研发了一套流域景观特征时空变化规律的多尺度分析方法，揭示了流域—廊道—河段多个维度景观格局演变特征以及生态水文水动力响应机制。本书在一定程度上丰富了流域生态景观学与生态水文学理论方法，可为流域生态景观可持续规划与保护提供参考依据。

本书由刘丙军、朱振杰统稿编著；第1、第2、第4、第5、第7章由刘丙军、朱振杰编写；第3章由李聪慧、刘丙军编写；第6章由朱振杰、彭为、韦秋莹编写。同时，衷心感谢本书所引用参考文献的作者曾经做的大量工作。

本书撰写过程中，得到了中山大学多位老师的大力支持和帮助，在此一并表示诚挚的感谢。

由于时间与水平有限，书中难免存在疏漏之处，恳请读者批评指正！

作　者

2022年3月于康乐园

目　录

第1章 绪　论

1.1 研究背景与意义

20 世纪末，由国际科学理事会发起的“国际全球环境变化人文因素计划”（IHDP）强调了城市化发展中人类活动与自然过程间相互作用对全球范围内环境变化影响的重要性[1]。在该计划的推动下，城市化带来的全球各个尺度上土地利用格局的演变及其造成的生态环境问题已成为 21 世纪以来国内外学者对全球环境变化研究的核心课题之一[2, 3]。其中以全球范围流域内水文过程变异、水质恶化、生物多样性降低、生态系统稳定性下降、自然河湖生态功能逐渐丧失等生态环境问题尤为严峻[4, 5]，这使得越来越多的跨学科研究开始围绕人类活动影响下土地利用与景观格局的变化带来的流域内生态格局的破碎化[6, 7]、自然水文过程的改变[8, 9]、水环境的恶化以及生物多样性逐渐丧失等问题展开[10-12]。学者力求通过对上述变化趋势与作用机理的分析，提出解决突出的流域生态环境问题的有效策略，最大限度地恢复流域自然生态系统的基本功能。然而，由于流域性问题的复杂性与所涉及学科的综合性特点，现有的研究尚未针对流域自身多元化的属性，形成一套综合其内水文、水环境与生态多个要素的方法体系[4]。与此同时，现阶段对流域生态系统恢复与重建的举措多从宏观的规划层面或剥离流域内各个要素的更加微观的机理分析层面展开[13, 14]，无法满足流域系统性规划的需求，也无法建立起流域生态系统内各个要素间相互作用的关系。基于此，从流域自身结构、功能与关联要素的分析入手，探讨从宏观到中观、再到微观尺度，流域景观格局特征的变化及其带来的生态环境问题，对解决现有的流域性问题与提出具有重要参考价值的规划建议尤为关键。

流域作为水文循环的基本单元，是自然、社会、经济共同作用的复合生态系统，需要从系统多元化的角度展开人类活动对流域内生态环境作用的研究[15]。吴刚和蔡庆华[16]提出了流域生态学的理念，研究流域内不同景观和不同生态系统间信息、能量、物质间的相互作用，并强调流域内景观系统结构层次的丰富性与组成要素多样化的特点。该理论认为流域内自然生态要素与人类活动相互作用的过程在系统内各个层次发挥作用且影响系统内的各个要素，不仅涉及了宏观流域尺度、中微观河流廊道以及局部河段尺度，还囊括了河湖水系、山林田园、城市建筑群、生物与人类等自然与社会的多种要素[17]。这一理论的提出为从系统多元化的角度出发分析人类活动影响造成的流域内各个尺度景观格局特征的变化及各要素的响应奠定了理论基础与跨学科交叉探索的方向。回顾过去 20 多年间该研究方向的已有成果发现，由于学科间跨度较大的现实阻碍，研究内容均分散在自然地理学、水文水利学、景观生态学、环境科学、生物学等多个学科领域，侧重点均不同且各自纵向深入发展。与此同时，多维度、多要素的跨学科系统综合研究已成各学科领域讨论的焦点[18, 19]。在国家政治层面，党的十九大提出的统筹山水林田湖草系统治理的新要求，也再一次强调了统筹考虑各自然生态要素的重要性，并突出了跨学科系统综合研究的必要性与时代意义。

综上所述，本书以广州市北部受城市化迅猛扩张剧烈影响的流溪河流域为研究区，开展剧烈人类活动影响下流域景观格局变化及其生态水文效应研究。流溪河流域是广州市重要的水源地之一，供给全广州地区近 60%的饮用水[20]。所在辖区已在 2015 年前被逐步纳入广州市辖区规划范畴，这是推动流域内土地利用与景观格局剧烈变化的直接原因[21]。流域内部分自然用地被建设用地侵占，河湖水系、自然山林等原生生境被逐步人工化，原本的山、水、林、田、草景观格局遭到破坏，水环境条件逐步恶化，水源功能也逐步地丧失[22]。与此同时，流域范围内大量物种因栖息地的改变逐渐减少，物种多样性也不断降低[23, 24]。这意味着流溪河流域现阶段正面临着区域发展与生态环境保护相矛盾的现实困境，迫切需要明确人类活动对流域土地利用与景观格局改造带来的现状生态环境问题的作用机理，以此为基础提出协调城市发展与生态保护的流域规划与管理策略。上述问题在流溪河流域开展的已有研究主要探讨了其土地利用与景观格局变化特征及带来的水文过程变异、流域内污染物浓度分布的差异[25, 26]，评估了流域内水环境条件与水生物健康水平等[27, 28]。目前，尚缺乏分析流溪河流域多尺度景观格局特征变化及其带来包括水文、水质与生物条件多要素响应变化的研究。

综上，本书基于流域生态学理论中系统综合的分析视角，从多尺度出发开展人类活动影响下流溪河流域内景观、水文、生态多要素间相互影响与作用的机理研究，以期构建一套多因子耦合分析多尺度、多要素间相互作用关系的流域多尺度景观格局特征演变及其生态水文响应的研究方法，丰富流域生态水文学理论，为流域景观可持续规划与生态保护提供参考。

1.2　国内外研究进展

1.2.1　流域景观格局演变研究进展

1.2.1.1　流域景观的定义

国际上目前还没有流域景观概念描述的统一标准，然而对“流域”与“景观”这两个基本概念的研究与论述却发展已久。流域是一个基于自然水文过程发生的地貌水文系统单元，囊括了该单元内各级河流及其所在的汇水区域，承载了山、水、林、田、湖、草、生物、建筑物等多种自然与人为要素，也是人类生存与活动开展的关键区域[29]。景观的概念则更为复杂，从德国地理学家提出的描述某个地理区域总体特征的概念出发，逐渐发展到涉及美学、生态学、社会学等多个学科领域，并扩展与丰富成为一个描述人为与自然环境要素相互作用结果的整体性、综合性、可视性与实体性兼具的概念[30]。它可以是特定的自然或文化的地域符号，可以是单一或系统的斑块型的空间单元，也可以是自然环境与人为要素的组成部分，如树木、水体、草地或住宅等，或是某一类具体的自然或人为要素的整体表征和格局，如植被景观格局、城市景观格局等，甚至可以是整个地球的面貌、一幅风景图画、一个具体的生活场景等。这两个概念均强调了其融合自然与人为各要素的系统性特征以及多学科领域交叉的综合性特征，重视自然与人为要素在一定地理空间单元下的相互作用，并囊括了多个尺度与多个要素，具有丰富的地理、生态与社会意义。景观与流域两者的概念均较为复杂，但流域的概念限定了描述景观的实体空间范围，景观的概念则聚焦了描述对象——在流域空间单元内自然与人为活动相互作用的结果。因此，流域景观的概念是指基于对流域这一空间尺度范围内的多尺度、多要素相互作用的景观客体的描述。

目前，与流域景观相关的研究中最常探讨的是基于景观生态学理论的流域景观格局变化特征的分析，即将流域景观作为一个整体，分析其范围内各自然与人为景观类型的占比变化和空间组合特征，强调其景观格局整体性特征生态意义的时空变化[15]。在该理论下开展的流域景观研究多聚焦于宏观流域尺度，涉及流域以下尺度景观特征变化的研究成果较少。在20世纪末到21世纪初，Ward[31]提出河流景观概念，并强调将河流生态系统作为一个整体进行研究，以水文地貌为依托，分析生物与环境要素在河流四维时空（纵向、横向、垂向、时间向）中的相互作用。该四维时空结构不是孤立于流域而单独存在的，而是在其自身所在流域结构框架内的，它描述了围绕着河流本身所在河道及其周围的泛滥平原，从上游至下游、地表至地下、静态至动态的河流群落生境与环境梯度的动态变化特征。国内学者吴刚与蔡庆华[16]提出的综合了淡水生态学、系统生态学和景观生态学理论与方法的流域生态学理论也强调了流域的多层次结构特性，认为流域是包含了高地、滨岸带与水体的水陆综合体，从宏观到微观可划分为五级（图1-1），涉及上下游、左右岸与干支流的结构体系。

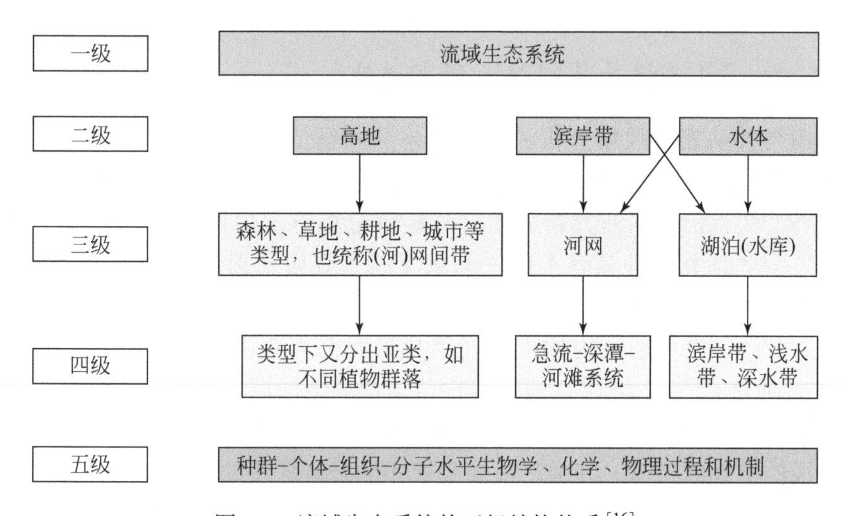

图1-1 流域生态系统的五级结构体系[16]

这两个基本理论的研究对象与立足点虽然不同，但却互为补充，均强调对流域的系统性研究。这为本书探讨与分析流域多尺度景观格局特征的变化提供了全面的研究视角与基础的理论参考依据，使得流域景观的多层次结构体系愈加清晰。此外，Allan[32]在综述已有关于景观变化对河流生境条件和各生物要素影响的系列研究时，提出并强调了以河流为载体囊括流域或子流域、河流廊道、局部河段三类最具代表性的尺度展开河流生态系统研究的重要性（图1-2），这也为本书确立不同尺度流域景观多层次结构分析空间单元提供了更加明确的理论依据，使得从“流域/子流域—河流廊道—局部河段”的点、线、面多尺度系统出发探讨流域景观格局特征在人类活动影响下的变化规律成为可能。

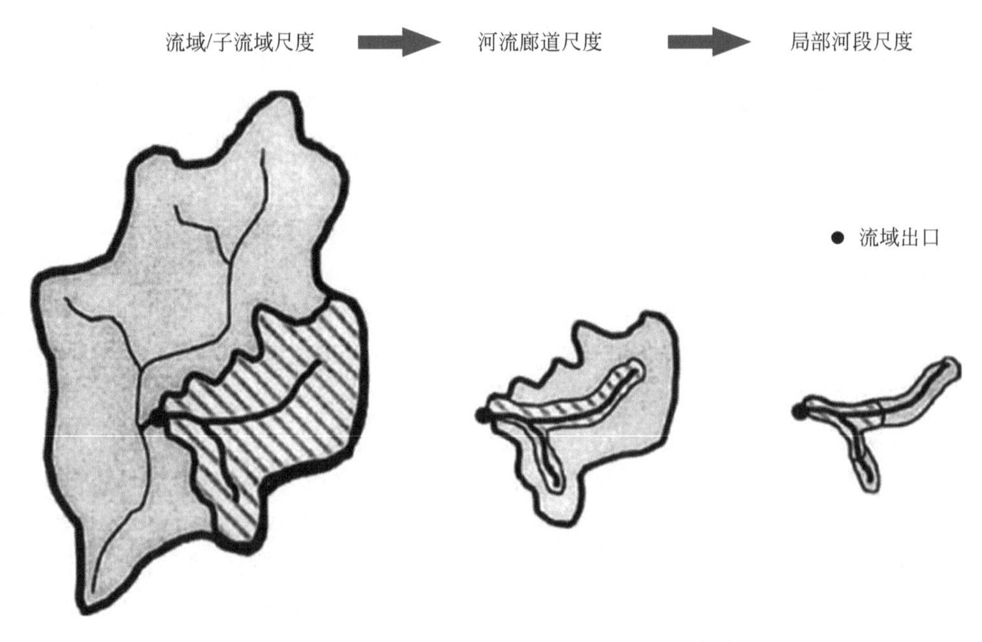

图 1-2 景观格局特征变化的常用研究尺度[32]

1.2.1.2 流域景观格局特征演变研究进展

目前，国内外从宏观尺度分析流域景观格局特征的研究已颇为成熟，常通过对各类自然与人为土地利用类型及其景观格局的时空变化特征分析来反映流域景观在宏观尺度的变化规律[33]。已有的研究常采用转移矩阵分析方法探讨各土地利用类型间的转移交换变化[34, 35]，计算各种具有不同生态意义的景观格局指数（如景观破碎化指数、多样性指数、干扰度指数、形状指数等）的大小来表征不同土地利用景观格局时空变化的特征与意义[36-38]，也有通过构建土地利用与景观格局变化的分析模型来预测其未来时空变化趋势的研究[39-42]。但现有的研究中常常模糊地使用土地利用与景观格局这两个概念。1995 年，Forman[43]提出了土地利用与景观格局均是由不同类型、大小和形状的景观斑块排列组成的空间结构体。其中，前者强调不同景观斑块的类型和占比随时间的变化，后者则侧重于景观斑块间空间镶嵌结构的变化特征。景观斑块的类型常常用各土地利用类型来表示[44]，且研究表明不同位置上土地利用类型随时间的变化会直接影响着景观斑块的空间配置特征，即景观格局的特征[45]；景观格局的特征又是对不同土地利用类型斑块在空间维度上结构与配置特征生态意义的体现[46]。这说明土地利用变化特征与景观格局变化特征间存在着较强的相关性与重叠性，各有侧重的同时又互相补充，这是研究中经常混淆两个概念的主要原因。因此，在分析宏观尺度流域景观格局特征的变化时，在时间维度要重点分析不同土地利用类型的变化特征，而在空间维度则应重点关注景观斑块的空间配置特征（即景观指数表征的景观格局特征）。

除从流域尺度展开土地利用与景观格局变化特征的分析外，部分学者围绕河流本身的线性结构从廊道尺度或局部河段尺度重点分析了不同宽度河岸带土地利用与景观格局的变化特征的差异[47-51]。徐海顺等[52]对上海市黄浦江 100～800m 宽河岸带景观格局进行分析，发现 300～400m 宽度河岸带的景观破碎化程度最高，100m 宽度范围内河岸带为河流廊道生态保护最重要的区域；吴晶晶[53]对比了福州市城市核心区、边缘区、乡村三个不同城市化梯度所在河段的河岸景观格局特征；徐珊珊等[54]分别分析了北江干流 0～10km 不同宽度河岸带梯度下河岸带景观格局变化特征的差异；Apan 等[55]分析了澳大利亚昆士兰山谷流域内，不同等级河流水系两侧不同宽度的河岸带景观结构与空间特征的差异；也有部分学者综合了流域、河流廊道或局部河段尺度来分析不同尺度土地利用与景观格局变化特征的差异[56, 57]。

上述这些研究均主要侧重于描述流域内不同尺度整体性景观格局特征的变化规律，分析不同尺度流域土地利用与景观格局的变化特征，将流域内各土地利用类型看作不同的景观斑块镶嵌综合体以反映不同尺度研究区的景观斑块类型与组成的特征。较少在多尺度综合分析时将廊道或局部河段尺度河流景观的物理结构特征与水文生境特征纳入分析的范畴[58]，而它们对于河流生态系统功能的发挥意义重大[59]。现阶段描述廊道或局部河段河流景观物理结构与水文生境特征的研究均集中在河流地貌学与生态水文学领域，并侧重于运用经验公式或实地调查展开研究，分析河流的形态、廊道结构、连通性、水文生境特征等[60]，以作为建立其与河流水文、生态间相互作用关系的基础，这丰富并扩展了流域廊道或局部河段尺度景观格局特征分析的内容与角度。

综上，现阶段对流域景观的研究已经不断向多尺度分析发展。虽然这些研究大部分集中在流域不同尺度整体性景观格局特征差异的对比分析层面，但是体现了多尺度、多层次分析流域景观格局特征的重要性与现实需求。鉴于流域多尺度景观不仅具有整体性的特征，其在不同尺度的河流群落生境与环境梯度的纵向、横向、垂向特征也尤为重要，也是影响整个系统内各要素响应变化的关键。因此，开展流域景观格局特征的研究时应将流域不同尺度、不同层次的景观格局特征的分析综合起来。例如，Gurnell 等[61]在探讨河流的可持续性管理时，基于河流生态系统多尺度、多要素的特征，强调了从研究大尺度生态区域开始，再到生态区内的各主体流域、子流域、河流廊道与河段以及更微观的河流要素本身进行分析的重要性；他们认为对河流生态系统的研究不仅涉及宏观的气候与植被格局、中微观地貌水文单元内的水文生境特征与地貌结构，甚至囊括了如植物碎片、沉积物等河流环境要素。该研究虽然涉及了对河流生态系统中各要素在不同空间尺度上特征的分析，但并未将景观、水文、生物等各类要素分开描述，更未对各要素间的作用关系进行深入探讨。

1.2.1.3 人类活动对流域景观格局特征影响的研究进展

已有研究表明，流域景观格局特征的时空变化除了受自身自然条件限制而随时间缓慢变化外，在不同的空间尺度与短暂的时间维度上（＜50 年），主要受人类活动的影响[26, 62, 63]。现阶段相关的研究主要在流域尺度上展开，分析自然与人类活动对流域土地利用与景观格局变化的影响[63, 64]。在确立影响因素时常因研究的尺度、研究对象与研究内容的不同而存在细微的差异，较常探讨的有地形因子、气候因子、社会经济因子、人口因子、城市化因子与政策因素[65-67]。这些影响因素中，气候因子主要决定全球景观格局的形成[68]，地形因子则决定着区域景观格局的差异[69]。在以往研究中，对流域景观格局特征变化的影响因素分析，常常从时间维度影响因素的分析出发[70, 71]，或者将时间维度与空间维度的影响因素混合在一起进行分析[72]，较少全面地分别分析影响流域景观格局特征变化的时间与空间影响因素。

相比于自然因素，人类活动不仅带来了流域尺度土地利用与景观格局特征的时空变化，也在河流廊道与河段尺度上带来了其所在范围内土地利用、景观结构及水文生境特征的演变[73]。且由于河流自身空间结构特征[74]与生态功能的多样性、特殊性[75, 76]，人类活动的影响常常造成了河流纵向、横向、垂向连通性的受阻，割裂了各个维度栖息地间的联系，引起了包括河道形态、岸坡结构与土地覆被等的改变，使得水陆系统内各生物群落多样性与其所需的生境条件的退化，河流廊道的缓冲功能也逐渐被减弱[77, 78]。研究人员常通过对比某一类人类活动发生前后河流廊道或河段尺度上土地利用、景观结构及水文生境特征的变化来反映人类活动在该尺度的作用影响[79]，或通过各类河流廊道健康评价指标来体现人类活动给河流生态系统带来的影响[80, 81]。

在各类人类活动中，除了土地利用的变化外，对廊道与河段尺度影响最为突出的人类活动是河道内、外建坝筑堤等水利工程建设活动，并且该活动对河流廊道宽度与形态、廊道结构、水文特性、缓冲功能及其内自然生境带来的改变与影响是最为剧烈且直接的[82]，同时也影响着河流廊道内生物物种的演替变化与生态系统的健康[83]。水利工程建设即为解决社会发展对防洪、发电、灌溉等的需求而设置的人工公共基础设施，其在流域尺度的影响常被学者以定性的方式描述为水利工程建设带来的土地利用变化，或将其作为城市化建设活动中的要素之一纳入对流域整体性景观格局特征影响的定量分析中[84, 85]。而在廊道和河段尺度，学者常常进行对比水利工程建设前后带来的自然河流物理结构与水文生境条件的变化，以及对河流生物物种本身与物种多样性特征带来的影响[86-88]。Gierszewski等[89]分析了Wloclawek水库的建设对下游维斯瓦河流量特征的影响及其带来的下游河道加深和变窄的趋势变化；Talukdar等[90]评估了印度、孟加拉国坦安河流域筑坝后对河流生态流量改变造成的坝下湿地生境退化程度；Wang等[91]研究了百家溪水坝的建设对河岸高地陆栖节肢动物群落特征的影响。Tombolini等[92]探讨了大坝建设前后水文地貌改变及其带来的大坝上游河岸植被群落演变。这些研究却较少综合分析水利工程建设带来的景观、水文与生物特征变化在坝上、下的空间差异。李琨等[93]虽然在分析三峡大坝建设对御临河水动力与水质的影响时，对比了在御临河上游段与下游段河水流速与水质指标浓度变化的差异，但其侧重点仍是大坝建设前后对水动力条件与水质状况带来的改变，而不是对比其在坝上、坝下的差异。

1.2.2 流域景观格局特征变化及其生态水文效应研究进展

人类活动带来的以流域为单元的景观格局特征尺度变化，直接且快速地影响着流域产汇流全过程及原有的自然生境特征，同时也造成了流域内水文地貌、水文情势、水环境条件与生物特征的响应变化，引起了系列复杂且流域性的环境问题[32, 94]。针对于此，国内外水文学、生态学、环境科学、地貌学、风景园林学等不同学科研究人员开展了大量的跨学科交叉研究。越来越多的学者开始由单一尺度分析流域景观格局特征的变化及其带来的各要素的响应向多尺度、多水文与生态要素的跨学科综合研究不断探索[46]。

1）单一尺度流域景观格局特征变化的生态水文效应

单一尺度展开的流域景观格局特征变化生态水文效应相关研究分别围绕流域、廊道、河段三个尺度展开。流域尺度展开的分析发展至今已较为成熟，所涉及的研究对象也最为丰富，包括水文、水质、泥沙、生物等多元化的响应要素。在流域景观格局特征变化引起的水文效应方面，Julian 等[95]与 Sun 等[96]分别研究了流域尺度土地利用变化对各径流指标的影响以及不同土地利用类型对径流过程的影响，前者确立了流域总产水量是径流指标响应变化中最为突出的；后者则发现湿地的占比变化对径流的影响程度最大。Roberts 等[97]发现聚集度与连接度指数是流域景观格局指数中与径流过程变化间关系最为密切的指标。Yang 等[8]则得出了各流域景观格局指数均影响着径流量的大小，而泥沙沉积物含量的大小只与景观多样性指数相关的结论。黄志霖等[98]的研究则确立了流域景观格局指数大小对径流和泥沙输出量的影响在景观水平上作用最显著。这些研究不仅论证了流域土地利用与景观格局变化对流域内径流与泥沙量的影响，还进一步强调了流域尺度景观格局特征变化对径流过程影响的整体性作用。在引起的水质效应方面，Huang 等[99]与 Liu 等[100]的研究均发现河流污染物浓度的增加与城市、农业、林业用地的占比及空间配置特征相关，受城市化程度影响小的区域河流污染物浓度较低，反之则较高。在带来的生态效应方面，研究人员主要分析了流域尺度土地利用与景观格局的变化对河岸植被覆盖特征与水生生物分布特征的影响[83，101]。

研究人员在河流廊道尺度主要讨论了不同宽度河岸带土地利用与景观格局特征对河流水质与廊道生物影响的作用差异，且在不同的研究中所得出的解释力最强的河岸带宽度均有所不同。Ou 等[102]发现河岸带前 100m 宽景观格局的特征对河流水质的影响最大；李艳利等[103]则得出 300m 宽度河岸缓冲带景观格局的特征对水质空间异质性解释能力最强；de Oliveira Ramos 等[104]论证了 50m 宽度的河岸森林景观带是保护河流廊道内鸟类多样性的基础条件。此外，在局部河段尺度，研究人员均以生物特征的响应变化分析为主，包括植物、动物、水生生物等，且通过建立起不同特征河段或区域的景观格局特征的差异与生物物种分布特征及多样性大小间的关系来实现[105-107]。

总之，在河流廊道与河段尺度的分析主要以断面水质与生物要素为响应研究的对象，对水文情势变化与污染物源汇的分析则主要在流域或子流域尺度展开。这主要是因为完整的水文过程的发生是以流域为单元进行的，相比之下，河流廊道与局部河段尺度的研究更为微观，更适合进行以断面或河段尺度的调查监测为主要数据来源的水质与生物要素的分析。

2）多尺度流域景观格局特征变化的生态水文效应

流域景观格局多尺度特征变化及其生态水文效应的研究主要集中在围绕一种响应要素展开多个尺度的对比分析上，且以水质或生物要素的响应变化分析为主。Hu 等[57]与 de Mello 等[108]在对比流域、河流廊道与河段尺度景观格局特征对水质的作用时，均发现流域尺度景观格局特征的变化对水质的解释力度最大。Ding 等[109]在流域、河流廊道与河段尺度研究土地利用格局的变化对河流水质的影响研究中发现，水质影响解释力度最强的空间尺度取决于所选取的水质参数和流域自身的地貌形态基础。Bdour 等[110]对比了流域与河流廊道尺度景观格局特征对鱼类物种多样性的影响，发现廊道尺度上的景观指标与鱼类多样性指标相关性更强。Pease 等[111]在各子流域与河段尺度对土地利用和环境变化对鱼类群落分布特征影响的研究中，得出林地、城市用地、农业用地的面积占比、子流域的大小、河段物理结构特征与基质条件、水文生境条件等均影响鱼类群落的分布特征。Aguiar和 Ferreira[112]对流域与廊道尺度景观格局特征变化的河岸植物物种响应变化的分析中确立了土地利用和各类景观环境因子（如海拔、降水等区域环境因子，场地基质、河岸结构等场地特征）的变化对河岸木本植物组成与完整性的影响，且认为场地基质特征与人类活动对河岸的改造对物种分布的影响最为突出。

也有部分研究开始向多尺度、多要素的综合分析不断发展，但由于多尺度与多要素的综合研究需要大量的实测数据与跨学科的研究背景，现阶段主要集中在分析不同尺度下景观与环境特征变化带来的不同生物特征要素的响应变化上。Ives 等[113]分析了 18 个不同宽度河岸廊道中蚂蚁和植物多样性的主要环境变量，确立了河岸廊道的周长与面积比、断面的坡度、廊道的宽度、土壤pH等环境变量为影响其生物分布及多样性的关键因素。Yirigui等[114]在不同宽度河岸廊道尺度上分析了河岸森林景观格局的破碎化程度与河流内硅藻、大型无脊椎动物、鱼类等生物物种分布间的关系。Zhao 等[115]则分别从流域和河流廊道尺度分析了不同景观格局指标与底栖动物、鱼类、浮游植物、浮游动物多种物种分布特征间的关系。

1.2.3 研究发展趋势

现阶段关于流域景观格局特征变化的生态水文效应的相关研究中尚存在以下几个方面的问题与不足：

（1）流域景观格局特征研究内容尚停留在整体性特征分析层面，未形成囊括流域景观多尺度特征的系统研究方法。流域景观概念尚未形成统一的标准，目前主要通过分析土地利用与景观格局特征来表征流域景观的整体性特征。然而，流域囊括多尺度与多要素的特点却不容忽视，其更微观尺度的景观格局特征（包括河流廊道的景观结构特征、水文生境特征等）也需要在探讨流域景观格局特征时被重视并纳入系统分析。

（2）人类活动对流域景观格局特征影响的研究发展已较为成熟，但在各尺度上均较少对时间与空间维度统筹分析。现阶段关于人类活动对流域景观格局特征影响机理的探讨主要在流域尺度展开，缺乏在该尺度上对影响流域景观格局特征变化的时间与空间影响因素进行全面分析；在河流廊道与河段尺度则常常聚焦于探讨各类人类活动发生前后流域景观格局特征的变化，较少分析各类人类活动带来的不同空间区段河流景观格局特征及各生态与水文要素的变化，尤其是在探讨水利梯级开发这类特殊的人类活动带来的影响时。

（3）现阶段主要聚焦于分析某一种或某一类生态与水文要素在不同空间尺度上随景观格局特征变化的差异，较少综合分析不同生态与水文要素在其适合的尺度上随景观格局特征变化的响应变化。当前流域景观格局特征变化带来的生态水文效应的已有研究，常集中于对比某一种或多种生态与水文要素在多个空间尺度上随景观格局特征的变化而变化的差异，较少对多种生态与水文要素在不同空间尺度上随景观格局特征变化而响应变化展开系统分析。另外，已有研究论证的不同类型的生态与水文要素作用的尺度是不同的，即适合不同生态与水文要素的分析尺度是不同的，相比于对比各类生态与水文要素在不同尺度上随景观格局特征变化而响应变化的差异，在不同尺度上分析不同类型的生态与水文要素更为关键。例如，对于水文情势变化与污染物的源汇分析而言，流域尺度作为其完整的水文过程发生的单元更适合开展该类要素随景观格局特征变化而变化的深入研究，对于断面水质指标与各类生态要素而言，更适合在河流廊道或局部河段等更微观的尺度展开深入研究。

虽然现阶段的研究存在一些不足，但可以发现越来越多的研究开始关注流域多尺度、多层次、囊括多自然与人为要素的特点，针对流域性问题展开综合生态学、水文学、地貌学、环境科学、城市规划等多学科的跨学科交叉研究已成为大势所趋。未来流域景观格局特征变化的生态水文效应研究将向以下方向发展：

（1）继续挖掘与丰富流域景观格局特征的概念与内涵，以响应其多尺度、多层次、多要素综合的特点；

（2）对流域景观格局特征变化带来的流域内各生态与水文要素变化的分析，应向多尺度、多要素的系统研究发展，以全面反映流域生态保护与发展面临的多种问题；

（3）从人类活动带来的影响到流域景观格局特征多尺度变化规律的探索，再到生态与水文多要素变化效应的识别全过程系统研究，是实现流域性问题从理论研究到实践转换的基础条件。

1.3 研究内容与方法

1）流域景观、水文与生态特征的基础调查研究

通过对流溪河流域人口与社会经济、农业、气象、土壤类型、数字高程、土地利用、水利建设工程、河道地形、水文与水环境监测等历史数据的收集，以及对流溪河流域景观、水文与生态现状特征的野外实地调查与数据统计分析，构建了研究区景观、水文与生态特征的基础数据库，为后续展开进一步的量化研究流溪河流域多尺度景观格局特征变化的生态水文效应提供基础条件。

2）流溪河流域河流健康现状的系统评价

结合对流溪河流域景观、水文与生态特征的基础调查分析结果，选取水文、水质、水生态与景观结构要素构建流溪河流域的河流健康评价指标体系，并采用最大隶属度原则的模糊综合评价模型对流溪河流域上、中、下游的河流健康状况进行评价和分析，确立流溪河流域不同区段河流健康等级。采用灰色关联分析方法确立影响流溪河流域河流健康的主要驱动因素，为进一步研究人类活动影响下流域多尺度景观格局变化的生态水文效应奠定基础。

3）流域尺度景观格局变化及其水文效应模拟研究

流域尺度上，采用土地利用转移矩阵与景观指数的分析方法对流域土地利用与景观格局时空变化特征进行量化分析；结合灰色关联分析与双变量空间相关分析方法，分别确立影响其变化的主要时空驱动因素，以明确人类活动对流域景观整体性特征变化的剧烈影响；基于研究区所在流域的地形、土壤、气象、土地利用、农业等基础条件与实测的流量及污染物浓度的长序列数据，构建 SWAT（soil and water assessment tool）分布式水文模拟模型，模拟分析流域景观格局的变化对流域范围内水文与污染物累积过程的影响，以揭示流域景观格局变化的水文效应。

4）河流廊道尺度景观格局变化及其生态效应研究

基于流域尺度景观格局变化的时空分析结果，在廊道尺度上，将流溪河河流廊道划分为上、中、下游三个不同河段，构建廊道尺度景观格局特征的综合指标体系，包括河岸带土地利用变化特征指标、河道内外物理结构特征指标与水文生境特征指标；运用图式化分析的方法拆解各河段的景观格局特征，组合形成具备各个河段特色的代表图式；在河流廊道全线分析了典型断面河岸植物物种的分布与在上、中、下游各河段间多样性特征的差异；选用除趋势典范对应分析（DCCA）方法，建立起河流廊道尺度景观格局特征与河岸植物物种分布特征间的相互作用关系，以反映河流廊道景观格局变化的生态效应。

5）河段尺度景观格局变化及其生态水文效应研究

基于对研究区廊道尺度景观格局变化的生态效应的分析结果，选取水利工程建设最为密集且剧烈的中游河段为典型，在河段尺度展开进一步的详细研究。采用图式化分类分析方法总结并分析水利工程建设对河段尺度景观格局的影响；运用 Mike 系列水动力模型模拟分析该河段水利工程建设带来的水生生态系统（水动力、水质、水生生物生境条件）与河岸植物群落分布特征的变化；综合水利工程建设带来的上述变化，采用 DCCA 方法，建立水生生态系统、河岸植物群落分布与景观格局特征间的相互关系，系统反映流溪河中游河段水利工程建设带来的景观格局特征及生态水文特征的响应变化。

参考文献

[1] Sanchez-Rodriguez R，Seto K，Simon D，et al. Urbanization and Global Environmental Change［M］. Arizona: UGEC International Project Office，2005.

[2] 蔡运龙，李双成，方修琦. 自然地理学研究前沿［J］. 地理学报，2009，64（11）：1363-1374.

[3] Moran E，Ojima D S，Buchmann B，et al. Global Land Project： Science Plan and Implementation Strategy［M］. Stockholm：IGBP Secretariat，2005.

[4] 王毅. 流域性环境问题变化与转型期流域政策取向［J］. 科技导报，2008，（17）：19-23.

[5] Yang Z. Watershed ecology and its applications［J］. Engineering，2018，4（5）：582-583.

[6] 赵锐锋，姜朋辉，赵海莉，等. 黑河中游湿地景观破碎化过程及其驱动力分析［J］. 生态学报，2013，33（14）：4436-4449.

[7] 路云阁，蔡运龙. 基于空间连续数据的小流域景观格局破碎化研究［J］. 国土资源遥感，2007，（2）：60-64.

[8] Yang Y，Li Z，Li P，et al. Variations in runoff and sediment in watersheds in loess regions with different geomorphologies and their response to landscape patterns［J］. Environmental Earth Sciences，2017，76（15）：517.

[9] 林炳青，陈兴伟，陈莹，等. 流域景观格局变化对洪枯径流影响的 SWAT 模型模拟分析［J］. 生态学报，2014，34（7）：1772-1780.

[10] Lee S，Hwang S，Lee S，et al. Landscape ecological approach to the relationships of land use patterns in watersheds to water quality characteristics［J］. Landscape and Urban Planning，2009，92（2）：80-89.

[11] Zhao Y W，Xu M J，Yu L，et al. Identifying sensitive indices in the response of aquatic biota to landscape pattern changes： a case study of the taizi river basin in North China［J］. River Research and Applications，2015，30（8）：1013-1023.

［12］Shen Z，Hou X，Li W，et al. Relating landscape characteristics to non-point source pollution in a typical urbanized watershed in the municipality of Beijing[J]. Landscape and Urban Planning，2014，123：96-107.
［13］孔令桥，王雅晴，郑华，等. 流域生态空间与生态保护红线规划方法——以长江流域为例［J］. 生态学报，2019，39（3）：835-843.
［14］Wu J，Mao R，Li M，et al. Assessment of aquatic ecological health based on determination of biological community variability of fish and macroinvertebrates in the Weihe River Basin，China［J］. Journal of Environmental Management，2020，267：110651.
［15］张爱静，董哲仁，赵进勇，等. 流域景观格局分析研究进展［J］. 水利水电技术，2012，43（7）：17-20.
［16］吴刚，蔡庆华. 流域生态学研究内容的整体表述［J］. 生态学报，1998，18（6）：575-581.
［17］杨海乐，陈家宽. 流域生态学的发展困境——来自河流景观的启示［J］. 生态学报，2016，36（10）：3084-3095.
［18］王震洪，蔡庆华，赵斌，等. 流域生态系统空间结构量化及其指标体系［J］. 地球科学与环境学报，2020：1-15.
［19］蔡庆华. 长江大保护与流域生态学［J］. 人民长江，2020，51（1）：70-74.
［20］蒙金华，张正栋，袁宇志，等. 基于CA-Markov模型的流溪河流域景观格局分析及动态预测［J］. 华南师范大学学报（自然科学版），2015，47（4）：122-127.
［21］吉冬青，文雅，魏建兵，等. 流溪河流域土地利用景观生态安全动态分析［J］. 热带地理，2013，33（3）：299-306.
［22］黄广灵，黄本胜，邱静，等. 基于水文分割法的流溪河干流典型断面非点源污染负荷估算［J］. 水利水电技术，2017，48（12）：118-124.
［23］林罗敏，官昭瑛，郑训皓，等. 流溪河底栖动物群落结构及基于完整性指数的健康评价［J］. 生态学杂志，2017，36（7）：2077-2084.
［24］何贞俊，李新辉，张艳艳. 广州流溪河鱼类资源调查研究［J］. 人民珠江，2015，36（5）：112-114.
［25］袁宇志，张正栋，蒙金华. 基于SWAT模型的流溪河流域土地利用与气候变化对径流的影响［J］. 应用生态学报，2015，26（4）：989-998.
［26］Zhao R，Chen Y，Shi P，et al. Land use and land cover change and driving mechanism in the arid inland river basin：a case study of Tarim River，Xinjiang，China［J］. Environmental Earth Sciences，2013，68（2）：591-604.
［27］张金镇，邓熙，顾继光. 流溪河水质的动态特征［J］. 生态科学，2004，23（3）：231-235.
［28］刘帅磊，王赛，崔永德，等. 亚热带城市河流底栖动物完整性评价——以流溪河为例［J］. 生态学报，2018，38（1）：342-357.
［29］梁玉华. 流域系统——概念和方法［J］. 贵州师范大学学报（自然科学版），1997，（1）：15-19.
［30］鲍梓婷. 景观作为存在的表征及管理可持续发展的新工具［D］. 广州：华南理工大学，2016.
［31］Ward J V. Riverine landscapes：biodiversity patterns，disturbance regimes，and aquatic conservation［J］. Biological Conservation，1998，83（3）：269-278.
［32］Allan J D. Landscapes and riverscapes：the influence of land use on stream ecosystems［J］. Annual Review of Ecology，Evolution，and Systematics，2004，35（1）：257-284.
［33］陈萍，李崇巍，王中良，等. 天津于桥水库流域典型景观类型时空演变分析［J］. 生态学杂志，2015，

34（1）：227-236.

［34］Khanday M Y，Javed A. Spatio-temporal land cover changes in a semi-arid watershed： Central India［J］. Journal of the Geological Society of India，2016，88（5）：576-584.

［35］Gao C，Zhou P，Jia P，et al. Spatial driving forces of dominant land use/land cover transformations in the Dongjiang River watershed，Southern China［J］. Environmental Monitoring and Assessment，2016，188（2）：84.

［36］胡淑萍，孙庆艳，余新晓. 京郊小流域森林景观格局变化分析［J］. 水土保持通报，2009，29（5）：180-183.

［37］戚晓明，杜培军，吴志勇，等. 流域景观格局时空异质性研究［J］. 水电能源科学，2010，28（5）：47-50.

［38］Na X D，Zang S Y，Zhang N N，et al. Impact of land use and land cover dynamics on Zhalong wetland reserve ecosystem，Heilongjiang Province，China［J］. International Journal of Environmental Science and Technology，2015，12（2）：445-454.

［39］Opeyemi Z，Wei J，Trina W. Modeling the impact of urban landscape change on urban wetlands using similarity weighted instance-based machine learning and Markov model［J］. Sustainability，2017，9（12）：2223.

［40］Valbuena D，Verburg P H，Bregt A K. A method to define a typology for agent-based analysis in regional land-use research［J］. Agriculture，Ecosystems & Environment，2008，128（1）：27-36.

［41］程刚，张祖陆，吕建树. 基于CA-Markov模型的三川流域景观格局分析及动态预测［J］. 生态学杂志，2013，32（4）：999-1005.

［42］Herold M，Goldstein N C，Clarke K C. The spatiotemporal form of urban growth： measurement，analysis and modeling［J］. Remote Sensing of Environment，2003，86（3）：286-302.

［43］Forman R T T. Some general principles of landscape and regional ecology［J］. Landscape Ecology，1995，10（3）：133-142.

［44］Pan D，Domon G，Marceau D，et al. Spatial pattern of coniferous and deciduous forest patches in an Eastern North America agricultural landscape： the influence of land use and physical attributes［J］. Landscape Ecology，2001，16（2）：99-110.

［45］Dadashpoor H，Azizi P，Moghadasi M. Land use change，urbanization，and change in landscape pattern in a metropolitan area［J］. Science of The Total Environment，2019，655：707-719.

［46］赵军. 平原河网地区景观格局变化与多尺度环境响应研究——以上海地区为例［D］. 上海：华东师范大学，2008.

［47］李玉辉，朱泽云，丁智强，等. 云南石林巴江河岸土地利用/土地覆被结构变化研究［J］. 水土保持研究，2017，（5）：279-284.

［48］刘世梁，赵海迪，董世魁，等. 高寒荒漠区河流廊道景观动态及驱动因子分析——以阿尔金山自然保护区为例［J］. 生态学杂志，2014，33（6）：1647-1654.

［49］魏雯，李哲惠，黄贞珍. 城市河岸带土地利用和景观格局演变研究［J］. 生态环境学报，2018，27（11）：2127-2133.

［50］赵清贺，马丽娇，刘倩，等. 黄河中下游典型河岸缓冲带植被景观连接度及其网络构建［J］. 中国生态农业学报，2017，25（7）：983-992.

[51]Farley S，Masters R，Engle D. Riparian landscape change in Central Oklahoma 1872-1991[J]. Proceedings Oklahoma Academy of Science，2002，82：57-71.
[52]徐海顺，杜红玉，蔡超琳. 基于生态修复视角的上海市黄浦江河岸带景观格局空间特征分析[J]. 南京林业大学学报：自然科学版，2019，43（4）：125-131.
[53]吴晶晶. 不同城市化梯度下福州市河岸景观研究［D］. 福州：福建农林大学，2016.
[54]徐珊珊，赵清贺，吴长松，等. 北江干流河岸缓冲带景观格局的梯度效应分析［J］. 河南农业大学学报，2017，51（1）：101-107.
[55]Apan A A，Raine S R，Paterson M S. Mapping and analysis of changes in the riparian landscape structure of the Lockyer Valley catchment，Queensland，Australia［J］. Landscape and Urban Planning，2002，59（1）：43-57.
[56]赵霏，郭逍宇，赵文吉，等. 城市河岸带土地利用和景观格局变化的生态环境效应研究——以北京市典型再生水补水河流河岸带为例［J］. 湿地科学，2013，11（1）：100-107.
[57]Hu H B，Liu H Y，Hao J F，et al. Impacts of multi-scale landscape pattern on stream water quality［J］. Advanced Materials Research，2011，356-360：1586-1589.
[58]梁彦兰，职建仁，王昭娜. 安阳市绿色廊道景观组成与格局分析［J］. 安阳工学院学报，2020，19（6）：28-32.
[59]Salo J A，Theobald D M. A multi-scale，hierarchical model to map riparian zones［J］. River Research and Applications，2016，32（8）：1709-1720.
[60]Shaw J R，Cooper D J. Linkages among watersheds，stream reaches，and riparian vegetation in dryland ephemeral stream networks［J］. Journal of Hydrology，2008，350（1）：68-82.
[61]Gurnell A M，Rinaldi M，Belletti B，et al. A multi-scale hierarchical framework for developing understanding of river behaviour to support river management［J］. Aquatic Sciences，2016，78（1）：1-16.
[62]Hersperger A M，Bürgi M. Going beyond landscape change description：quantifying the importance of driving forces of landscape change in a Central Europe case study［J］. Land Use Policy，2009，26（3）：640-648.
[63]Wang S，Wang S. Land use/land cover change and their effects on landscape patterns in the Yanqi Basin，Xinjiang（China）［J］. Environmental Monitoring and Assessment，2013，185（12）：9729-9742.
[64]Zhang F，Kung H，Johnson V. assessment of land-cover/land-use change and landscape patterns in the two national nature reserves of Ebinur Lake Watershed，Xinjiang，China［J］. Sustainability，2017，9（5）：724.
[65]Kelarestaghi A，Jeloudar Z J. Land use/cover change and driving force analyses in parts of northern Iran using RS and GIS techniques［J］. Arabian Journal of Geosciences，2011，4（3）：401-411.
[66]Su C，Fu B，Lu Y. Land use change and anthropogenic driving forces：a case study in Yanhe River basin［J］. Chinese Geographical Science，2011，21（5）：587-599.
[67]Garcia A S，Ballester M V R. Land cover and land use changes in a Brazilian Cerrado landscape：drivers，processes，and patterns［J］. Journal of Land Use Science，2016，11（5）：538-559.
[68]Wang L，Wu L，Hou X，et al. Role of reservoir construction in regional land use change in Pengxi River basin upstream of the Three Gorges Reservoir in China[J]. Environmental Earth Sciences，2016，75（13）：

1048.

[69]Liu X，Li Y，Shen J，et al. Landscape pattern changes at a catchment scale：a case study in the upper Jinjing river catchment in subtropical central China from 1933 to 2005［J］. Landscape and Ecological Engineering，2014，10（2）：263-276.

［70］Zhang W，Yu N，Liu M，et al. Landscape pattern and driving forces in the upper reaches of Minjiang River，China［C］. YanTai：2010 3rd International Congress on Image and Signal Processing，2010：2189-2193.

［71］Su S，Hu Y N，Luo F，et al. Farmland fragmentation due to anthropogenic activity in rapidly developing region［J］. Agricultural Systems，2014，131：87-93.

［72］López-Barrera F，Manson R H，Landgrave R. Identifying deforestation attractors and patterns of fragmentation for seasonally dry tropical forest in central Veracruz，Mexico［J］. Land Use Policy，2014，41：274-283.

［73］Dufour S，Rinaldi M，Piégay H，et al. How do river dynamics and human influences affect the landscape pattern of fluvial corridors? Lessons from the Magra River，Central–Northern Italy［J］. Landscape and Urban Planning，2015，134：107-118.

［74］Wiens J A. Riverine landscapes：taking landscape ecology into the water［J］. Freshwater biology，2002，47（4）：501-515.

［75］朱强，俞孔坚，李迪华. 景观规划中的生态廊道宽度［J］. 生态学报，2005，(9)：2406-2412.

［76］Forman R T T，Foreman R T，Godron M. Landscape Ecology［M］. New Jersey：John Wiley and Sons，1986.

［77］Prastiyo Y B，Kaswanto R L，Arifin H S. Plants production of agroforestry system in Ciliwung riparian landscape，Bogor Municipality［J］. Earth and Environmental Science，2018，179：12013.

［78］Jakubínský J，Pelíšek I，Cudlín P. Linking hydromorphological degradation with environmental status of riparian ecosystems：a case study in the Stropnice River basin，Czech Republic［J］. Forests，2020，11：460.

［79］Cabezas A，Comín F A，Beguería S，et al. Hydrologic and landscape changes in the Middle Ebro River （NE Spain）：implications for restoration and management［J］. Hydrology and Earth System Sciences，2009，13（2）：273-284.

［80］Jiang Y，Shi T，Gu X. Healthy urban streams：the ecological continuity study of the Suzhou creek corridor in Shanghai［J］. Cities，2016，59：80-94.

［81］来雪文. 基于绿色基础设施空间规划模型的城市河流廊道景观优化研究［D］. 成都：西南交通大学，2018.

［82］Wissmar R C. Riparian corridors of Eastern Oregon and Washington：functions and sustainability along lowland-arid to mountain gradients［J］. Aquatic Sciences，2004，66（4）：373-387.

［83］Cornejo-Denman L，Romo-Leon J R，Hartfield K，et al. Landscape dynamics in an iconic watershed of Northwestern Mexico：vegetation condition insights using landsat and Planet Scope data［J］. Remote Sensing，2020，12（16）：2519.

［84］罗格平，王渊刚，朱磊，等. 伊犁河三角洲景观结构的影响机制研究［J］. 干旱区地理，2012，35（6）：897-908.

[85] 董李勤，章光新. 嫩江流域沼泽湿地景观变化及其水文驱动因素分析［J］. 水科学进展，2013，24（2）：177-183.
[86] 赵霏，郭逍宇，赵文吉，等. 城市河岸带土地利用和景观格局变化的生态环境效应研究——以北京市典型再生水补水河流河岸带为例［J］. 湿地科学，2013，（1）：103-110.
[87] 杨树青，白玉川，徐海珏，等. 河岸植被覆盖影响下的河流演化动力特性分析［J］. 水利学报，2018，49（8）：995-1006.
[88] Tobias D. Land cover changes （1963–2010） and their environmental factors in the Upper Danube Floodplain［J］. Sustainability，2017，9（6）：943.
[89] Gierszewski P J，Habel M，Szmańda J，et al. Evaluating effects of dam operation on flow regimes and riverbed adaptation to those changes［J］. Sci Total Environ，2020，710：136202.
[90] Talukdar S，Pal S，Chakraborty A，et al. Damming effects on trophic and habitat state of riparian wetlands and their spatial relationship［J］. Ecological Indicators，2020，118：106757.
[91] Wang Y J，Li T H，Jin G，et al. Qualitative and quantitative diagnosis of nitrogen nutrition of tea plants under field condition using hyperspectral imaging coupled with chemometrics［J］. Journal of the Science of Food and Agriculture，2019，100（1）：161-167.
[92] Tombolini I，Caneva G，Cancellieri L，et al. Damming effects on upstream riparian and aquatic vegetation：the case study of Nazzano （Tiber River，central Italy）［J］. Knowledge and Management of Aquatic Ecosystems，2014，（412）：3.
[93] 李琨，徐强，陈俊宇，等. 生态调节坝对御临河水动力水质影响的模拟研究［J］. 水资源与水工程学报，2020，31（3）：15-23.
[94] Allan J D，Castillo M M. Stream Ecology：Structure and Function of Nunning Waters［M］. Dordrecht：Springer，2007.
[95] Julian J P，Gardner R H. Land cover effects on runoff patterns in eastern Piedmont （USA） watersheds［J］. Hydrological Processes，2014，28（3）：1525-1538.
[96] Sun Z，Lotz T，Chang N. Assessing the long-term effects of land use changes on runoff patterns and food production in a large lake watershed with policy implications［J］. Journal of Environmental Management，2017，204（1）：92-101.
[97] Roberts，Allen D. The effects of current landscape configuration on streamflow within a Yellow River HUC-10 watershed of the Atlanta Metropolitan Region［J］. Ecohydrology & Hydrobiology，2017：S1816950439.
[98] 黄志霖，田耀武，肖文发，等. 三峡库区典型农林流域景观格局对径流和泥沙输出的影响［J］. 生态学报，2013，（23）：7487-7495.
[99] Huang Z，Han L，Zeng L，et al. Effects of land use patterns on stream water quality：a case study of a small-scale watershed in the Three Gorges Reservoir Area，China［J］. Environmental Science and Pollution Research，2016，23（4）：3943-3955.
[100] Liu J，Shen Z，Chen L. Assessing how spatial variations of land use pattern affect water quality across a typical urbanized watershed in Beijing，China［J］. Landscape and Urban Planning，2018，176：51-63.
[101] King G D，Chapman J M，Midwood J D，et al. Watershed-Scale land use activities influence the physiological condition of stream fish［J］. Physiological and Biochemical Zoology，2016，89（1）：

10-25.

[102] Ou Y，Wang X，Wang L，et al. Landscape influences on water quality in riparian buffer zone of drinking water source area，Northern China [J]. Environmental Earth Sciences，2016，75（2）：114.

[103] 李艳利，李艳粉，徐宗学，等. 浑太河上游流域河岸缓冲区景观格局对水质的影响 [J]. 生态与农村环境学报，2015，31（1）：59-68.

[104] de Oliveira Ramos C C，Anjos L D. The width and biotic integrity of riparian forests affect richness，abundance，and composition of bird communities [J]. Natureza and Conservação，2014，12（1）：59-64.

[105] Ibarra M，Guillermo，Mendez T，et al. Effect of land use on the structure and diversity of riparian vegetation in the Duero river watershed in Michoacan，Mexico [J]. Plant Ecology，2014，215(3)：285-296.

[106] Tagwireyi P，Sullivan S M P. Riverine landscape patches influence trophic dynamics of riparian ants [J]. River Research & Applications，2016，32（8）：1721-1729.

[107] Andrade R，Bateman H L，Franklin J，et al. Waterbird community composition，abundance，and diversity along an urban gradient [J]. Landscape & Urban Planning，2017：S85709715.

[108] de Mello K，Valente R A，Randhir T O，et al. Effects of land use and land cover on water quality of low-order streams in Southeastern Brazil：watershed versus riparian zone [J]. Catena，2018，167：130-138.

[109] Ding J，Jiang Y，Liu Q，et al. Influences of the land use pattern on water quality in low-order streams of the Dongjiang River basin，China：a multi-scale analysis [J]. Science of The Total Environment，2016，551-552：205-216.

[110] Bdour A，Tarawneh Z. The Influence of Stream Corridor Parameters on Fish Species Richness in the Clearwater River，Id，USA [J]. EQA-International Journal of Environmental Quality，2020，36：15-22.

[111] Pease A A，Taylor J M，Winemiller K O. Ecoregional，catchment，and reach-scale environmental factors shape functional-trait structure of stream fish assemblages [J]. Hydrobiologia，2015，753：265-283.

[112] Aguiar F，Ferreira M. Human-disturbed landscapes：effects on composition and integrity of riparian woody vegetation in the Tagus River basin，Portugal [J]. Environmental Conservation，2005，32：30-41.

[113] Ives C D，Hose G C，Nipperess D A，et al. Environmental and landscape factors influencing ant and plant diversity in suburban riparian corridors [J]. Landscape & Urban Planning，2011，103（3-4）：372-382.

[114] Yirigui y，Lee S W，Nejadhashemi A P. Multi-Scale assessment of relationships between fragmentation of riparian forests and biological conditions in streams [J]. Sustainability （Basel，Switzerland），2019，11（18）：5060.

[115] Zhao Y，Xu M，Yu L，et al. Identifying sensitive indices in the response of aquatic biota to landscape pattern changes：a case study of the Taizi river basin in North China [J]. River Research and Applications，2014，30：1013-1023.

第 2 章　研究区概况与数据调查

2.1　研究区概况

2.1.1　自然地理概况

流溪河流域位于广东省广州市北部，为珠江水系北江支流（图 2-1）。其干流发源于从化区吕田镇桂峰山，在 113°10′12″E～114°2′00″E、23°12′30″N～23°57′36″N 之间，且自东北流向西南，全长 171km，宽 20km，流经从化区的吕田、良口、温泉、街口、鳌头、太平等镇，花都区的花东与北新镇，黄埔区九龙镇以及白云区的钟落潭、人和等镇后，在江高镇的南岗口与白坭河一起汇入珠江西航道。流域集雨总面积约为 2300km²，占广州市土地总面积的 31%，既是广州市的后花园，也是广州市唯一一条全流域都在行政区域内的饮用水源地[1]。

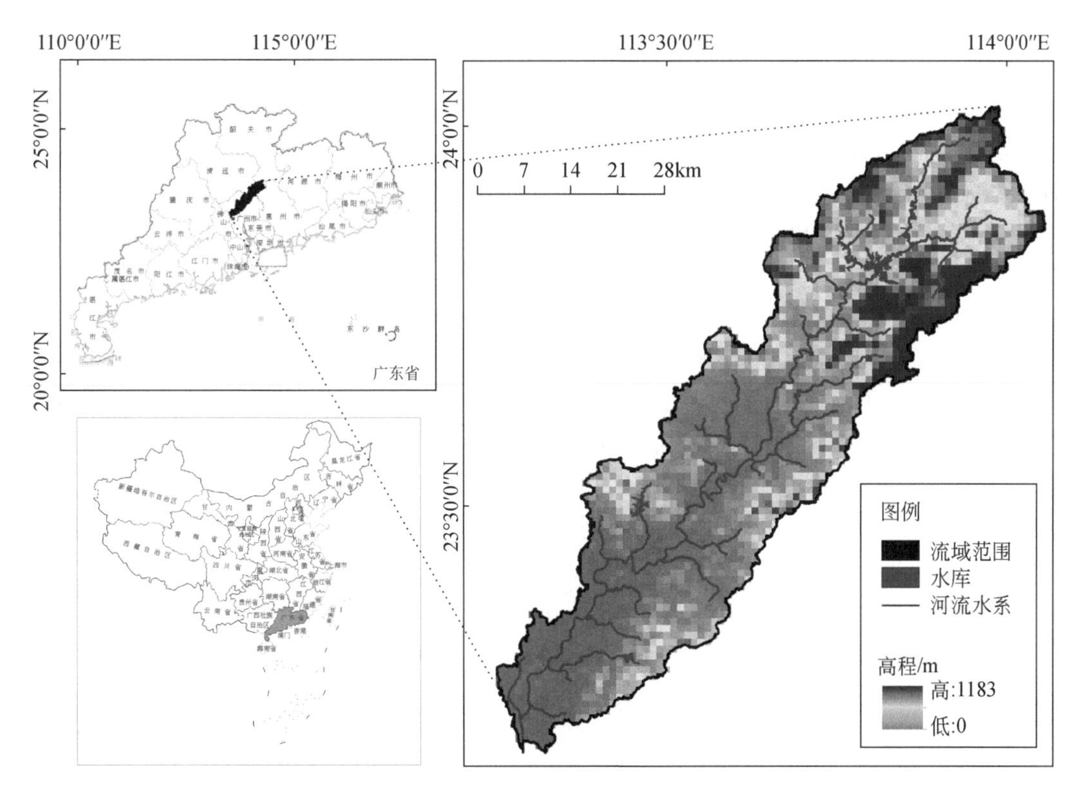

图 2-1　研究区位置

1）地形地貌特征

流溪河流域位于粤北山区和珠江三角洲平原相连的地区，属华南台地的一部分，呈东北高、西南低的狭长形。流域地形存在较大的空间差异，全流域可划分为三类区域，包括温泉镇以上的中低山地与高丘陵区，温泉镇以西低山丘陵区以及温泉镇以下的河谷平原区，它们分别属于构造侵蚀地貌、侵蚀剥蚀堆积地貌与冲积平原地貌。温泉镇以上区域以桂峰山等北东走向的山峰为代表，珠基高程在500～1200m之间，其河谷切割极深，呈“V”形，多跌水瀑布与峡谷，局部也分布有河谷小平原区，且以流溪河、黄龙带等大中型水库形成的人工湖为特色；温泉镇以西的丘陵区高程主要在100～250m之间，也有部分高丘陵如水牛岭、鸡龙岗、风火岭等高达300～800m的山峰，其河谷切割较深，呈窄“U”形，也有天湖等小型水库分布；温泉镇以下为平原和盆地，高程在1～5m之间，也有零星或带状高5～100m不等的台地和残丘分布，以花东台地为代表，该片区河谷呈宽阔的“U”形，地势起伏较小[2]。

2）水文气象条件

流溪河流域为典型的南亚热带季风气候区，临近南海受东南和西南季风影响，具有秋冬季温暖干燥，春夏季湿润多雨，全年光热充足温差小，夏季漫长、霜期短等气候特征。流域内多年平均气温在21.4～21.8℃之间，气温最高月份为7月，最低为1月，绝对最高与最低气温分别可达 38.7 ℃与-7℃。流域内多年平均风速与多年平均日照分别为 1.9m/s与 1900h，多年平均相对湿度为 75%～85%。受不同天气系统的影响，流域内降雨时空差异较大，多年平均年降水量为 1824mm，其中 4～9 月半年内的降水量占全年总降水量的81.3%；与此同时，流域内多年平均年蒸发量为 1100mm，且在中、下游地区较大，最大蒸发一般发生在7月，最小蒸发一般发生在2～3月。流溪河流域为雨源补给型河流，受降雨年内不均的差异性特征影响，径流年际与年内分配也不均匀，多年平均年径流深为1226mm（多年平均年径流量为28.12亿m^3），最大年径流量可达最小年径流量的4～8倍，汛期径流量占年径流总量的80%～85%，最大径流量常出现在5～6月[3]。

3）河流水系分布

流溪河流域属珠江三角洲水系，主干流全长171km，从源头至河口可划分为上、中、下游三大区段，上游区段为良口镇以上河段，长55.7km，集水面积735.5km^2，与玉溪水、吕田河、安山河、联溪水、汾田水、牛路水等支流相连接，均位于深山或峡谷之中，河床陡峭且水流湍急，平均比降约为3.50‰；中游区段为良口镇以下到太平镇河段，长63.6km，集水面积为906.4km^2，与鸭洞水、小海河、龙潭河、朝盖水、凤凰水、旗杆水、大坑水、沙溪水等支流相连接，河床较上游区段渐宽与平缓，水流速度减缓，平均比降约为0.75‰；下游区段为太平镇以下至河口段，长51.7km，集水面积为658.1km^2，与网顶河、凤尾坑、沙坑和白海面涌等支流相连接，河面愈加宽阔，高达200～300m，河床比降约为0.35‰[数据来源：《广州市流溪河流域综合规划》（2010—2030年）]。流域河流水系分布情如图2-2所示。

4）自然资源特色

流溪河流域山水自然资源丰富，生态环境条件优越，具有较高的生态保护与旅游开发价值。流域内森林覆盖率高达56.6%，但受人类的长期影响多呈天然与人工混合的状态，且多分布在流域内山区与高低丘陵区，流域内野生动物也主要分布在该区域内，有穿山甲、

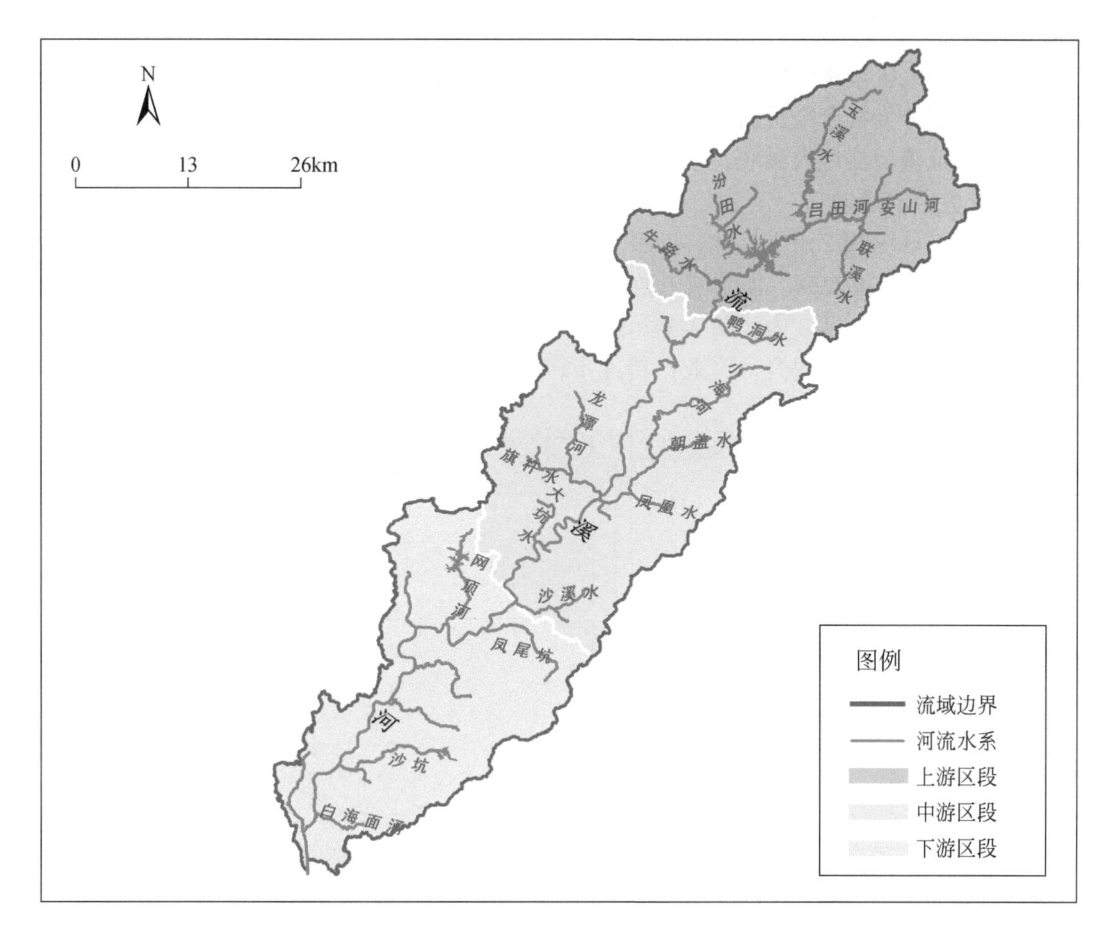

图 2-2　流溪河流域水系图

野猪、猫头鹰、雉鸡、黄猄等。流域内丰富的水资源主要来自降水，多年平均年水资源总量达 29.27 亿 m^3，产水系数为 0.62，且可供应广州市近 60%的饮用水量[4]。流域内现有多个国家级风景名胜区、自然资源保护区及文化旅游景点，包括流溪河国家森林公园、石门国家森林公园、帽峰山森林公园、黄龙湖森林公园、五指山森林公园、云台山森林公园等 20 个森林公园，1 个从化温泉风景名胜区，3 个森林与野生动物自然保护区、11 个饮用水源保护区等。

流域主干流中鱼类资源丰富，包括鳘、宽鳍鱲、海南鲌、海南拟鳘、广东鲂、黄尾鲴、青鱼、草鱼、鲢、鳙，以及国家二级重点保护动物花鳗鲡、唐鱼，濒危动物青鳉、异鱲等，外来入侵物种尼罗罗非鱼、莫桑比克罗非鱼、麦瑞加拉鲮、下口鲶（清道夫）、斑点叉尾鮰等；流域内矿产资源丰富，主要集中在从化区，且各种天然的建筑石材储量也较丰富、分布较广。此外，流域下游区域砂料产量高、品质也较好；土壤类型丰富质地好，包括红壤、赤红壤、山地红壤、山地黄壤和山地草甸土等类型，为土料的开采提供了良好的基础条件。

2.1.2　人类活动概况

通过对研究区收集到的基础资料和现状调查结果的分析与总结，可将影响流溪河流域的人类活动划分为社会经济活动、城市化建设改造活动与水利工程建设活动三大类，它们共同影响着流溪河流域内景观、水文、生态条件的演变。

1）社会经济活动

流溪河流域纵跨广州市从化、花都、黄埔、白云四个区，分别占流域总面积的 69.58%、6.98%、2.81%和 20.36%，且流域上游与中游区段主要位于从化区，下游区段则分布在花都、黄埔及白云三个区域内（图 2-3）。随着广州市城市化的快速发展，流域内人口数量剧增，社会经济水平不断提升，产业结构逐步转型。

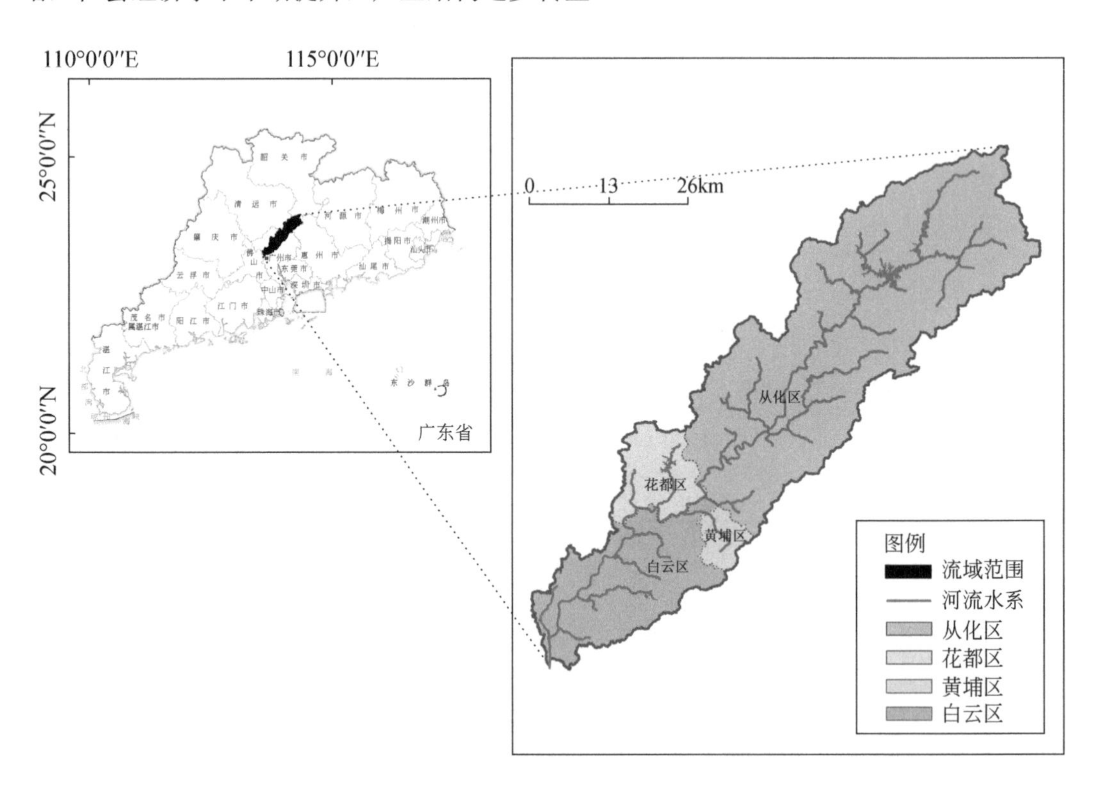

图 2-3　流溪河行政区划图

根据流域内各区统计年鉴数据，截至 2015 年流域常住总人口数量高达 223.65 万人，是 1980 年的近 3.5 倍。其中，城镇人口占比大幅增长，由 1980 年不到流域总人口的 10%增长到 80.90%，农村人口占比则由近 90%下降到 19.10%。人口平均密度从上游至下游越靠近广州市核心区越大，如图 2-4（a）所示。流域内生产总值急剧增长，2015 年度高达 2178.45 亿元，是 1980 年的近千倍，且主要来自工业与第三产业中旅游业的发展。流域下游区域生产总值远高于上游与中游区域，说明流域内下游地区经济发展优于上游与中游区域。2015 年，流域内第一、第二、第三产业比重为 2.60∶40.3∶57.1，其中，第一产业产值达 57.10 亿元，第二产业产值达 878.37 亿元，第三产业产值达 1242.98

亿元；在 1980 年，第一产业产值则超过总产值的一半，第三产业产值则不到总产业产值的 20%，说明流溪河流域逐渐由农业生产为主转型为发展特色生态旅游业与工业的区域。流域内农业生产与工业发展主要集中在中、下游区域，而旅游业则主要在流域上游风景资源丰富的区域展开。截至 2015 年，流域内总耕地面积达 50.80 万亩①，较 1980 年减少了近 20%。流域内主要农产品为水稻与蔬菜，畜禽养殖则以生猪和家禽为主，也饲养有少量牛羊，水产养殖以塘鱼为主，且园林水果的种植也是流溪河流域内一大产业特色，以荔枝最为著名，其次是柑橘等，这些农业活动主要聚集在流溪河流域的中游区域。

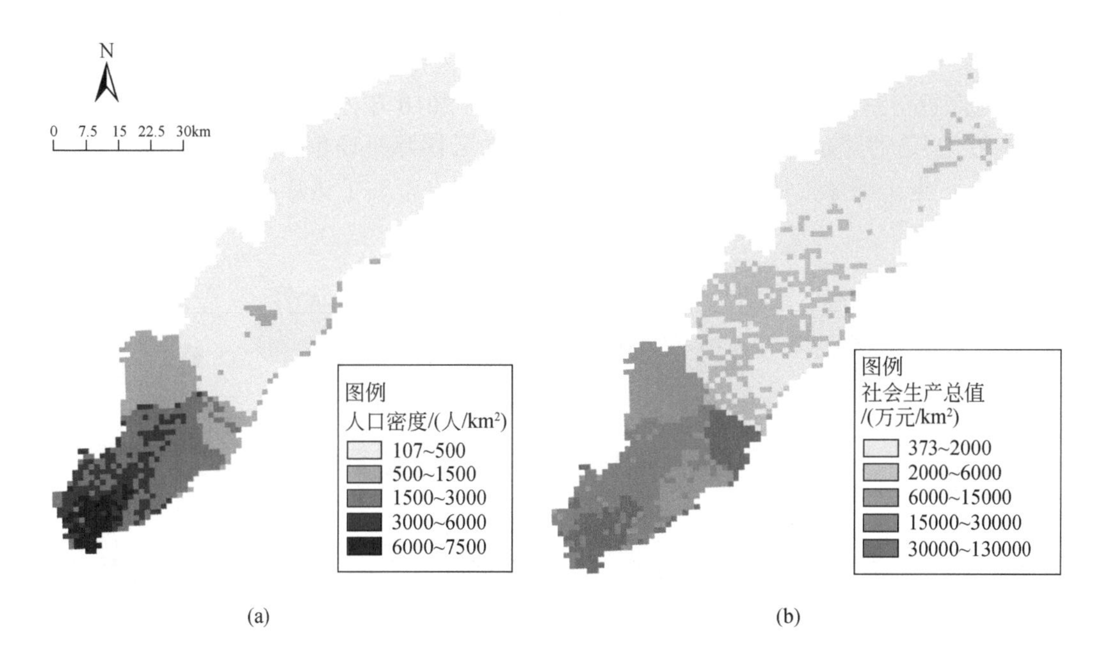

图 2-4 流溪河人口密度（a）与社会生产总值（b）分布图（2015 年）

近几十年间，城市化不断发展过程中，流溪河流域内人口不断增长，社会生产总值不断提升，第三产业在流域内快速发展并超越农业，成为流域内主导的产业类型，这均需要大量与之配套的各类建设用地来应对流域范围人口的增长与经济的发展对居民区、产区、旅游服务区以及公共基础设施配套区等基础建设不断增长的需求；同时，下游地区更加密集的人口与发达的经济水平进一步加速了对居民区及公共基础设施配套区等基础建设需求的增长。

2）城市化建设改造活动

流溪河流域已有相关研究表明[1, 5, 6]，在过去的几十年间的城市化发展下，流溪河流域内土地利用改造剧烈，流域景观格局破碎化严重，且流域上、中、下游景观格局的变化存在较大差异。在 2000 年后，流域便处于高速城市化发展进程中，建设用地在 2009 年已达到 2000 年的近两倍。流域内生态安全度在此后也随之大幅下降，安全

① 1 亩≈666.67m²。

度指数大于 0.6 的区域面积占比由 2000 年的 98.48%下降到 2009 年的不到 26.00%。此前，对 2020 年流域景观格局变化特征的预测也表明这一变化趋势将持续。也有研究表明，受城市化进程中对自然与耕地的改造活动影响，流域内生态与水文环境也遭到破坏，并不断恶化[7, 8]。

基于此，分析与对比了研究区内已收集到的 1980～2015 年间典型期的土地利用数据以及统计到的与该区域相关的城市化建设活动内容，发现与上述学者研究结果较为一致。自改革开放以来，流溪河流域内建设用地面积不断由流域下游向东北部中、上游扩张，尤其是在白云区所辖范围内（图 2-5）。这一变化趋势在 2000～2010 年间尤为剧烈，在此期间，白云区内的投资建设力度也远超其他辖区与其他时段，全区固定资产投资总额由 2000 年的 36.19 亿元增加到 2010 年的 232.84 亿元，达到了 1980 年的近 7 倍。其中，房地产投资总额由 2000 年的 7.89 亿元增加到 2010 年的 92.93 亿元，实现了高达 1980 年近 12 倍的跨越式增长。在此期间，广州白云国际机场也扩建完毕，占地面积达 1.40km²，占据了流域内原有的大面积耕地的同时，也带动了该片区其他建设用地的进一步扩张。

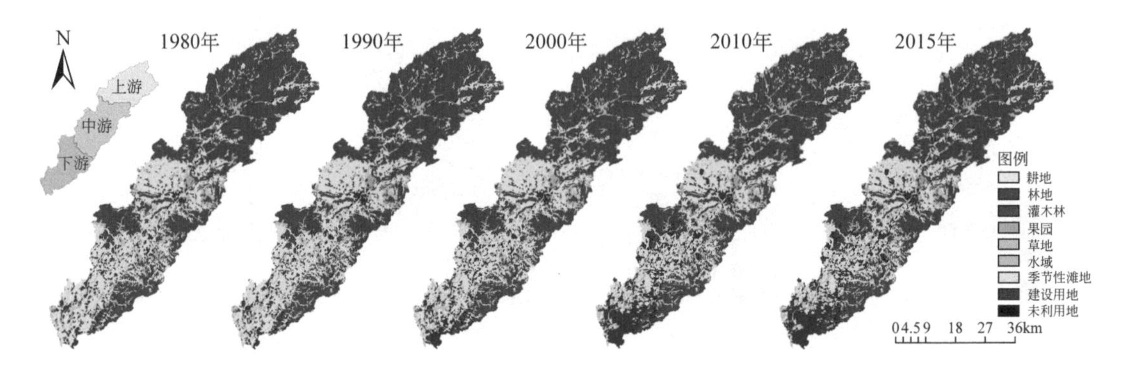

图 2-5　流溪河流域 1980～2015 年间各期土地利用图

本书对流域受城市化发展改造后的现状勘探和考察，进一步证实了流溪河流域土地利用与景观格局特征在上、中、下游不同区域呈现出不同景观类型主导，且受城市化发展影响，被改造的程度也有不同的空间差异。如图 2-6 所示，流域上游区段山林起伏，自然资源丰富，受城市化发展的干扰影响较小，少量农村居民点与小村镇散布，林地占据了整个区域内近 90.00%的土地面积，整体上呈现出以林地景观为主导的格局。上游区段河流蜿蜒在山林间，多呈狭窄型且流速快、流量小，水体清澈，两侧堤岸以大面积的自然林草地为主且坡度整体较陡，大部分河段岸坡坡度在 30°～60°之间。流域中游区段形成了周围为低矮山林景观环绕，内部水系周边以耕地景观主导的丘陵地貌，该区域山林、草地等自然用地与耕地景观受到一定程度的城市化发展的影响，被改造为建设用地景观，但林地与耕地依旧为该区域的主导景观类型，两者分别占据了中游区域 40.00%左右的土地面积。该区段的河流宽阔且流速较慢，流量较上游区段大，水体浑浊，河道内外受人类活动的影响，大部分区段被裁弯取直，拦河坝将河道分割为不同长度的区段。两侧人工堤岸因防洪设置被人工抬高且划分为多个台层，整体坡度较缓且主要分布在 15°～30°之间，堤岸内部至河道边界有不同宽度与景观类型的河岸缓冲带。流域下游区段为广阔的平原地区，山林地占比不足30.00%，受城市化发展活动的干扰影响极大，建设用地面积占比远超过其在上游与中游区域，与耕地景观一起占据了整个区域近70.00%的土地面积。该区段的河流较中游区段更为宽阔，但由于地势平坦，流速较中游区段缓慢，流量依旧较大，水体颜色偏深且污染严重，局部水葫芦等富营养化的水生植物直接覆盖近岸水域（图2-7）。与中游区段相比，其河道内外受人类活动影响被高度人工化与硬质化，近河口区段河岸自然缓冲带直接被建设用地大量占用。由于地势条件的影响，两侧人工堤岸与河道间高差较中游区段低，河岸整体坡度主要分布在0°～15°之间。

图2-6　流溪河流域各区段景观格局特征现状图

流溪河流域内社会经济与城市化建设活动对土地利用与景观环境的改造在各个区域间均存在较大的差异，整体上中、下游平原区以建设用地景观与耕地景观为主导，其社会经济水平与人口密度高；上游区段呈以山林地景观为主导的特色，经济水平与人口密度较中、下游区段低。同时，水利工程建设活动也带来了流溪河上、中、下游河岸缓冲带景观环境特征与水文生境条件的巨大空间差异。

3）水利工程建设活动

流溪河流域在1950年后修建了多座蓄水水库与梯级拦河坝（图2-7）。已建成的大型水库1座（流溪河水库），中型水库4座（黄龙带水库、九龙潭水库、天湖水库、和龙水库），小（1）型水库25座、小（2）型水库15座。它们的总库容约6.29亿m^3，控制面积占全流域总面积的35.2%。上述水利工程均已在1980年以前完成建设。

流域主干流上建设的梯级拦河坝共11座，从上游至下游依次为良口坝、青年坝、胜利坝、卫东坝、温泉人工湖坝、第三水厂坝、街口坝、大坳坝、牛心岭坝、李溪坝和人和坝（表2-1），主要在1958～2009年间陆续建设。它们主要通过提高坝址处水位，为流溪河内防洪、发电、灌溉和生活供水等功能提供有利的条件。

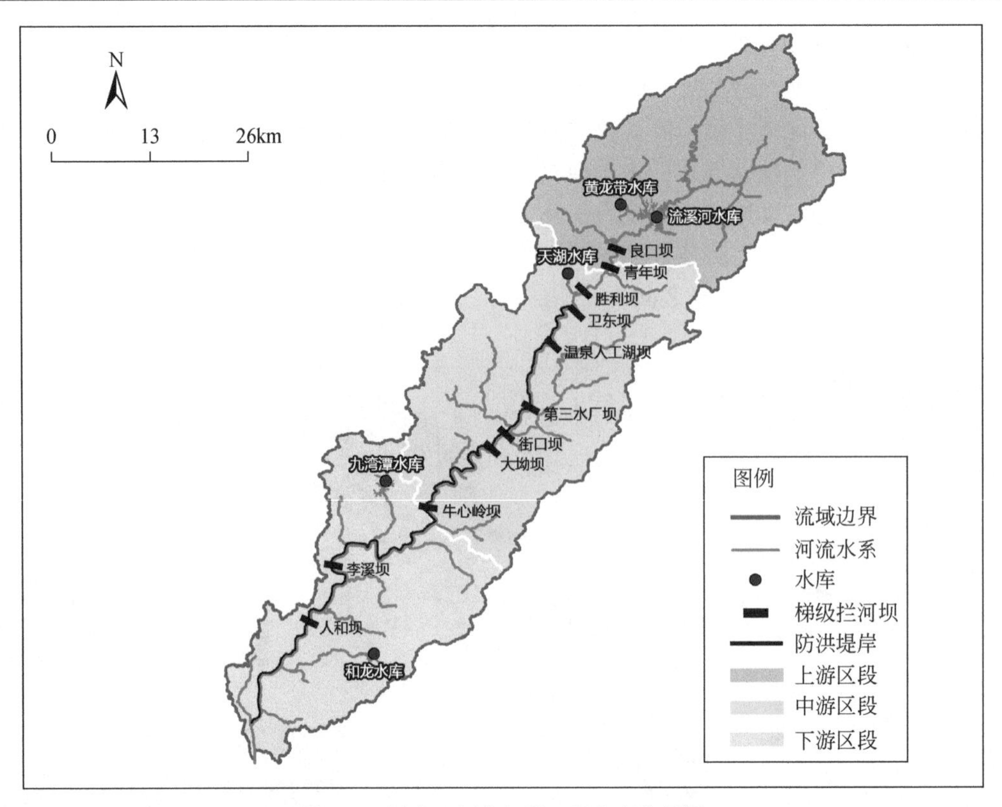

图 2-7 流溪河流域水利工程分布位置图

表 2-1 流溪河流域水利梯级拦河坝建设情况

闸坝	良口坝	青年坝	胜利坝	卫东坝	温泉人工湖坝	第三水厂坝
建成年份	1981	1972	1975	1978	1973	1992
至河口距离/km	110	107	103	97	90	78
集雨面积/km^2	700	750	810	884	925	940
正常蓄水位/m	66.24	57.5	55.32	49	41.8	32
坝长/m	105.1	57.4	116	110.4	193.9	—
坝高/m	5.7	4	5.5	4.1	4.57	—
发电流量/（m^3/s）	41.4	30	27.2	37.2	40	—
设计水头/m	6.5	3	4.2	5.1	3.6	3.5
装机容量/kW	1950	1070	1240	1300	1250	0
闸坝	街口坝	大坳坝	牛心岭坝	李溪坝	人和坝	
建成年份	1994	1958	2009	1970	1974	
至河口距离/km	75	72	55	34	21	
集雨面积/km^2	960	1429	1551	1930	2300	
正常蓄水位/m	27	23.91	17.8	12	5.2	
坝长/m	180	237.4	89	310	151.2	
坝高/m	3.35	1.5	6.5	8.8	8.6	
发电流量/（m^3/s）	—	30	51.3	55.8	60	
设计水头/m	2	3	4	5.5	5.3	
装机容量/kW	0	120	2400	2000	2500	

自1999年8月第一期堤防工程建设至今，流域主干流两侧已完成了长达177km的堤防工程，主要在温泉镇至河口段。从化区段防洪标准为50年一遇，从化区以下区段防洪标准则为100年一遇。上游温泉镇以上区段由于隶属山区，两岸均为高地无须设堤，依旧维持天然河道岸线。经现状调查与监测，研究区从流溪河水库至河口区间所设的11个拦河坝不均匀地分布在流溪河流域干流上，且各拦河坝两两之间最近为3km，最远为21km，平均间距为8.9km。整体上，流溪河内拦河坝的分布较为密集，尤其是中游区段，且各拦河坝将主河道分割为不同长度的多个梯段，各梯段内水文水动力条件除了受季节性降雨径流影响外，主要由各拦河坝人工调控，拦河坝上、下水文水动力条件也存在较大差异。各拦河坝的设置也使得上游到下游范围内靠近坝上的部分河道被人为抬高，使得其与坝下河道存在着不同大小的高差。另外，温泉镇至河口段人工防洪堤坝的修建使得流溪河内河岸缓冲带宽度呈现出较大的空间差异，河岸缓冲带最宽长达300m以上，最窄竟不足15m，且其在中游区段的设置与河道内形成的高低落差最大，最大区域可达约37m。对温泉镇上游河道两侧河岸缓冲带的调查发现，其主要与周围的自然山林地或农地相连接，坡度更为陡峭、河岸带更为宽阔自然。整体上，流溪河上、中、下游不同区段形成了不同宽度与不同物理结构特色的河岸缓冲带。总之，流溪河流域内水利工程建设对流域内河流廊道物理结构、水文水动力条件与景观格局特征都带来了较大的影响，这为在河流廊道与河段尺度研究的展开提供了典型的分析样板。

2.2　景观、水文与生态调查分析

2.2.1　景观、水文与生态特征的调查

2.2.1.1　调查内容

本书主要对研究区内各尺度景观、水文与生态特征数据展开了收集与实地调查。收集到的研究区数据信息主要包括中国科学院地理空间数据云、中国科学院资源环境科学与数据中心、寒区旱区科学数据中心、国家气象信息中心的土地利用数据、DEM数据、土壤类型数据、气象数据，广州市水文局和广州市生态环境局的水文与水环境监测数据，广州市统计局的人口与社会经济数据、农业管理数据，以及流溪河流域综合规划报告和岸线管理规划报告的水利工程建设数据与广州市流溪河干流河道岸线控制规划报告的河道地形数据。

另外，通过实地的详细测量与观察，获取了流溪河流域廊道与河段尺度景观、水文、水质以及生态数据。景观与水文特征数据的采集主要基于河流的四维结构特征，为河流廊道上游到下游、河道内至河道外的河流本身物理结构特征、水文生境特征与河岸带植被覆盖特征数据，具体包括自然河岸带宽度（为河道两侧人工堤防或城市道路至河道边缘的垂直距离）、河岸带坡度、河流实际与直线长度、河道断面结构特征、上游段河道断面地形、河道湿宽（指河流的水面实际宽度）、河岸带植被覆盖情况、河岸稳定性与人工干扰程度等[9]；水质数据主要围绕流域主干道展开上、中、下游的典型断面总氮浓度（TN）、总磷浓度（TP）的调查；生态数据的获取则主要通过对流溪河上游至下游全线河岸缓冲带内

的河岸植物物种分布特征（包括每一个调查样方内所有乔木的种名、高度、胸径、冠幅大小，灌木与草本的种名、平均高度、盖度与株数），以及水生生物（浮游植物、底栖动物、鱼类）的物种分布特征（包括每一个调查样点内采集到的所有水生生物的种名与数量）来表示。

2.2.1.2　调查方法

1）调查样地选取

调查样地选取主要包括研究区所在的整个流域范围、不同宽度河流廊道的范围以及河流廊道范围内数据采集断面的位置的选取。利用收集到的全国范围内 DEM 数据，结合研究区内流溪河水系现状提取数字水系并确立流溪河流域的范围，作为裁剪出流溪河流域尺度土地利用数据、DEM 数据与土壤类型数据的基础；在已经确立了流域范围的基础上，围绕流域范围内流溪河主干河流要素，对其展开不同宽度（50m、100m、300m）的缓冲带分析，以获取流溪河河流廊道范围，作为获取该尺度土地利用数据的基础。

相较于上述流域与河流廊道范围的确立，数据采集断面位置的确立更为复杂。在展开了多次调查后，本书共设置 29 个综合调查断面来开展景观与水文特征、河岸植物物种分布特征的调查与数据采集工作（图 2-8），同时设置 7～9 个调查断面来分别开展流溪河流域水质条件（图 2-9）与水生生物（图 2-10）分布特征的调查与数据采集工作。调查过程

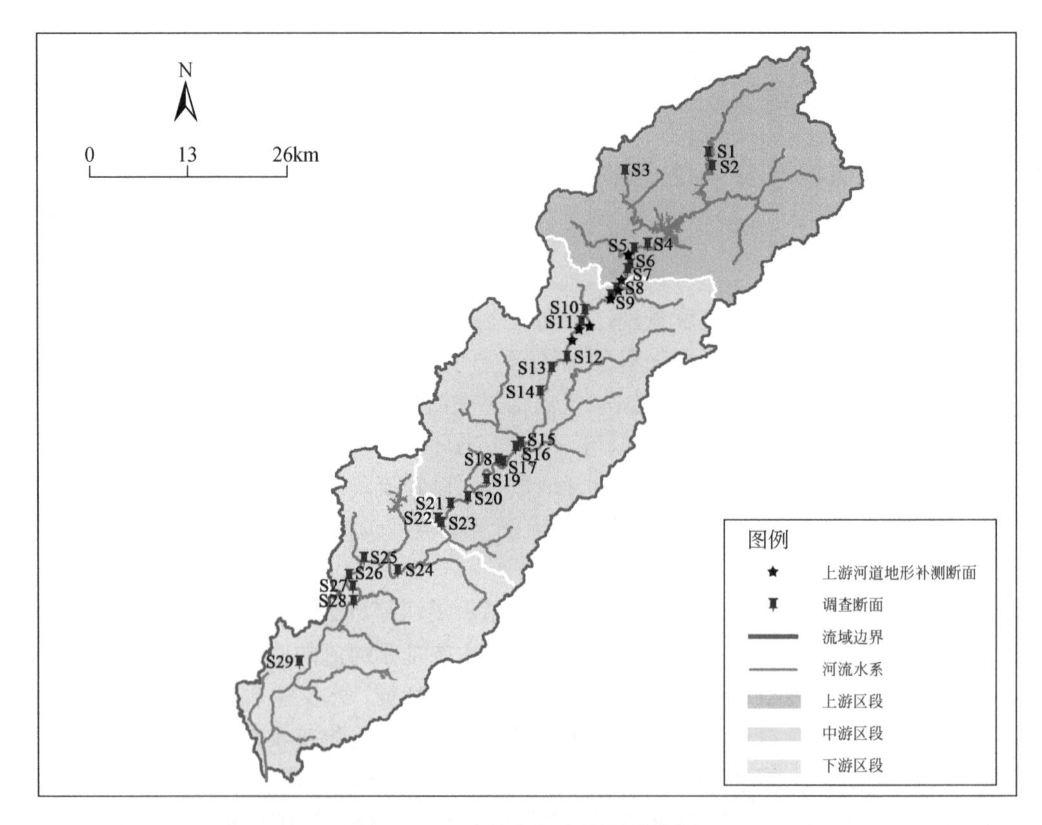

图 2-8　29 个综合调查断面分布图

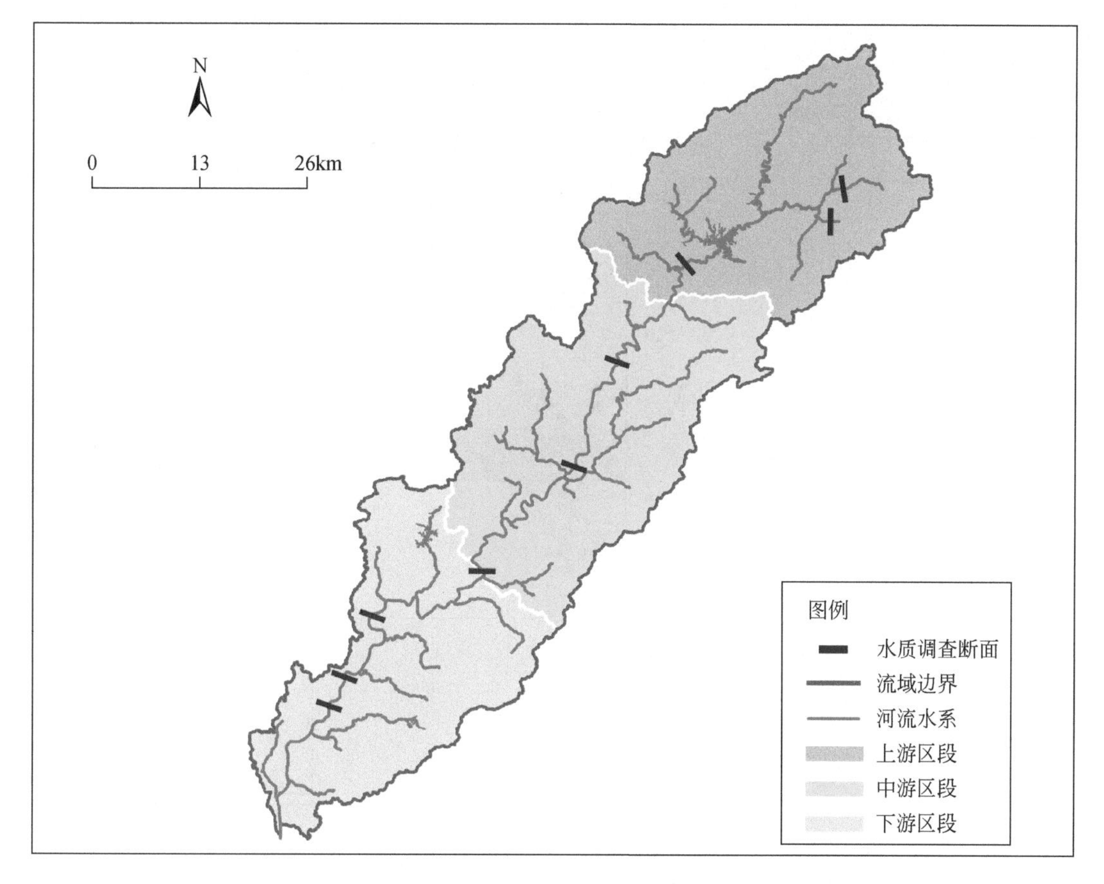

图 2-9　水质调查断面分布图

中发现自流溪河上游至下游景观、水文与生态特征均存在较大的差异：上游河段蜿蜒盘桓在两山之间的峡谷地带，河道较窄、水流湍急、水深较浅且清澈见底、水质较好，河道两侧河岸带坡度较陡且多为自然山林地，整体河道断面结构较为简单，受人类活动干扰程度较小；中、下游河段河道逐渐增宽、水流速度减慢、水较深且水体浑浊不见底，水质状态极差，河道两侧河岸带被农田、果园、建设用地等侵占，且河岸带宽度受两侧人工河堤和城市道路限制；相较于下游河段，中游河段水利梯级拦河坝建设密集，短短不到 60km 长的河流直线长度内建设了 8 个梯级拦河坝(整个流溪河主干上共有 11 个水利梯级拦河坝)，且河道两侧河岸带上的人工河堤建设完备，为达到防洪标准，河堤被抬高，使其阻断了河堤内河岸带与河堤外区域间的自然连通性，并形成了复杂河道断面结构。流溪河流域自上游至下游河岸植物物种和水生生物物种的类型与分布特征差异较大，各区段有其独有的物种类型。

2）景观与水文特征调查方法

运用卷尺、卡尺、跳伞绳、铅坠、坡度测度仪、望远镜、手机等多种工具，在上述 29 个调查断面上测量自然河岸带的宽度与坡度、河道湿宽，以及上游段河道断面地形（包括测量断面宽度、监测点距岸边水平距离与其对应深度）。由于部分断面自然河岸带宽度较

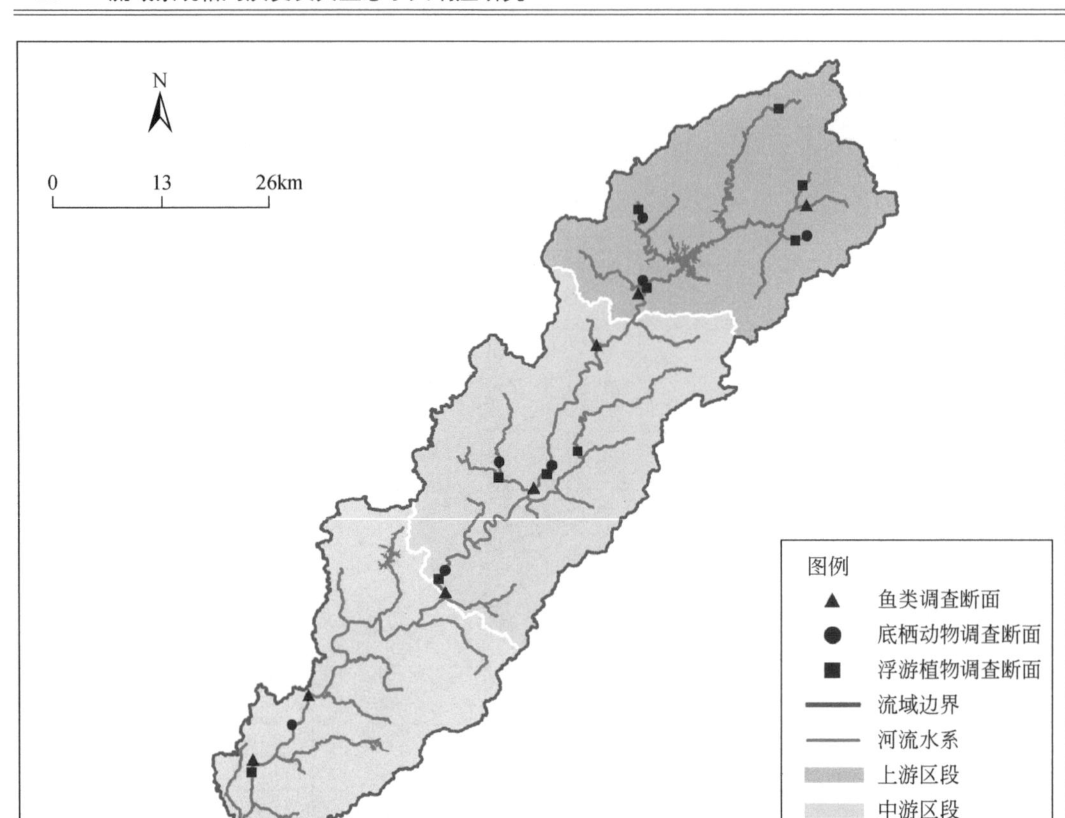

图 2-10　水生生物调查断面分布图

宽且微地形错综复杂，在测量其宽度时，使用 50m 长的卷尺分段测距；而在测量其坡度时，将所测断面河岸带划分为至少 10 段，使用坡度测度仪分段测量，最终通过去掉极值取剩余坡度值的平均值的方法确立各断面上河岸带的坡度。在测量上游段河道断面地形时，选取该区段内所有调查断面附近可达的 7 座桥体展开测量，利用挂上铅坠的跳伞绳在距岸边水平距离不同的位置垂直放下，分别在跳伞绳上记录铅坠靠近水面时与到达水底时的位置，以测量河流断面不同位置的水深，绘制河道断面地形。在实地调查过程中记录调查断面的结构特征，以及其所在区域 500m^2 范围内河岸带植被覆盖的主要类型。

3）河岸植物物种分布特征调查方法

在上述 29 个调查断面的河岸带上设置河岸植物物种分布特征的调查样带。样带垂直于河岸带，沿河岸带靠河道一侧延伸至靠其外部河堤侧，宽度设置为 10m，长度则随所在断面河岸带本身宽度的变化而变化。当河岸带宽度＜50m 时，样带大小为 10m×40m，内置 4 个 10m×10m 的调查样方；当河岸带宽度＞50m 时，样带大小的宽度仍为 10m，长度则依据河岸带实际宽度而定，内置的样方数量与位置则分别根据样带内的植物物种分布特征的变化梯度与微地形特征而定，大小仍为 10m×10m。图 2-11 所示为河岸植物调查样方设置。

图 2-11　河岸植物调查样方设置

确定了样带与调查样方后，运用卷尺、卡尺等辅助工具记录每一个 10m×10m 的样方中所有上层乔木物种（树高＞2m，胸径＞5cm）的种名、科属种类别、高度、胸径、冠幅大小、优势物种类型，同时记录该样方的位置、垂直河岸的距离、高程等基础信息。在各样方中框选 2～3 个 2m×2m 或 3m×3m 的灌草本调查样方，且样方大小与位置均根据每一个 10m×10m 的大样方中、下层灌草本物种的分布特征来确定，记录各小样方中灌草本植物的物种名、科属种类别，测量其物种的平均高度、盖度，估算其株数[10]。

4）水质条件调查方法

在图 2-9 所示的 9 个水质调查断面中的每个断面不同位置进行水样采集（图 2-12），同时测定采水断面水体的温度、溶解氧、电导率、水体性状等基础指标，记录采样时间、天气、采样人员等信息。采样时，采集水样的位置应距离岸边 1～2m，采水器尽量浸入水下 0.2m 以上；在采集前用水样冲洗采样桶和水样瓶 2～3 次，水样瓶应为聚乙烯瓶。所采水样装入水样瓶后需滴加 1～2 滴浓硫酸摇匀至 pH≤2，在贴上标签后密封放置在避光的保温箱中保持 2～5℃冷藏。在实验室中分别采用紫外分光光度法（HJ636—2012）和钼酸铵分光光度法（GB 11893—1989）对各断面水样中的总氮浓度与总磷浓度进行测定。

5）水生生物分布特征调查方法

Ⅰ. 鱼类调查方法

在图 2-10 中设置的采样点对流溪河流域内鱼类资源进行全面调查，主要采取捕捞与市场走访相结合的调查方法（调查方法参照《内陆水域渔业自然资源调查手册》及《水库渔

图 2-12　水质断面水样采集

业资源调查规范》)。采集不同网具的鱼类标本、收集不同来源的数据资料（包括流溪河流域鱼类相关资料——《广州市水生动植物本底资源》及《广东淡水鱼类志》）并做好记录。所采鱼类标本先用清水冲洗干净，以其自然伸展状态摆放在固定箱中，加入 10%的福尔马林固定保存，每隔 24h 更换一次固定液（个体较大的鱼类标本需要在其腹腔和背部肌肉中注射固定液）。尽可能在现场对鱼类标本进行拍照记录与鉴定种类，主要参考《中国动物志》、《中国鱼类系统检索》、《广东淡水鱼类志》、《珠江鱼类志》及《南海鱼类志》等。在鉴定时，解剖鱼类标本获取其体长、全长、体重、雌雄比等基础数据，取其鳞片等作为鉴定年龄的材料，必要时取其性腺鉴别其性别与成熟度。

Ⅱ. 浮游植物调查方法

采用 5000ml 的采水器取上、中、下层水样经充分混合后成为 1 个水样（采样层次视水体深浅而定，3m 以内水深仅取表层水样，3～10m 水深应至少分别取离表层和底层 0.5m 范围内的水样，大于 10m 水深应隔 2～5m 或更大距离增加一个层次水样），加入鲁哥氏碘液进行固定。经过 48h 静置沉淀将其浓缩至约 100ml（一般采用分级沉淀的方法，先在较大容器中经 24h 的静置沉淀，再用细小玻璃管进行 24h 静置沉淀，吸去部分上清液，重复至水样浓缩到 100ml 左右为止），并在样品瓶上写上采样日期、点位与采水量，保存以便带回室内做进一步的浮游植物种类与数量的详细测定。

室内测定浮游植物时，先将样品摇匀吸取 10ml 样品置于沉降杯内，在显微镜下按视野法计数。每个样品计数 2 次，取其平均值（每次计数结果与平均值之差应在 15%以内，否则应增加计数次数）。

每升水样中浮游植物数量的计算公式如下：

$$N=\frac{C_s}{F_sF_n}\times\frac{V}{v}P_n \tag{2-1}$$

式中，N 为 1L 水中浮游植物的丰度（cells/L）；C_s 为沉降杯的面积（mm^2）；F_s 为视野面积（mm^2）；F_n 为每片计数过的视野数；V 为 1L 水样经浓缩后的体积（ml）；v 为沉降杯的容积（ml）；P_n 为计数所得细胞数（cells）。

III. 底栖动物调查方法

底栖动物分为三大类，包括水生昆虫、寡毛类和软体动物。主要用 Petersen 氏底泥采集器采集定量样品，每个采样点采泥样 2～3 个。砾石底质无法用采泥器挖取的，捞取砾石用 60 目筛绢网筛洗或直接翻起石块在水流下方用筛绢网捞取。将泥样倒入塑料盆内，对底泥中的砾石要仔细刷下附着其上的底栖动物，经 40 目分样筛筛选后拣出大型动物，剩余杂物全部装入塑料袋中，加少许清水带回室内，在白色解剖盘中用细吸管、尖嘴镊、解剖针分拣。其中，软体动物用 5%甲醛或 75%乙醇溶液保存；水生昆虫用 5%甲醛固定数小时后再用 75%乙醇溶液保存；寡毛类先放入加清水的培养皿中，并缓缓滴入数滴 75%乙醇麻醉，待其身体完全舒展后再用 5%甲醇固定，用 75%乙醇溶液保存。按种类计数，单位换算成 ind./m^2（即个/m^2）。软体动物则用电子秤称重，水生昆虫和寡毛类用扭力天平称重，单位换算成 g/m^2。软体动物鉴定到种，水生昆虫至少鉴定到科，寡毛类和摇蚊幼虫至少鉴定到属。

2.2.2　野外调查数据分析方法

2.2.2.1　景观与水文生境特征指标的统计方法

除了上述 29 个调查断面的自然河岸带的宽度（R_W）、坡度（R_{slope}）、河道湿宽（W）三个特征参数外，运用实测的各断面和上一个断面的实际距离与直线距离的比值计算出河流形态蜿蜒度（R_c）特征参数。运用收集与实测获取的河道断面地形数据、水利工程建设数据，结合以下公式计算河道内纵坡比降（i）、宽深比（W∶D）和河道纵向连通性（G）三个特征参数。

1）河道内纵坡比降（i）

河道内纵坡比降的计算依据实测与收集到的河道地形数据，通过计算河道内河段起始点到终点位置河床最低点的单位高差来表示[11]，具体计算为

$$i = (H_1 - H_2) / L \tag{2-2}$$

式中，i 为河道纵坡比降；H_1、H_2 分别为河段上、下游河底两点的高程；L 为河段长度。

2）宽深比（W∶D）

宽深比则由河相系数计算公式［式（2-3）］得出[12]，用以表现流溪河上游至下游河道内断面结构与平均河深所形成的水文生境条件的变化。

$$\xi = \frac{\sqrt{B}}{h} \tag{2-3}$$

式中，ξ 为河相系数；B 为水面宽；h 为平均河深，即过水断面面积/平滩河宽，利用河道断面地形数据计算。

3）河道纵向连通性（G）

河道纵向连通性则由式（2-4）计算所得，用以突出水库和拦河坝的修建对河道内水文

连通性的影响[13]。

$$G=\frac{N_1}{L} \tag{2-4}$$

式中，G 为河道纵向连通性；N_1 为从河流第一个水库或闸坝开始每 10km 长度范围内出现的水库或闸坝个数；L 为水库或拦河坝数量计量的河段长度，即 10km。

2.2.2.2　河岸植物物种分布特征统计方法

将 29 个调查断面内调查样带中的河岸植物物种按照其鉴定结果进行科、属、种的区系划分，确认各物种是否为本土物种。根据其生长型划分乔木、灌木、草本三个基本层次。以此为划分标准对所有物种进行统计与分析，绘制流溪河河流廊道河岸植物名录。在各物种层次划分的基础上，结合实地测量与记录的各物种在各调查样带内的基础信息，以样方为单位分别计算乔木层与灌草层（灌木层和草木层）内各植物物种在各样方中的真盖度、相对高度、相对密度、相对盖度、相对频度、重要值（important value，IV）等群落分布特征指标[14]，具体计算公式如下。

1）真盖度

真盖度是乔木层计算相对盖度的依据，它由胸径通过圆面积公式换算而来：

$$C=\frac{W^2}{4\pi} \tag{2-5}$$

式中，C 为乔木的真盖度；W 为所测的胸径。

2）相对高度

相对高度为某草本植物的总高度占群落全部草本植物高度和的比值，计算公式如下：

$$\mathrm{rh}_i=\frac{h_i}{\sum_{j=1}^{n} h_j} \tag{2-6}$$

式中，rh_i 为相对高度；h_i 为第 i 个草本植物的总高度；$\sum_{j=1}^{n} h_j$ 为群落全部草本植物高度和。

3）相对密度

相对密度为植物个体数占区域内植物个体总数的比值，计算公式如下：

$$\mathrm{rd}_i=\frac{m_i}{\sum_{j=1}^{n} m_j} \tag{2-7}$$

式中，rd_i 为相对密度；m_i 为第 i 个物种个体数；$\sum_{j=1}^{n} m_j$ 为区域内植物个体总数。

4）相对盖度

相对盖度为某植物盖度占群落全部植物盖度和的比值，计算公式如下：

$$\mathrm{rC}_i=\frac{C_i}{\sum_{j=1}^{n} C_j} \tag{2-8}$$

式中，rC_i 为相对盖度；C_i 为第 i 个物种总盖度；$\sum_{j=1}^{n} C_j$ 为群落全部植物盖度和。

5）相对频度

相对频度为某植物出现频数占群落全部植物频数和的比值，计算公式如下：

$$rf_i = \frac{f_i}{\sum_{j=1}^{n} f_j} \tag{2-9}$$

式中，rf_i 为相对频度；f_i 为第 i 个物种出现频数；$\sum_{j=1}^{n} f_j$ 为群落全部植物频数和。

6）重要值

重要值是衡量一个物种在群落中地位的指标。

木本层的计算公式如下：

$$IV = \frac{rd + rC + rf}{3} \tag{2-10}$$

灌草层的计算公式如下：

$$IV = \frac{rh + rC + rf}{3} \tag{2-11}$$

式中，IV 为重要值。

2.2.3　基础数据的构建

通过对研究区景观、水文、生态基础数据的收集与实地调查，最终构建了对研究区展开多尺度景观格局特征变化的生态水文效应研究的基础数据库，不仅涉及流域内土地利用、高程、土壤、气象、农业、水文与水环境长序列监测数据，还涉及河流廊道与河段尺度的河道地形、水利工程建设现状、景观格局特征、水文生境条件与生态数据，具体如表 2-2 所示。

表 2-2　基础数据及来源

所在尺度	数据类型	内容	时间	数据来源
流域尺度	人口与社会经济数据	总人口数、城市人口数、地区生产总值、第三产业占比、年人均收入、固定资产投资总额	1980～2015 年	广州市统计年鉴、流域内各辖区（从化区、花都区、白云区、黄埔区）统计年鉴
	农业数据	作物类型与种植管理模式、畜禽养殖情况	2015 年、2018 年	广州市统计年鉴、流域内各辖区（从化区、花都区、白云区、黄埔区）统计年鉴
	高数据程	DEM 图	2000 年、2009 年	中国科学院地理空间数据云

续表

所在尺度	数据类型	内容	时间	数据来源
流域尺度	土地利用数据	土地利用类型图	1980 年、1990 年、1995 年、2000 年、2005 年、2008 年、2010 年、2015 年	中国科学院资源环境科学与数据中心
	土壤数据	土壤类型图	2009 年	寒区旱区科学数据中心
	气象数据	广州与增城站点的降雨、气温、风速、相对湿度的逐日观测数据	1980～2015 年	国家气象信息中心
	水文数据	大坳站逐月径流量监测数据	2013～2018 年	流溪河水资源月刊（非公开）
	水环境监测数据	太平场、李溪坝、白海面、河口站氨氮浓度、总磷浓度的逐月监测数据	2015～2020 年	广州市生态环境局官方网站
河流廊道尺度	河道地形数据	河道断面图	1995 年、2002 年、2008 年	广州市流溪河干流河道岸线控制规划报告
河流廊道/河段尺度	水利工程建设现状	水库、拦河坝、防洪堤基础工程信息与现状运行情况	截至 2019 年	广州市流溪河流域综合规划、广州市流溪河岸线管理规划
	景观格局特征	自然河岸带宽度与坡度、河段实际长度与直线长度、河道断面结构特征、河岸植被覆盖特征、河岸稳定性、河岸带人工干扰程度	2017～2019 年	实地调查与测量
	水文生境特征	河道湿宽、宽深比		
		上游河道断面地形（补测）		
	生态特征	河岸带植物物种分布特征数据 底栖动物、鱼类、浮游植物物种分布特征数据		
	水质条件	采样断面的水体水温、溶解氧、电导率、水体性状、总氮浓度与总磷浓度		

2.2.4　调查结果统计

1）景观与水文生境特征指标的统计结果

如图 2-13、图 2-14 所示为上述 7 个景观格局特征指标实测数据的统计结果，可以发现各指标的大小在流溪河上、中、下游不同河段均不同。从上游至下游，自然河岸带宽度、坡度逐渐减小，河流形态的蜿蜒度降低，河道纵坡比降减小；相反，河道湿宽逐渐加宽，宽深比加大。特别地，河道纵向连通性在中游河段较大，在上游与下游河段均较小。

对各调查断面的河岸带断面结构特征与其 500m^2 范围内河岸植被覆盖情况的详细调查记录如表 2-3 所示。可以发现，河岸带断面结构由上游至下游人工化逐渐增强，尤其是在中游河段因防洪所需，建设有大量人工防洪堤及与其对应的自然与人工混合的多级台地；在下游河段，由于河岸带逐渐被建设用地侵占，级层逐渐减少；植被覆盖类型在中、下游河段受到农业活动的影响更为剧烈，上层植被多为人工种植的果树与经济树种，且其植被覆盖较上游河段河岸带植被覆盖更为稀疏。这些调查结果均表明，在河流廊道尺度流溪河的景观与水文生境特征存在较大的空间差异。一方面，这推动了后续研究进一步探讨造成这一差异的原因；另一方面，也为后续展开流溪河流域不同尺度景观、水文与生态特征相互作用的进一步研究提供了丰富的数据与调查信息。

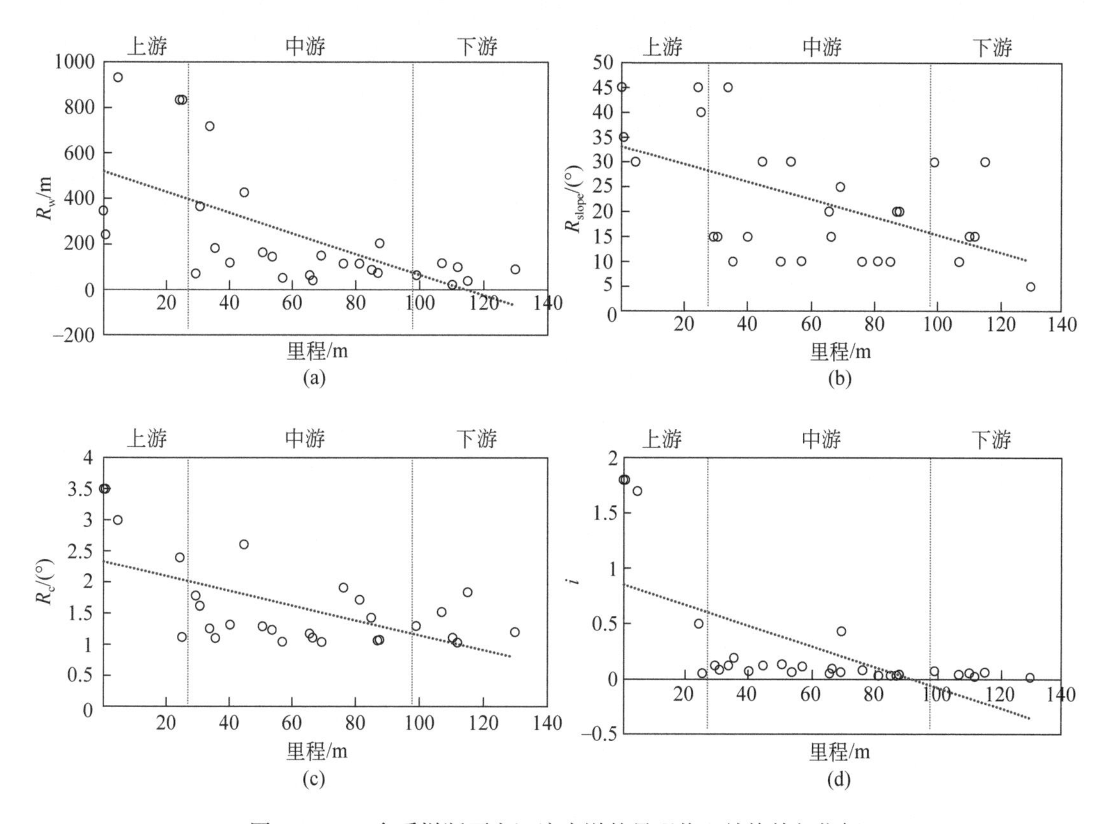

图 2-13　29 个采样断面上河流廊道的景观物理结构特征指标

（a）自然河岸带宽度（R_W）；（b）自然河岸带坡度（R_{slope}）；（c）河流形态蜿蜒度（R_c）；（d）河道内纵坡比降（i）

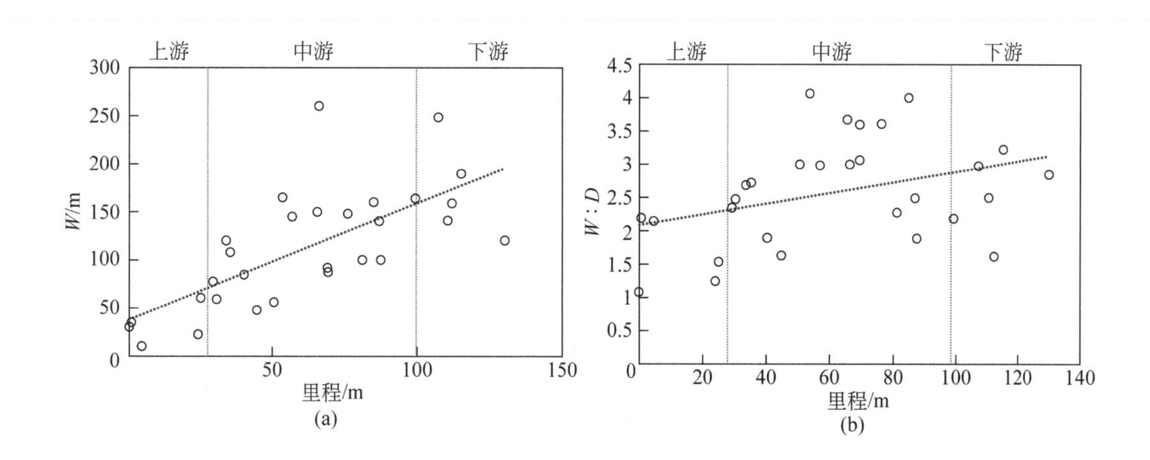

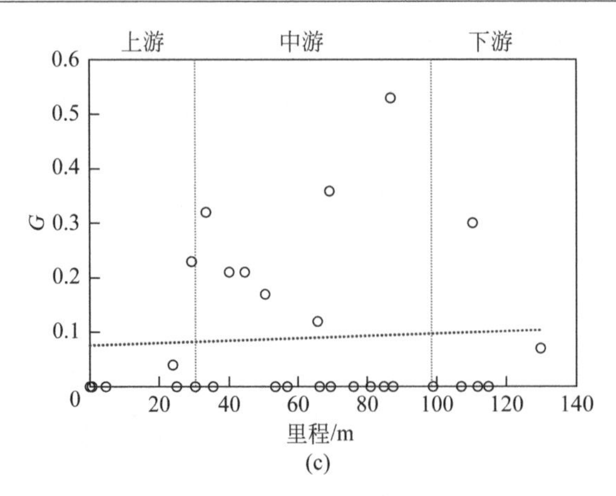

图 2-14 29 个采样断面上河流廊道的水文生境特征指标

（a）河道湿宽（*W*）；（b）宽深比（*W*∶*D*）；（c）河道纵向连通性（*G*）

表 2-3 调查断面结构特征与河岸植被覆盖特征

编号	断面结构特征	河岸植被覆盖特征
S1	山林围绕的自然陡坡地，且无台级	河岸带自然植被覆盖茂密，主要为水杉-乌毛蕨群落
S2	山林围绕的自然陡坡地，且被人为改造的小道划分为两个台级	河岸带自然植被覆盖茂密，主要为冬青-草珊瑚与冬青-芒萁+扇叶铁线蕨群落
S3	多级自然与人工混合台地，受农业活动影响划分为多级土坡台地	河岸带近河部分为自然植被覆盖，主要为粉单竹-淡竹叶群落，远河部分台地受农业耕种影响，种植有大量蔬菜、果树等
S4	山林围绕的自然陡坡地，且无台级	河岸带自然植被覆盖茂密，主要为蒲桃-苎麻+中南鱼藤群落
S5	山林围绕的自然陡坡地，且被人为建设的道路划分为两个台级	河岸带自然植被覆盖茂密且群落结构复杂，主要为竹+杜英-罄竹、鹅掌柴-银柴+芒、枫香树-藿香蓟群落
S6	多级自然与人工混合台地，受农业活动影响划分为多级土坡台地	河岸带受农业活动影响被划分为多个台级，种植有大量果树，也有小片菜地；植被覆盖较茂密，上层植被主要为人工栽植的果树，下层为自然灌木、草本和菜地，较为典型的群落结构为龙眼-藿香蓟+蓼、龙眼-淡竹叶、龙眼-淡竹叶+金星蕨群落
S7	自然缓坡地，无台级	河岸带植被覆盖茂密，近河部分为自然植被覆盖，主要为光荚含羞草+芭蕉-蟛蜞菊+香附子+丁香蓼群落；远河部分受农业活动影响，种植有大量的果树与蔬菜，上层植被主要为人工种植的果树芭蕉、龙眼，下层的自然植被主要为丁香蓼、短叶水蜈蚣、淡竹叶，从而构成了以芭蕉-丁香蓼、龙眼-淡竹叶、龙眼-短叶水蜈蚣为主的群落
S8	山林围绕的自然坡地，无台级	河岸带自然植被覆盖茂密，主要为光荚含羞草-薇甘菊群落、光荚含羞草-山麻杆群落、荔枝-半边旗+鹅掌柴、荔枝-淡竹叶群落、松树-山麻杆-淡竹叶群落
S9	自然缓坡地	河岸带自然植被覆盖茂密，主要为芭蕉+光荚含羞草-荩草+芒、鬼针草+茅、光荚含羞草-鬼针草、光荚含羞草+马缨丹-鬼针草的群落
S10	临山的自然坡地，靠河侧坡度平缓，远河侧坡度较陡，为山体的一部分	河岸带植被覆盖茂密，但受农业活动的影响，上层植被多为人工种植的果树，如荔枝、芭蕉、杧果、龙眼等，为主要的上层植被；下层植被除了人工种植的蔬菜外，自然生长的植被主要为淡竹叶、海芋、半边旗、葛、华南毛蕨等，从而构成了以荔枝-淡竹叶、荔枝-海芋、荔枝-半边旗、荔枝-华南毛蕨、荔枝-葛+淡竹叶为主的群落

续表

编号	断面结构特征	河岸植被覆盖特征
S11	二级自然坡地，临河部分与远河部分河岸带间高差较大，分为了临河台层和远河台层	河岸带植被覆盖茂密，且受农业活动影响上层植被多为人工种植的果树与经济树木，如竹、荔枝、龙眼等，为主要的上层植被；下层植被除了人工种植的蔬菜外，自然生长的植被以海芋、双盖蕨、求米草、淡竹叶等为主，从而构成了以竹-双盖蕨与竹-海芋为主的临河台层的植被群落，以荔枝-海芋+求米草、荔枝-海芋+鸭跖草、荔枝-海芋+淡竹叶为主的远河台层的植被群落
S12	多级自然与人工混合台地，靠河侧为裸露的碎石滩地，靠岸侧受农业活动的影响形成了多级台地	河岸带植被覆盖茂密，且受农业活动影响，上层植被多为人工种植的果树，如蒲桃、荔枝、芭蕉等，为主要的上层植被；下层植被除人工种植的蔬菜外，自然生长的植被以一叶获、芒、水翁蒲桃、蟛蜞菊、茅、葛、阔叶丰花草、海芋等为主，构成了以蒲桃-一叶获+芒、蒲桃-水翁蒲桃+芒、荔枝-蟛蜞菊、荔枝-茅、荔枝-葛、荔枝-三裂叶野葛、荔枝-海芋+阔叶丰花草为主的群落
S13	多级自然坡地，临河侧坡度较陡，临岸侧坡度较缓，从而形成了多级自然台地，且远河侧建设有与城市道路一体化的人工防洪堤	河岸带植被覆盖茂密，临岸台地受农业活动影响，种植有大量果树，如龙眼、荔枝等，为主要的上层植被；下层则多为自然生长的植被，构成了以竹-蟛蜞菊、光荚含羞草-蟛蜞菊+芒、竹-茅+蟛蜞菊、荔枝-茅、荔枝-海芋为主的群落；另外，人工防洪堤上覆盖有人工铺设的结缕草
S14	多级自然缓坡地，且远河侧建设有与城市道路一体化的人工防洪堤	河岸带植被覆盖茂密，临岸台地受农业活动影响，种植有大量果树，如龙眼、荔枝等，为主要的上层植被；下层则多为自然生长的植被，构成了以光荚含羞草-蟛蜞菊+鬼针草、龙眼-茅+鬼针草、龙眼-芒+五爪金龙、荔枝-海芋+蟛蜞菊、荔枝-茅+海芋+华南毛蕨为主的群落；另外，人工防洪堤上覆盖有人工铺设的结缕草
S15	多级自然与人工混合的坡地，且远河侧建设有与城市道路一体化的人工防洪堤	河岸带植被覆盖茂密，受农业活动影响，种植有大量果树与经济作物，如荔枝、竹等，为主要的上层植被；下层除了种植有蔬菜外，也有大量自然生长的植被，从而构成了以竹-蟛蜞菊、荔枝-马唐、荔枝-海芋+半边旗、荔枝-半边旗为主的群落；另外，人工防洪堤上覆盖有人工铺设的结缕草
S16	多级自然与人工混合的坡地，且远河侧建设有与城市道路一体化的人工防洪堤	河岸植被覆盖稀疏，受农业活动的影响较大，种植有大量果树与经济作物，如荔枝、竹、龙眼、芭蕉等，为主要的上层植被；下层除了种植有蔬菜外，也有大量自然生长的植被，从而构成了以竹-蟛蜞菊+蓼、竹-悬钩子+淡竹叶、芭蕉-蟛蜞菊、龙眼-蟛蜞菊+淡竹叶、龙眼-鬼针草+华南毛蕨为主的群落；另外，人工防洪堤上覆盖有人工铺设的结缕草
S17	多级自然与人工混合的坡地，且远河侧建设有与城市道路一体化的人工防洪堤	河岸植被覆盖茂密，受农业活动影响，种植有大量果树与经济作物，如荔枝、桉等，为主要的上层植被；下层植被除了少量人工种植的蔬菜外，也有大量自然生长的植被，从而构成了以荔枝-蟛蜞菊+茅+海芋、荔枝-荩草+海芋+双盖蕨、桉-薇甘菊+茅+蟛蜞菊、蟛蜞菊+芒为主的群落；另外，人工防洪堤上覆盖有人工铺设的结缕草
S18	多级自然与人工混合的坡地，且远河侧建设有与城市道路一体化的人工防洪堤	河岸植被覆盖茂密，受农业活动影响，种植有大量荔枝、芭蕉作为上层植被；下层植被除了少量人工种植的蔬菜外，也有大量自然生长的植被，从而构成了以荔枝-阔叶丰花草+地桃花、荔枝-阔叶丰花草+马唐、荔枝-五爪金龙+地桃花、荔枝-白花灯笼+阔叶丰花草、荔枝-白花灯笼+薇甘菊+海芋、荔枝-海芋+金星蕨、芭蕉-蟛蜞菊+茅、蓼+毛草龙+鬼针草为主的群落；另外，人工防洪堤上覆盖有人工铺设的结缕草
S19	多级自然与人工混合的坡地，且远河侧建设有与城市道路一体化的人工防洪堤	河岸植被覆盖茂密，受农业活动影响，种植有大量芭蕉、竹、荔枝作为上层植被；下层植被除少量人工种植的蔬菜外，也有大量自然生长的植被，从而构成了以竹-马唐、竹-淡竹叶、竹-葛+马唐+紫苏、荔枝-淡竹叶、荔枝-淡竹叶+海芋、荔枝-海芋+马唐为主的群落；另外，人工防洪堤上覆盖有人工铺设的结缕草
S20	多级自然与人工混合的坡地，且远河侧建设有与城市道路一体化的人工防洪堤	河岸植被覆盖茂密，受农业活动影响，种植有大量竹、荔枝，构成上层植被；下层植被除少量人工种植的蔬菜外，也有大量自然生长的植被，从而构成了以竹-海芋+求米草、竹-马缨丹+求米草、竹-海芋+马缨丹+淡竹叶、竹-海芋+金星蕨、竹-金星蕨+沿阶草、竹-淡竹叶+海芋、荔枝-海芋为主的群落；另外，人工防洪堤上覆盖有人工铺设的结缕草
S21	多级自然与人工混合的坡地，且远河侧建设有与城市道路一体化的人工防洪堤	河岸植被覆盖较稀疏，受农业活动影响，种植有大量荔枝，构成上层植被；下层植被除少量人工种植的蔬菜外，也有大量自然生长的植被，从而构成了以荔枝-淡竹叶+马缨丹、荔枝-淡竹叶+鬼针草+藿香蓟、荔枝-鬼针草+华南毛蕨+淡竹叶、荔枝-鬼针草+马唐为主的群落；另外，人工防洪堤上覆盖有人工铺设的结缕草

续表

编号	断面结构特征	河岸植被覆盖特征
S22	多级自然与人工混合的坡地，且远河侧建设有与城市道路一体化的人工防洪堤	河岸植被覆盖茂密，受农业活动影响，种植有大量竹、龙眼、芭蕉，构成上层植被；下层植被除少量人工种植的蔬菜外，也有大量自然生长的植被，从而构成了以竹-海芋、竹-求米草、竹-鳞盖蕨、龙眼-淡竹叶+火炭母、龙眼-淡竹叶+求米草、龙眼-叶下珠+藿香蓟为主的群落；另外，人工防洪堤上覆盖有人工铺设的结缕草
S23	多级自然坡地	河岸植被覆盖茂密，受农业活动影响，种植有大量果树与经济作物，如山桃、竹、荔枝等，为主要的上层植被；下层植被除少量人工种植的蔬菜外，也有大量自然生长的植被，从而构成了山桃-茅+巨芒穗米草+喜旱莲子草、竹-鬼针草+海芋、荔枝-金丝草+海芋、竹-山麻杆+薇甘菊、竹-五爪金龙+阔叶丰花草为主的群落
S24	多级自然与人工混合的陡坡地	河岸植被覆盖茂密，受农业活动影响，种植有大量荔枝、芭蕉，构成上层植被，与下层自然植被构成了荔枝-海芋+华南毛蕨、芭蕉-山麻杆+鳞盖蕨、芭蕉-海芋+华南毛蕨、构树-海芋+芒、茅+薇甘菊+海芋的群落
S25	多级自然与人工混合的坡地，且远河侧建设有与城市道路一体化的人工防洪堤	河岸植被覆盖茂密，受农业活动影响，种植有大量荔枝，构成上层植被；下层植被除大量人工种植的蔬菜外，也有大量自然生长的植被，从而构成了荔枝-半边旗+淡竹叶、荔枝-淡竹叶、荔枝-马缨丹+薇甘菊、荔枝-刺蒴麻+鬼针草+薇甘菊、荔枝-半边旗+马缨丹+薇甘菊的群落；另外，人工防洪堤上覆盖有人工铺设的结缕草
S26	多级自然与人工混合的陡坡地，且远河侧建设有与城市道路一体化的人工防洪堤	河岸植被覆盖较稀疏，受农业活动影响，种植有大量果树与经济作物，如竹、荔枝、黄皮等，为主要的上层植被；且与下层自然植被构成了竹-鬼针草、黄皮-鬼针草+阔叶丰花草+叶下珠、竹-鬼针草+淡竹叶、竹-鬼针草+淡竹叶+马唐的群落；另外，人工防洪堤上覆盖有人工铺设的结缕草
S27	多级自然与人工混合的陡坡地，且远河侧建设有与城市道路一体化的人工防洪堤	河岸植被覆盖茂密，受农业活动影响，种植有大量竹与黄皮，构成上层植被；下层植被除大量人工种植的蔬菜外，也有大量自然生长的植被，从而构成了竹-淡竹叶+海芋+薇甘菊、竹-鬼针草+淡竹叶、黄皮-马唐+金星蕨、黄皮-薇甘菊+马唐的群落；另外，人工防洪堤上覆盖有人工铺设的结缕草
S28	多级自然与人工混合的陡坡地，且远河侧建设有与城市道路一体化的人工防洪堤	河岸植被覆盖较稀疏，受农业活动影响，种植有大量芭蕉、龙眼等果树作为上层植物；且与下层自然植被构成了以芭蕉-求米草、芭蕉-假蒟为主的群落；另外，人工防洪堤上覆盖有人工铺设的结缕草
S29	多级自然与人工混合的陡坡地，且远河侧建设有与城市道路一体化的人工防洪堤	河岸植被覆盖较稀疏，受农业活动影响，种植有大量果树与经济作物，如水杉、竹、蒲桃等，也有大量自然植被，如假柿木姜子、楠树、朴树等，它们为主要的上层植被；且与下层自然植被构成了以蒲桃-海芋+金星蕨、杉木、蒲桃-海芋+双盖蕨、竹-金星蕨、竹-双盖蕨+海芋+合果芋、竹+水杉-海芋+金星蕨为主的群落；另外，人工防洪堤上覆盖有人工铺设的结缕草

2）河岸植物物种分布特征统计结果

本书对上述 29 个样带的多次调查共确立了 108 个 10m×10m 的乔木层样方与 234 个 2m×2m 或 3m×3m 的灌草层样方，结果见表 2-4。在这些样方中，共统计到 225 种植物物种，其中含 17 种未识别出的物种，它们均分属于不同层次、不同区系，有不同的生活型，且大部分为本土物种（具体详情见附表 1）。经统计，调查到的植物中，乔木层物种有 66 种，占总种数比例为 29.33%；灌木层物种有 39 种，占总种数比例为 17.33%；草本层物种有 120 种，占总种数比例高达 53.33%。流域内原生物种量占比最大，超过总物种量的 70.00%，其次为经济物种与引种栽培种，其物种量均为总物种量的 10.00%左右。

表 2-4　29 个样带内河岸植物物种分类统计

类别			科数	属数	种数	占总种数比例/%
层次划分	乔木		29	52	59(7)	29.33
	灌木		22	33	38(1)	17.33
	草本		51	99	111(9)	53.33
总数			85	182	208（17）	100
物种来源	本土物种	原生物种	75	133	161	75.94
		经济物种	15	23	23	10.85
	外来入侵物种		4	7	7	3.30
	引种栽培种		11	16	17	8.02
	逸生种		4	4	4	1.89

注：（ ）中表示未识别出的物种。

可以发现，相比于乔木与灌木层植物，草本层植物物种数量最多，且所属科属类型最为丰富，分别为乔木和灌木物种数量的 2 倍与 3 倍；灌木层不仅物种数较少，且所属科属类别也不如乔木与草本物种丰富。这说明在流溪河范围内河岸植物物种以草本层表现出最为丰富多样的特征，其次为乔木层、灌草层。对物种来源的分析结果表明，原生物种数量占比远大于其他物种，这可能与调查样带多选在植被覆盖丰富的区域有关，也与流溪河河岸缓冲带上草本植物物种数量多且原生物种占比较大有关。流溪河河岸缓冲带内人工栽培有大片的果园、竹林等经济作物以及人工引种栽培的其他树种，这使得它们的占比除原生物种外位列第二。

通过对上述 29 个调查样带内调查到的 225 种植物群落分布特征的计算与统计，发现流溪河河流廊道内的各河岸带植物物种不仅分布在不同调查样带内，而且同一种植物物种在不同调查样带内的重要值大小也不同；具体到某一个植物物种，其在有些样带内是优势物种，而在其他样带内则以伴生种的形式存在。上述现象共同表明了河岸植物物种在流溪河河流廊道上、中、下游不同样带内分布的空间差异变化，具体详情见附表 2。

3）水生生物分布特征统计结果

Ⅰ. 鱼类

对 8 个调查断面中采集到的 1982 尾、135kg 的鱼类标本进行鉴定与统计分析，识别出的鱼类标本共有 39 种，主要优势种为鰲（35%）、宽鳍鱲（31%）、海南鲌（9%）、鲮（8%）、海南拟鰲（4.3%）、尼罗罗非鱼（3%）、广东鲂（2%）、黄尾鲴（2%）等，青鱼、草鱼、鲢、鳙较少，数量比例仅为 0.3%。入侵种类有 5 种：尼罗罗非鱼、莫桑比克罗非鱼、麦瑞加拉鲮、下口鲶（清道夫）、斑点叉尾鮰。

在流域上、中、下游各河段调查断面中采集到的鱼类种类与数量分布均有较大差异。其中，江高镇河段采集到的鱼类标本为 120 尾，分属 24 种，主要为赤眼鳟（26%）、鲮（14.9%）、尼罗罗非鱼（13%）、鰲（8.2%）、广东鲂（7.5%）、鲤（5.8%）、鲢（3%）、鲫（2.5%）

等；人和镇河段采集到的鱼类标本为203尾，分属20种，主要为𩽾（52.2%）、鲮（18.2%）、下口鲶（清道夫）（7.9%）、尼罗罗非鱼（5.4%）、鲢（4.9%）、广东鲂（3.4%）、黄颡鱼（2%）等；太平镇河段采集到的鱼类标本为178尾，分属24种，主要为𩽾（17.9%）、鲤（15%）、鲮（12.2%）、尼罗罗非鱼（3.4%）、赤眼鳟（9.8%）、黄颡鱼（3.1%）等；从化街口河段采集到的鱼类标本为188尾，分属16种，主要为𩽾（53.2%）、海南鲌（24%）、黄尾鲴（8%）、七丝鲚（3.2%）等；温泉镇河段采集到的鱼类标本为114尾，分属14种，主要为海南鲌（44%）、𩽾（43%）、黄尾鲴（3%）、尼罗罗非鱼（2%）、广东鲂（2%）等；良口镇河段采集到的鱼类标本为189尾，分属17种，主要为宽鳍鱲（78.8%）、半𩽾（10.6%）、鲫（2.6%）、南方波鱼（2.1%）、尼罗罗非鱼（1%）等；吕田镇河段采集到的鱼类标本为40尾，分属9种，主要为食蚊鱼（32%）、条纹刺鲃（23%）、马口鱼（12%）、侧条光唇鱼（8%）等；流溪河流域出口处河段采集到的鱼类标本为950尾，分属57种，主要为𩽾（22.7%）、鲮（11.8%）、广东鲂（11.4%）、赤眼鳟（5.5%）、条纹鮠（5.5%）、尼罗罗非鱼（4.7%）、斑鰶（2.9%）等。

另外，结合所收集到的流溪河鱼类调查资料，发现流溪河珍稀鱼类有唐鱼、异鱲、花鳗鲡，但在本次调查中并未发现主要分布在流域上游的异鱲。

Ⅱ. 浮游植物

流域内10个调查断面中调查到的浮游植物共鉴定出7门105种（属），其中硅藻门最多，达58种（属）；绿藻门32种（属）、蓝藻门8种（属）、裸藻门3种（属）、甲藻门2种（属）、隐藻门和金藻门各1种（属）。硅藻门种类数在流溪河各河段中均占较高的比例，绿藻门、蓝藻门种类自上游往下游逐渐增加（表2-5）。经过计算各断面浮游植物平均丰度为2.353×10^5cells/L，变化范围为0.261×10^5～6.619×10^5cells/L，自上游往下游浮游植物丰度呈上升趋势（表2-6）。

表2-5　10个浮游植物调查断面物种分类统计

门类	上游					中游				下游	物种总数
	五禾桥	碧水湾	吕田河	牛栏水	汾田水	迎宾桥	杨荷桥	小海河	龙潭水	蚌湖大桥	
硅藻	17	22	20	19	19	22	15	7	12	13	58
甲藻	0	0	0	1	0	0	0	0	2	0	2
金藻	1	0	0	0	0	0	1	0	1	0	1
蓝藻	0	0	1	0	0	1	1	1	3	6	8
裸藻	0	0	1	1	0	1	1	2	2	2	3
绿藻	5	4	5	2	4	1	10	7	14	11	32
隐藻	0	0	0	1	0	0	0	0	0	0	1
合计	23	26	27	24	23	25	28	17	34	32	105

表2-6　10个浮游植物调查断面数量组成统计　（单位：10^5cells/L）

门类	上游					中游				下游
	五禾桥	碧水湾	吕田河	牛栏水	汾田水	迎宾桥	杨荷桥	小海河	龙潭水	蚌湖大桥
硅藻	0.213	0.509	1.762	0.529	0.250	0.320	0.828	2.635	3.709	2.173
甲藻	0	0	0	0.014	0	0	0	0	0.063	0

续表

门类	上游					中游				下游
	五禾桥	碧水湾	吕田河	牛栏水	汾田水	迎宾桥	杨荷桥	小海河	龙潭水	蚌湖大桥
金藻	0.005	0	0	0	0	0	0.005	0	0.063	0
蓝藻	0	0	0.193	0	0	0.004	0.025	0.176	2.138	4.114
裸藻	0	0	0.024	0.007	0	0.004	0.010	0.088	0.094	0.348
绿藻	0.043	0.097	0.555	0.036	0.040	1.834	0.325	0.966	3.364	2.984
隐藻	0	0	0	0.058	0	0	0	0	0	0
合计	0.261	0.606	2.534	0.644	0.290	2.162	1.193	3.865	9.431	9.619

III. 底栖动物

流溪河流域各调查断面共鉴定出底栖动物3门21种，其中软体动物门的腹足纲8种、瓣鳃纲1种，节肢动物门的昆虫纲7种、甲壳纲1种，环节动物门的蛭纲2种、寡毛纲2种。各调查断面以软体动物的腹足纲种类为优势，寡毛纲物种主要出现在中下游河段，具体如表2-7所示。经测量与计算各调查断面的底栖动物密度在57～188ind./m^{2}之间，平均为75ind./m^2（表2-8）。

表2-7 10个底栖动物调查断面物种分类统计

类群	上游					中游				下游
	五禾桥	碧水湾	吕田河	牛栏水	汾田水	迎宾桥	杨荷桥	小海河	龙潭水	蚌湖大桥
腹足纲	2	4	3	1	1	3	2	3	3	2
瓣鳃纲	1	0	0	0	0	0	1	0	0	0
昆虫纲	3	0	1	1	1	1	1	1	1	1
甲壳纲	0	0	0	0	1	1	0	0	0	1
蛭纲	1	0	1	0	0	0	0	0	0	0
寡毛纲	0	0	0	0	0	0	1	1	1	2
合计	7	4	5	2	3	5	5	5	5	6

表2-8 10个底栖动物调查断面数量组成统计 （单位：ind./m^2）

类群	上游					中游				下游
	五禾桥	碧水湾	吕田河	牛栏水	汾田水	迎宾桥	杨荷桥	小海河	龙潭水	蚌湖大桥
腹足纲	46	57	34	171	17	34	29	34	23	34
瓣鳃纲	6	0	0	0	0	0	6	0	0	0
昆虫纲	23	0	6	17	6	17	6	17	11	11
甲壳纲	0	0	0	0	6	40	0	0	0	6
蛭纲	6	0	17	0	0	0	0	0	0	0
寡毛纲	0	0	0	0	0	0	6	6	23	40
合计	81	57	57	188	29	91	46	57	57	91

参 考 文 献

[1] 蒙金华，张正栋，袁宇志，等. 基于 CA-Markov 模型的流溪河流域景观格局分析及动态预测［J］. 华南师范大学学报（自然科学版），2015，47（4）：122-127.

[2] 刘庆. 流溪河流域景观特征对河流水质的影响及河岸带对氮的削减效应［D］. 广州：中国科学院研究生院 广州地球化学研究所，2016.

[3] 刘帅磊. 广州流溪河与生态修复塘底栖动物群落结构特征及生态健康评估［D］. 广州：暨南大学，2017.

[4] 袁宇志，张正栋，蒙金华. 基于 SWAT 模型的流溪河流域土地利用与气候变化对径流的影响［J］. 应用生态学报，2015，26（4）：989-998.

[5] 许文峰，蒙金华. 基于 GIS 与 RS 的流溪河流域景观格局动态变化分析［J］. 安徽农业科学，2013，（17）：7589-7591，7602.

[6] 吉冬青，文雅，魏建兵，等. 流溪河流域土地利用景观生态安全动态分析［J］. 热带地理，2013，33（3）：299-306.

[7] 吉冬青，文雅，魏建兵，等. 流溪河流域景观空间特征与河流水质的关联分析［J］. 生态学报，2015，35（2）：246-253.

[8] 卓泉龙，林罗敏，王进，等. 广州流溪河氮磷浓度的季节变化和空间分布特征［J］. 生态学杂志，2018，37（10）：3100-3109.

[9] 孔维静，夏会娟，张远，等. 西辽河河岸草本植物物种特征及其与环境因子的关系［J］. 水生生物学报，2015，39（6）：1266-1274.

[10] 田华丽. 桂林漓江湿地植被生态学研究［D］. 桂林：广西师范大学，2014.

[11] 钱宁. 河床演变学［M］. 北京：科学出版社，1987.

[12] 董哲仁. 河流生态修复［M］. 北京：中国水利水电出版社，2013.

[13] Ahn S R，Kim S J. Assessment of integrated watershed health based on the natural environment，hydrology，water quality，and aquatic ecology［J］. Hydrology & Earth System Sciences Discussions，2017：1-42.

[14] Francois D B，Legendre G P. 数量生态学——R 语言的应用［M］. 北京：高等教育出版社，2014.

第3章 流溪河流域河流健康现状评价

随着广州城市化的快速推进与发展，剧烈人类活动使得流溪河流域下垫面性质发生显著改变，土地利用类型向城市建设用地转变，大量的主干水系被裁弯取直，河网的小支流被填埋和侵占，导致河流曲度、河岸带状况以及水生生物多样性急剧下降，水环境质量状况变差。本章主要通过对流溪河流域主干流健康状况的评价和分析来探究河流健康状况的空间变化特征，为后续流域景观格局演变及其生态水文效应研究奠定基础。

3.1 河流健康内涵与评价方法

3.1.1 河流健康内涵

水是生命之源，人类社会的生产和生活离不开河流，由此可见河流的重要性。随着城市化进程的加快，水体受到污染，河岸带被改造。河道建设大量水利工程，水生生物栖息地遭到破坏，河流的自然状态被人为改变，在这样的环境下，河流健康保护尤为重要。一条健康的河流首先应该具有结构稳定和功能完整的生态系统，其次在满足这个要求的同时，也应该具有为人类社会服务的功能和价值，满足人类社会发展的需求。河流健康内涵包括河流自身自然属性和社会属性两方面[1]。具体来看，河流的生态系统可以保持结构功能的稳定就是具有了自身自然属性的健康，主要表现为河流具有适宜的流速、充足的流量、干净的水质、稳定的景观结构和丰富的水生生物。河流社会属性的健康指的是，河流在满足自身自然属性要求的同时，可以为人类社会提供服务，如灌溉发电、景观娱乐、防洪排涝等，同时满足人类生活生产对水量和水质的需求。

流溪河作为一条受城市化影响较大的河流，具有以下几个特征。

（1）水文特征：随着流溪河城市化的发展，流域土地利用类型发生了改变，许多耕地被转化为居住用地和工业用地，导致流域不透水层面积增大，径流系数增大，使得降雨径流的汇流时间缩短，洪峰流量增大，破坏了流域原有的水循环规律。城市化的发展导致人口密度增加，生活生产需水量随之增加，导致水资源供需矛盾突出，增大河流供水压力。

（2）水质特征：在城市化的进程下，工业高速发展，导致工业废污水排放量增加，同时由于人口增多，生活废污水排放量也随之增加，流域水质恶化，多种水体理化因子常年不达标。

（3）水生态特征：在城市化的背景下，人们为了满足生产生活需要，通过修建水利工程对河流进行开发和利用，流溪河干流上就建有 11 个大坝，来满足灌溉、发电、防洪等需求。这些大坝的修建会改变天然河道的水温、流速，不利于鱼类的繁殖，并且大坝阻隔了河道的连通性，对于洄游性鱼类产生影响[2]。另外，水利工程建设破坏了河道天然的、稳定的均一化和连续化形态，使得浮游动植物、底栖动物、鱼类等多样性降低。

（4）景观结构特征：城市化背景下的河流，基本都会改造河道、渠化河流、固化河岸，改变了河道原始的状态，使得河道蜿蜒度降低。同时很多人类活动干扰了河岸带的自然状态，如河岸硬性砌护、采砂、垃圾丢置以及农业和畜牧业带来的影响等，使得河岸带植被覆盖度降低、河岸带稳定性被破坏。

流溪河在大量人类活动的干扰下，健康状况已经不容乐观，因此需更加强调流溪河的自然属性，更加关注流溪河生态系统本身的结构和功能的健康。本书将流溪河河流健康定义为：在城市化进程的影响下，具有充足的水量保障其活力，水体质量状况良好，水生生物物种丰富，具有一定的完整性，河岸带植被状况良好，河床基本稳定，河道维持一定的自然状态。其具体表现为：①河流流量满足水生生物生存的需求；②河流维持较好的水环境质量，不影响水生生物的生存并且满足人类社会的要求；③河流具有丰富的水生生物并且其群落结构稳定；④河流保持较为自然的河道形态和河岸带状态。河流健康作为河流管理的工具，在设置河流健康评价指标体系时，将围绕河流的内涵去设置各个指标。

3.1.2 河流健康评价指标

随着社会经济的快速发展，水资源的不合理利用导致了河流系统结构和功能的一系列衰退，如水污染、河流萎缩等。如何使受损的河流生态系统恢复到健康的状态，已成为重要的环境问题之一，这也是实现提高生产力、生态平衡和可持续发展目标的关键。在当前的河流管理工作中，控制河流健康状况的恶化，恢复保持河流健康的状态是非常受到重视的。因此，通过构建合适的评价指标体系，对河流健康状况进行诊断与评价，可以为河流的保护和恢复工作提供理论的支撑[3]。河流健康评价指标体系的构建是从河流本身的水文水质等方面的特点出发，基于前人研究的结果，选择适用的指标建立对应的河流健康评价指标体系，这样指标体系更有针对性，也就可以更真实地反映流域的健康状况和其背后的影响因素。构建河流健康评价体系的主要目的是合理解释该地区水资源、水环境和水生态的现状，找出河流中存在的问题，为河流可持续发展提供技术支持，对河流的保护起到至关重要的作用。

3.1.2.1 评价指标设置原则

河流健康反映在许多方面，同时也有许多指标可以从不同角度反映河流的健康程度，在建立河流健康评价指标体系过程中，通过一些原则来筛选和确定可以准确反映河流健康状况的指标至关重要。这些指标最重要的就是要能够表征河流在某方面的健康状况特征，同时也需要较易获得，这样才能展开后续的评价工作。综上所述，河流健康指标的选取应该遵循以下几个原则。

（1）科学性：科学性指的是这些指标应该具有科学的指导意义，并且应该是被大多数科学家和流域管理机构认可并使用的。这些指标可以通过数值的不同灵敏地反映健康状况的变化，并且贴合实际。

（2）代表性：代表性指的是这些指标可以代表流溪河主要存在的水文、水质、水生态等一系列问题。不同河流所面临的水问题不尽相同，其他河流适用的指标对流溪河不一定适用，需要根据流溪河的特点有针对性地选取适用指标至关重要。同时，表征河流某一方面问题的指标有很多，为了避免信息的重复和冗杂，可对比这些指标的相同之处和不同之处，并从中选取具有代表性的指标，这对于河流健康指标体系的构建具有十分重大的意义[4]。

（3）可得性：可得性指的是这些指标所需的数据应该是易于收集的，一方面可以通过实地调研或者取样得到，另一方面可以通过网上发布的或者某些机构监测的数据得到。

（4）综合性：综合性指的是这些指标应该全面统筹地反映河流所存在的健康问题，可以从水文、水质、水生态等多个方面反映流溪河的水问题，综合考虑河流多方面的功能，多维度进行评价。

3.1.2.2　评价指标体系构建

考虑到流溪河的生境特点和健康内涵，基于河流健康评价的目标和原则，采用层次分析法构建评价指标体系，分为目标层、准则层和指标层，如表 3-1 所示。

（1）目标层（*A*）：目标层即为评价指标体系中的最高层级，归纳概括了整个河流健康评价指标体系，根据评价河流健康状况的目的，可以用“流溪河河流健康等级”来表示。

（2）准则层（*B*）：准则层是在目标层的基础上作进一步的解释，从各个方面反映河流的健康状况，基于流溪河的特征和其河流健康的内涵，选取了水文、水质、水生态和景观结构四个方面作为准则层，既可以全面系统地反映河流健康状况，又易得和易于判别。

（3）指标层（*C*）：在指标层设置了不同的准则层所对应的具体指标，共选择 9 个指标，除了在水生态准则层下面有 3 个指标，其余三个准则层下面均有 2 个指标。

表 3-1　河流健康评价指标组成

目标层	准则层	指标层
流溪河河流健康等级	水文	水文过程变异程度
		生态流量保障程度
	水质	总氮浓度
		总磷浓度
	水生态	浮游植物多样性指数
		底栖动物 BI（biotic index）指数
		鱼类多样性指数
	景观结构	河岸带状态
		河道蜿蜒度

水文方面所涉及的指标有很多，包括流量、流速、水位等多个方面。结合流溪河的实际情况和流溪河河流健康的内涵来确定评价指标。随着土地利用类型的改变以及河道梯级水利工程的修建，河道天然的水文情势发生改变，原本的水循环被打破，因此选取可以表征流量变化特点的水文过程变异程度来评价流域现状流量和流域多年平均流量的偏离程度[5]。人们在生产生活上对水资源的需求量越来越大了，对水资源的开发利用程度也就随之增高，而往往忽略了维护河流生态环境和鱼类生存所需的生态环境用水量[6]，因此选取可以表征鱼类生态需水满足程度——生态流量保障程度这一指标。

水质方面所涉及的指标主要是水体中不同理化性质的浓度状况。近几年流溪河流域排污口不断得到整治，因此相较于点源污染来说，面源污染问题更加突出。土地利用类型的改变使得流域地表水的流速和流向随之改变，农药等物质中的氮磷营养物质随着地表径流的方向发生迁移，使得氮磷等营养物质排入河流，污染了河流水质[7, 8]，故选取了总氮浓度和总磷浓度作为水质准则层下的指标。

水生态方面的指标涉及水中各种生物，梯级大坝阻隔了河道的连通性，因此对于洄游性鱼类产生影响，选取鱼类多样性指数作为其中一项指标。水利工程的建设破坏了河道的均一化和连续化形态，使得浮游动植物、底栖动物等多样性降低，考虑到资料获取状况及流溪河的实际情况，在水生态准则层还选取了浮游植物多样性指数和底栖动物 BI 指数这两项指标来表征水生态方面的健康状况。底栖动物 BI 指数可以反映底栖动物对水污染的敏感程度，具有指示性，比多样性指数更能反映河流的健康状况[9]。

景观结构方面的指标，基于前面提到的流溪河的特征和健康内涵，考虑到随着土地利用类型的改变，河岸被固化，河岸带植被遭到破坏以及裁弯取直等人类活动使流溪河河道被渠化，河道蜿蜒度降低，所以在景观结构准则层，选取河岸带状态和河道蜿蜒度这两个指标。

故将目标层 A 分为 4 个准则层 B_i，也就是 $A=\{B_1, B_2, B_3, B_4\}=\{$水文状况 B_1,水质状况 B_2,水生态状况 B_3,景观结构状况 $B_4\}$，准则层 B_i 又包括 m 个指标层，$B_i=\{C_1, C_2, \cdots, C_m\}$，包括：

水文状况 $B_1=\{$水文过程变异程度 C_1,生态流量保障程度 $C_2\}$；

水质状况 $B_2=\{$总氮浓度 C_3,总磷浓度 $C_4\}$；

水生态状况 $B_3=\{$浮游植物多样性指数 C_5,底栖动物 BI 指数 C_6,鱼类多样性指数 $C_7\}$；

景观结构状况 $B_4=\{$河岸带状态 C_8,河道蜿蜒度 $C_9\}$。

3.1.2.3　评价指标的描述及赋分标准

1）水文指标

对于一条河流来说，水文特征是其非常重要的性质，也是其最基本的性质，河流的水文条件可以进一步影响河流的水质、水生态及其景观结构形态。评价河流的水文情势是河流健康评价中最基本也是不可或缺的一项内容，下面具体介绍了选取的两项水文指标。

Ⅰ. 水文过程变异程度

人类对河流的高度开发利用，如水利工程的修建、河道采砂等活动，均会给河流的流量造成一定的影响，使水文情势发生相应的改变[10]。水文过程变异程度指的是现状年内月径流过程与多年平均月径流的差距，通过实测径流量和多年平均径流量的对比来表现城市化背景下河流水文过程发生变化的程度大小。本书通过实测径流量和多年平均径流量的对比值来表征实测径流量较多年平均径流量的变化程度，选取 FD 公式进行计算，计算公式如下：

$$\mathrm{FD}=\left[\sum_{i=1}^{12}\left(\frac{w_i-w_{io}}{\overline{w_{io}}}\right)^2\right]^{\frac{1}{2}} \tag{3-1}$$

式中，w_i 为第 i 个月的实测径流量；w_{io} 为第 i 个月的多年平均径流量；$\overline{w_{io}}$ 为多年平均径流量的月平均值。

该项指标的评价标准参照相关文献中计算的全国重点水文站点的流量过程变异程度结果[11]，如表 3-2 所示。

表 3-2　流量过程变异程度评价标准

指标	河流健康状况赋分				
	100	80	60	30	0
水文过程变异程度	0.05	0.1	0.3	1.5	5

Ⅱ. 生态流量保障程度

合适的水流条件对于发展适宜的生境至关重要，足量的流动的水可以保证河流基本的状态，并且可以满足河流中水生生物的生存需求，尤其是满足洄游性鱼类繁殖的需求。当前因过于注重经济发展，过度开发利用水资源，生态需水被挤占和忽略，从而导致河流水量变少、水生生物多样性锐减、河流出现一系列健康问题[12]。在这样的背景下，生态流量保障程度这一指标应运而生。生态流量保障程度是用来反映现状流量对生态需水量的满足度，计算了评价年实测径流量达到最佳生态环境需水量的天数所占的比例，为不同河流的健康程度建立了可比较的共同标准。可以用下列公式来表示：

$$\mathrm{EF}=\frac{t}{T} \tag{3-2}$$

式中，EF 为生态流量保障程度；t 为一年中流量大于等于最佳生态需水量的天数；T 为一年的总天数。

生态需水量是指在保持河道的生态系统健康及其水沙平衡、水盐平衡以及水生生物正常生存繁殖中所需要维持的河流流量，计算生态需水量的方法有许多种，大致上可分为表 3-3 所示的四类[13]。

表 3-3　生态需水量计算方法

研究方法	评价方式	数据类型	适用性	特点
水文学方法	水文指标	水文	任何河道	简单易操作，不需要现场测量和调查
水力学方法	河道水力参数	水力	稳定性河道	所需的数据量少，操作简单，应用十分广泛
生物栖息地法	流量与生物种群关系	水力、生物	河道内生物种群尺度研究	能将生物资料与河流流量相结合，以生物为主要因子，考虑生境对流量季节性变化要求
综合分析法	河流生态系统整体要求	水文、生物	流域尺度研究	将生态整体与流域规划相结合

本书采用水文学方法中的 Tennant 法计算生态需水量，该方法假设需要一定比例的平均流量来维持健康的河流环境[14, 15]。对于大多数的水生生物来说，多年平均流量的 10%可以最小限度地满足水生生物生存的需求，但是在这种状态下，水生生物的栖息地已经发生退化，会影响水生生物的生存和繁殖；而多年平均流量的 60%～100%则是满足大多数水生生物生存的最适宜流量，在这种状态下，大多数水生生物可以较好地生存与繁殖。由此，确定 60%的多年平均流量值为水生生物的适宜生态需水量。生态流量保障程度的评价标准如表 3-4 所示。

表 3-4 生态流量保障程度评价标准

指标	河流健康状况赋分				
	100	80	60	30	0
生态流量保障程度/%	≥100	90	80	70	≤60

2）水质指标

在城市化迅速发展背景下，土地利用类型发生了许多变化，下垫面也随之而改变；同时大量外来人口的涌入以及工业规模的扩大和快速发展，导致生活污水和工业废水的排放量增加，大量氮磷、高锰酸盐等污染物质排入流溪河，致使河流水质恶化，水生生物生存环境受到威胁。本章选取总氮浓度（TN）、总磷浓度（TP）作为流溪河健康评价的水质指标。

参照《地表水环境质量标准》（GB 3838—2002），水质指标评价标准如表 3-5。

表 3-5 水质指标评价标准

指标	河流健康状况赋分				
	100	80	60	30	0
TN/（mg/L）	≤0.2	0.5	1	1.5	≥2
TP/（mg/L）	≤0.02	0.1	0.2	0.3	≥0.4

3）水生态指标

河流是维持淡水生物多样性并为其生殖繁衍提供场所的生态系统，水生生物的多样性是河流健康的一个重要指标，它反映了累积的生态效应以及时间和空间上的变化[16]。底栖动物、浮游植物和鱼类是常用作生物评价的指示性物种，它们对于河流健康状况的变化具有较强的敏感性和响应度，对于河流健康状况的表征具有一定的代表性[17]。在本书中，使用浮游植物多样性指数、底栖动物 BI 指数、鱼类多样性指数作为水生态指标对河流健康状况进行评价。

Ⅰ. 浮游植物多样性指数

浮游植物是浮游在水中生活的体型较小的植物，正常情况下，浮游植物的种类和数量是固定的，浮游植物群落结构较为稳定，但是随着水质变差，水体中耐污性较低的浮游植物无法继续生存，导致其种类和数量减少，而耐污性的浮游植物生存空间则会增大，数量也随之增多。健康程度不同的河流，其中生存的浮游植物种类和数量也不同，污染严重、健康状况较差的河流浮游植物种类少、数量多，污染较轻、健康状况良好的河流浮游植物种类多、数量少[18]。因此选取浮游植物多样性指数中的香农-维纳（Shannon-Wiener）指数进行评价，计算公式如下[19]：

$$H' = -\sum(P_i)\ln P_i \tag{3-3}$$

式中，P_i 为第 i 种个体占所有样品的比例。

参照文献资料[20]，提出浮游植物多样性指数评价标准如表 3-6 所示。

表 3-6　浮游植物多样性指数评价标准

指标	河流健康状况赋分				
	100	80	60	30	0
浮游植物多样性指数	>4	4	3	2	<1

Ⅱ. 底栖动物 BI 指数

底栖动物是一种生活在河流底部的水生物，不同种类的底栖动物对于水环境状况具有不同的敏感性和耐受力，当水环境发生改变时，生活在其底部的底栖动物种类数量也会随之发生相应变化。底栖动物的种类数量等参数可以反映河流的健康状况[21]。底栖动物的生命周期相对较长，区域性强、迁移力弱，易于采集和检测，因此底栖动物相关指标已经广泛应用于河流健康的评价工作中。选取底栖动物 BI 指数作为一项评价指标，其计算公式如下[22]：

$$BI = \sum_{i=1}^{n} \frac{n_i t_i}{N} \tag{3-4}$$

式中，n_i 为第 i 个分类单元（通常为属级或种级）的个体数；t_i 为第 i 个分类单元的耐污值；N 为样本总个体数，底栖动物耐污值参考相关文献研究成果[23]。

使用所有采样点的 BI 指数进行频数分析，以 5%分位数对应的值作为标准，小于该值表示河流健康，将该值至最大值分布范围四等分，分值从小到大依次分别代表亚健康、一般、亚病态和病态。因此，计算出底栖动物 BI 指数评价标准如表 3-7 所示。

表 3-7　底栖动物 BI 指数评价标准

指标	河流健康状况赋分				
	100	80	60	30	0
底栖动物 BI 指数	<3.1	3.1	4.03	4.95	>5.88

Ⅲ. 鱼类多样性指数

在河流生态系统中，顶级消费者就是鱼类，其体型庞大，特征明显，基于人类对于鱼类较为成熟的研究与丰富的资料支撑，便于区分生境发生变化后鱼类种类数量的变化，并且鱼类广泛分布在河流中，易于获得，因此鱼类常用作评估河流生态健康的指示性物种[24]。选取鱼类多样性指数中的香农-维纳指数这一指标，其计算公式如下：

$$H' = -\sum (P_i) \ln P_i \tag{3-5}$$

式中，P_i 为第 i 种个体占所有样品的比例。

参阅相关文献资料[25]，鱼类多样性指数评价标准如表 3-8 所示。

表 3-8　鱼类多样性指数评价标准

指标	河流健康状况赋分				
	100	80	60	30	0
鱼类多样性指数	>3	3	2	1	0

4）景观结构指标

河道景观结构是河道的基本属性，为河道发挥其功能提供保障，为河道生态系统中水生生物的正常生活提供保障。随着社会经济的发展，城市化导致了许多天然弯曲的河流被人工变直，将河道渠系化，裁弯取直不利于保护河流丰富多样的生境，对河流生态系统造成不好的影响[26,27]。河岸带是陆地和水域交接的地区，健康的河岸带状态可以保护河流的生态系统[28]。目前河岸带被大量人为活动改造，原有的生态环境被破坏，并进行重新开发和利用，这不利于河岸带的稳定，也无法保障河流的健康可持续发展。

Ⅰ.河岸带状态

在河岸带状态这个指标下又具体包括人工干扰程度、河岸带稳定性以及河岸带植被覆盖度三个方面，分别从这三方面赋分来确定河岸带的状态。各项指标参照相关文献赋分，分别如表 3-9～表 3-11 所示。

表 3-9　人工干扰程度赋分标准

二级指标	人类活动类型	赋分
人工干扰程度	河岸固化	−5
	铺设管道	−5
	修建公园	−5
	修建公路	−10
	畜牧业养殖	−10
	建筑物	−10
	农耕	−15
	采砂	−40
	垃圾堆放	−60

表 3-10　河岸带稳定性赋分标准

二级指标	岸坡特征	稳定	基本稳定	次不稳定	不稳定
		>90	75～90	25～75	0～25
河岸带稳定性	河岸基质	基岩	岩土河岸	黏土河岸	非黏土河岸
	植被覆盖度/%	>75	50～75	25～50	0～25
	斜坡倾角/（°）	<15	15～30	30～45	45～60
	河岸高度/m	<1	1～2	2～3	3～5
	河岸冲刷强度	无冲刷迹象	轻度冲刷	中度冲刷	重度冲刷

表 3-11　河岸带植被覆盖度赋分标准

二级指标	岸坡特征	稳定	基本稳定	次不稳定	不稳定
		>90	75～90	25～75	0～25
河岸带植被覆盖度	植被特征	植被稀疏	中度覆盖	重度覆盖	极重度覆盖
	乔木、灌木、草本覆盖度/%	0～10	10～40	40～75	>75

Ⅱ. 河道蜿蜒度

河道蜿蜒度可以反映河道形状的变化程度和在城市化背景下人工改直对河道天然状态带来的影响。天然河道由于其形状的弯绕，可以形成不同的栖息地类型，从而满足不同生物生存的需求，为底栖动物、鱼类等生物提供生存与繁衍场所。天然的河道也可以缓解大暴雨对河道的冲刷，从而起到保护作用。

河道蜿蜒度的计算公式如下：

$$\mathrm{RC}=\frac{L_{\mathrm{ai}}}{L_{\mathrm{si}}} \tag{3-6}$$

式中，RC 为河道蜿蜒度；L_{ai} 为主干流的实际长度；L_{si} 为主河道上下游之间的直线距离。

大多数国家关于河道蜿蜒度的评价标准达成一致，本书也采用该标准（表 3-12）[29-32]。

表 3-12　河道蜿蜒度赋分标准

指标	河流健康状况赋分				
	80～100	60～80	30～60	0～30	0
河道蜿蜒度	≥3	2～3	1.5～2	1.3～1.5	0～1.3

3.1.2.4　健康等级的划分

评价河流健康状况通过河流健康等级来表征，应当结合河流特征与实际情况综合考虑合理性、适用性及代表性来界定河流健康的等级。根据评价指标体系中对流量、水质的要求，水生生物多样性的高低以及河道景观结构受到人工干扰程度的高低，将流溪河河流健康分为Ⅰ～Ⅴ五个等级，分别为健康、亚健康、一般、亚病态、病态，从Ⅰ等级至Ⅴ等级，水量依次减小，水质依次恶化，水生物多样性依次降低，河道景观结构人工干扰程度依次增高。具体分级如表 3-13 所示。

表 3-13　流溪河河流健康等级

健康等级	河流特征
健康Ⅰ	河流水量充沛，水体流动性好，水环境质量优秀，各类水质指标均达标，水生生物物种丰富，栖息地环境良好，河道拥有自然形态，河岸带植被覆盖度高，人工化程度低
亚健康Ⅱ	河流水量满足河道生态需水要求，水体流动性较好，水质基本达标，水生生物物种多样性开始减少，河道自然形态开始受到人为因素干扰，河岸带植被覆盖度降低，人工化程度开始增加
一般Ⅲ	河流水量基本满足河道生态需水量，水体流动性一般，水质开始恶化，水生生物物种多样性进一步减少，河道自然形态受到更多人为因素的干扰，河岸带植被覆盖度进一步降低，人工化程度进一步增加
亚病态Ⅳ	河流水量不能满足河道生态需水量，水体流动性较差，水质进一步恶化，水生生物物种多样性较小，河道自然形态极大程度受到人为因素的干扰，河岸带植被覆盖度较低，人工化程度较高
病态Ⅴ	河流水量极度匮乏，水体流动性极差，水质完全恶化，水生生物物种多样性极低，河道自然形态被严重破坏，河岸带植被覆盖度非常低，人工化程度非常高

3.1.2.5　评价指标权重的确定

在确定了评价的各个指标之后，就需要确定各指标的权重，这在河流健康评价过程中也是非常重要的一个环节[33]。指标权重越大，说明该指标结果的好坏对于河流的健康状况就越重要。现在主要有主观赋权法和客观赋权法两种确定评价指标权重的方法。主观赋权法就是请一些专家学者根据自己的专业经验来给予各项指标一个合理的权重值，该方法主观性较强，容易受到人为影响，主要有层次分析法、德尔菲法、专家打分法等；客观赋权法就是通过一些数学方法来计算各个指标所代表的信息量，以此来确定其权重，主要有主成分分析法、均方差法、熵权法等[34]。

主观赋权法的主要依据就是专家学者基于自身经验的专业判断，靠的是专家学者的学识和积累，对于河流健康评价来说，具有一定的生态意义与实际意义。此外，对于那些无法量化的定性指标，主观赋权法可以很好地处理没有数值这一问题，定性地去确定权重。在主观赋权法中，应用最广泛的就是层次分析法。主观赋权法主要适用于指标多，层级多，并且存在无法量化的定性指标的较为复杂的评价系统。

客观赋权法通过建立数学模型的方法，进行数值分析与评估，计算得出各指标的权重值，适合定量化的、有明确数值的指标。在客观赋权法中，应用最广泛的是熵权法。熵可以用来度量系统的混乱程度，熵权法的原理是通过计算指标的变异性来得出权重。当一个指标熵较小的时候，说明该指标可以变异的可能性较大，则其含有的信息量就较多，因此其权重较大；与之相反，当一个指标熵较大的时候，说明该指标变异的可能性较小，则其蕴含的信息量就越少，因此其权重就较小[35]。熵权法可以很好地避免专家学者判断带来的一定的主观性，所得结果较为客观和实际。

本章所选取的指标均可以定量化，为了消除人为判断的主观性，客观地反映各指标的重要程度，选择客观赋权法中的熵权法来得出指标权重。以 x_{ij} 表示第 i 河段在第 j 项指标下的评价值，并计算各河段加和评价值 $y_{ij}\sum_{i=1}^{n}x_{ij}$ ，其中 n 表示河段数，共有 m 项指标。各指标权重确定的具体步骤如下[36]。

1）异质指标同质化

不同的指标具有不同的单位，为了排除量纲对于计算结果的影响，必须对待不同指标的单位进行标准化处理，这样就可以使得异质指标变得同质化。假设给定了 m 个指标 x_1，x_2，…，x_m，对各指标数据标准化后的值为 y_1，y_2，…，y_m。

$$y_{ij}=\frac{x_{ij}-\min(x_j)}{\max(x_j)-\min(x_j)} \tag{3-7}$$

2）求各指标的信息熵

一组数据的信息熵为

$$E_j=-\ln(n)^{-1}\sum_{i=1}^{n}p_{ij}\ln p_{ij} \tag{3-8}$$

式中，p_{ij} 为第 i 个河段第 j 项指标的比重，其表达式为

$$p_{ij} = \frac{x_{ij}}{\sum_{i=1}^{n} x_{ij}} \tag{3-9}$$

3）确定各指标权重

得到各指标信息熵 E_1，E_2，…，E_m 之后，以 D_j 表示第 j 个指标的信息熵冗余度：$D_j = 1 - E_j$，用以计算各指标的权重值，公式如下：

$$W_j = \frac{D_j}{\sum_{j=1}^{m} D_j} \tag{3-10}$$

式中，当 $\sum_{j=1}^{m} D_j$ 代表的是各个指标层指标的和时，得到的是各个指标相对于整个评价系统的权重值，称为组合权重值；当 $\sum_{j=1}^{m} D_j$ 代表的是同一准则层中的指标的和时，得到的是各个指标相对于该指标层的权重值，称为单项权重值。

3.1.3　河流健康综合评价方法

3.1.3.1　综合评价方法的选取

目前，多指标综合评价方法已经得到了广泛的应用，可以从多维度多层次来综合分析多种因素对某一个事物的影响，考虑了多个因素的作用。但是指标的选取具有一定的主观性和不确定性，不同的指标对于其对河流健康的影响程度的定义也有很大的差异性，并且各个指标所依据的评价标准的确定也具有一定的主观性。为了更好地去除河流健康评价的主观性，形成了许多各具特点的综合评价方法，表 3-14 中列出了其中应用得比较多的几种评价方法的特点及适用性[37-39]。

表 3-14　河流健康综合评价方法特点及适用性

评价方法	特点	适用性
模糊综合评价法	使定性评价转化为定量评价，然后得出一个全面整体的评价，评价结果清晰，系统性较强，计算量较小。但是定性转定量的转化过程较为粗糙，仅考虑了每个指标独立地对评价目标的隶属度，但是忽略了各个指标间相互的影响	适用于评价指标较多、准则层较多的评价体系；可以解决不易量化的问题，适合解决模糊问题
人工神经网络法	具有联想储存以及自学能力，可以高速寻找优化解，容错率高，运算速度快，计算结果较为准确。同时函数收敛速度较慢，稳定性较差，多项指标计算的综合值容易忽略单项指标极值的影响	应用范围较为受限
灰色关联分析法	相较于其他分析方法，对样本数量的要求很少，适用于样本量较小的研究区域并且计算量也不大。但是由于该方法和定性分析的结果类似，同样也存在着和定性分析相似的主观性问题	应用广泛
主成分分析法	该方法较为客观，并且可以解决各指标相互影响的问题，比较合理。但是这种方法带有一定的模糊性，没有准确的含义	应用广泛

续表

评价方法	特点	适用性
层次分析法	是一种同时结合了定性和定量的方法，使复杂的问题简单化，计算过程简单、结果明确。不过当评价指标较多时，存在着数据量大的问题，难以确定各指标的权重	适用于对多层次、多指标综合系统的评价
物元分析法	不仅仅考虑数量关系的迭代，而是尽可能地满足主系统以及主条件，从而解决单项指标间不相容的问题。通过关联函数和关联度可以对各项指标进行排序，计算较为简便。指标等级的确定会影响关联函数最佳点的位置	单项指标间不相容、多指标的评价体系

通过上表可得，每种综合评价方法各有其优缺点和适用性，应当结合研究区域的特点、指标评价体系的复杂程度和已有的资料来选择合适的评价方法。随着社会经济的迅猛发展，城市化对流溪河造成了巨大的影响，导致河流系统复杂性较高，因此使用模糊综合评价法对流溪河健康进行评价是非常有必要的。模糊综合评价法发展至今，非常适用于评价指标多、准则层次多的评价体系，并在多个领域得到广泛应用。

3.1.3.2　模糊综合评价模型的建立

模糊综合评价模型是通过隶属度来描述模糊界限的，河流健康评价体系有多项指标，很难用其中某个单独指标评价结果的好与不好来界定河流的健康与否，因此经常存在有的指标评价结果好、有的指标评价结果不好的模糊现象。但是模糊综合评价可以将这些指标综合考虑，在计算出每个指标对不同的健康等级的隶属度后，又可以得出所有指标的整体评价结果对健康等级的隶属度，在整个评价过程中考虑了不同评价指标的层次性，也体现了其模糊性，最后得出一个比较客观合理的评价结果[40, 41]。由于本章将河流健康评价指标体系分为了三个层级，所以可以采用二级模糊综合评价方法来构建模糊综合评价模型，具体的步骤如下。

1）建立评价指标集合

设共有 m 个指标，则 $U=\{u_1, u_2, \cdots, u_m\}$。

2）确定河流健康评价集合

通过 3.1 节提出的河流健康的标准和河流健康等级来确定评价集合 $V=\{\text{Ⅰ}, \text{Ⅱ}, \text{Ⅲ}, \text{Ⅳ}, \text{Ⅴ}\}$={健康,亚健康,一般,亚病态,病态}，这五个健康等级对应不同的模糊子集评价值。

3）评价指标隶属度计算

基于每个指标评价标准划分的五个等级，可以设置五个等级的隶属度函数，从而得到每个评价指标对健康等级的隶属度，具体公式如下：

$$Y_1=\begin{cases}1 & X\leqslant S_1\\(S_2-X)/(S_2-S_1) & S_1<X<S_2\\0 & X\geqslant S_2\end{cases}$$

$$Y_2=\begin{cases}(X-S_1)/(S_2-S_1) & S_1<X\leqslant S_2\\(S_3-X)/(S_3-S_2) & S_2<X<S_3\\0 & X\leqslant S_1,\ X\geqslant S_3\end{cases}$$

$$Y_3=\begin{cases}(X-S_2)/(S_3-S_2) & S_2<X\leqslant S_3\\(S_4-X)/(S_4-S_3) & S_3<X<S_4\\0 & X\leqslant S_2,\ X\geqslant S_4\end{cases}$$

$$Y_4=\begin{cases}(X-S_3)/(S_4-S_3) & S_3<X\leqslant S_4\\(S_5-X)/(S_5-S_4) & S_4<X<S_5\\0 & X\leqslant S_3,\ X\geqslant S_5\end{cases} \tag{3-11}$$

$$Y_5=\begin{cases}1 & X\leqslant S_4\\(X-S_4)/(S_5-S_4) & S_4<X<S_5\\0 & X\geqslant S_5\end{cases}$$

式中，Y_j为指标u对于第j级健康度的隶属度；X为指标值；S_1、S_2、S_3、S_4、S_5为每个指标不同等级的健康度阈值，此次评价中$S_1\leqslant S_2\leqslant S_3\leqslant S_4\leqslant S_5$。当$S_1\geqslant S_2\geqslant S_3\geqslant S_4\geqslant S_5$时，将上述函数条件式反向亦适用。

4）构建模糊关系矩阵

依据上述隶属度函数，可以得出第i个评价指标对于第j级健康度等级的隶属度r_{ij}，由此可以获得全体r_{ij}的集合构成的评价矩阵$\boldsymbol{R}$：

$$\boldsymbol{R}=\begin{bmatrix}r_{11} & r_{12} & \cdots & r_{15}\\r_{21} & r_{22} & \cdots & r_{25}\\\vdots & \vdots & & \vdots\\r_{n1} & r_{n1} & \cdots & r_{n5}\end{bmatrix} \tag{3-12}$$

5）确定各评价指标的模糊权重向量

输入通过熵权法计算出的各因素的权重来构建各因素的权重子集 w=（w_1, w_2, w_3, w_4, w_5）。

6）模糊综合评价

采用M（C, D）模糊复合运算计算综合评价结果：

$$N=W\cdot R=\{b_1,b_2,b_3,b_4,b_5\} \tag{3-13}$$

式中，b_j为评价流域整体上对第j级健康度等级的隶属度。

基于最大隶属度的原则，可以确定评价流域健康度等级就是最大隶属度值所对应的等级，计算公式如下：

$$B=\max\{b_1,b_2,b_3,b_4,b_5\} \tag{3-14}$$

3.2　河流健康评价结果分析

3.2.1　健康评价指标及其权重赋值

本章分别收集流溪河干流上、中、下游的水文、水质、水生态和景观结构这四个层面下九个指标计算所需的现状数据，并根据对应的公式计算出数值，以及根据评价标准比对得出分数。

3.2.1.1 水文指标

水文指标包括水文过程变异程度和生态流量保障程度，流溪河 2016 年 1～12 月的径流量以及各月的多年平均径流量模拟结果如图 3-1 所示，计算可得上、中、下游的水文过程变异程度分别为 1.05、1.03、1.05，对应其评价标准，可得上、中、下游的得分分别为 41、42、41。上、中、下游的多年平均径流量分别为 32.2m³/s、78.92m³/s、110.16m³/s，对应的最佳生态需水量分别为 19.32m³/s、47.35m³/s、66.1m³/s，在 2016 年的 366 天当中，上、中、下游达到最佳生态需水量的天数分别为 230、231 和 241，则由式（3-1）得上、中、下游生态流量保障程度分别为 63%、63%、66%，对应其评价标准，得分分别为 9、9、18。

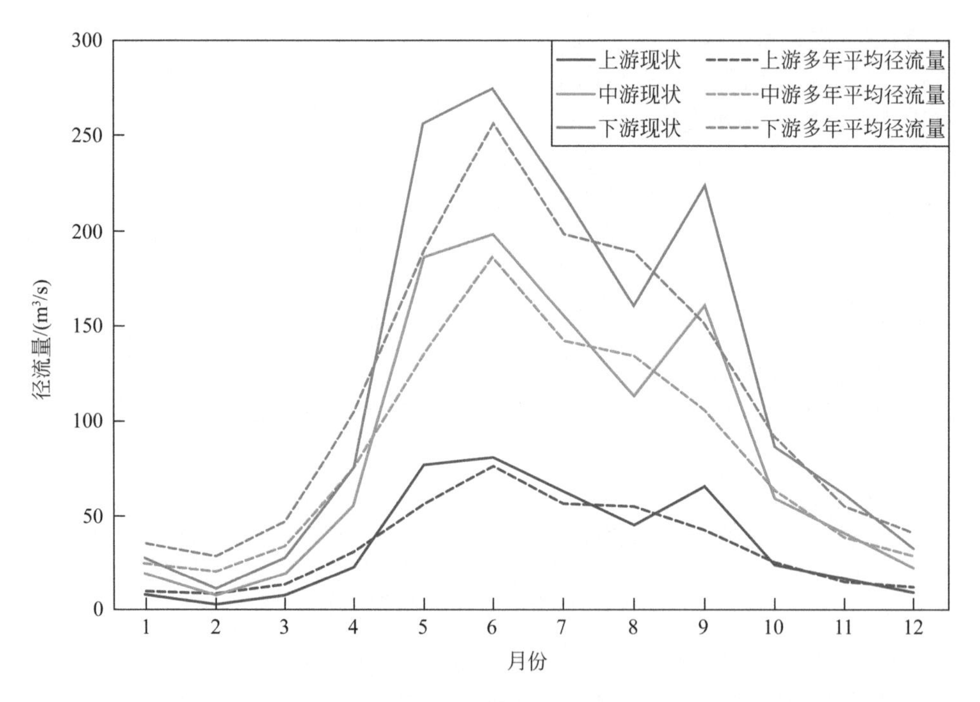

图 3-1　流溪河 2016 年 1～12 月的径流量以及各月的多年平均径流量模拟结果

3.2.1.2 水质指标

水质指标为总氮浓度和总磷浓度，流溪河 2016 年 2 月、6 月、9 月、12 月的水质数据如图 3-2、图 3-3 所示。由图 3-2 可知，上游总氮浓度最低，平均值为 0.87mg/L，对应得分为 65 分；中游总氮浓度较上游变大，平均值为 1.26mg/L，对应得分为 44 分；下游总氮浓度最大，平均值高达 4.66mg/L，得分为 0。由图 3-3 可知上游总磷浓度最低，平均值为 0.03mg/L，对应得分为 98 分；中游总磷浓度较上游变大，平均值为 0.08mg/L，对应得分为 85 分；下游总磷浓度最高，平均值为 0.29mg/L，对应得分为 33 分。

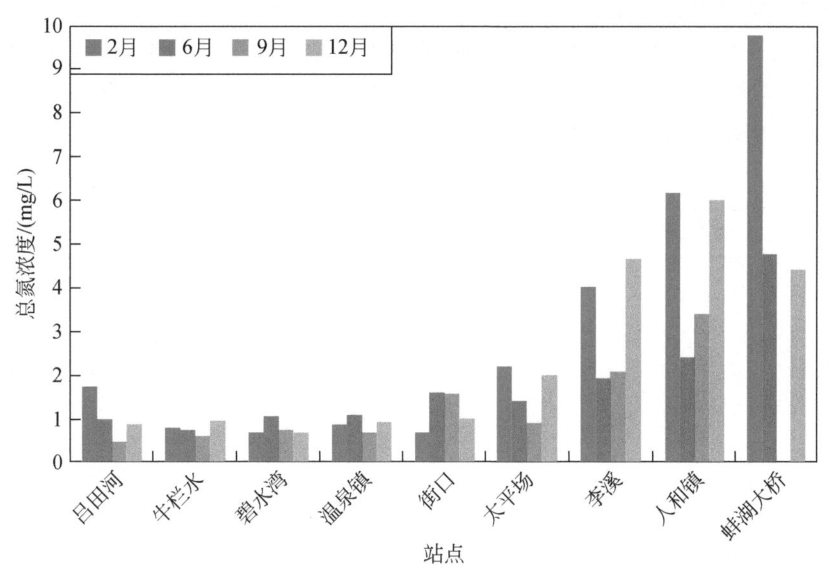

图 3-2　2016 年流溪河不同月份各站点总氮浓度

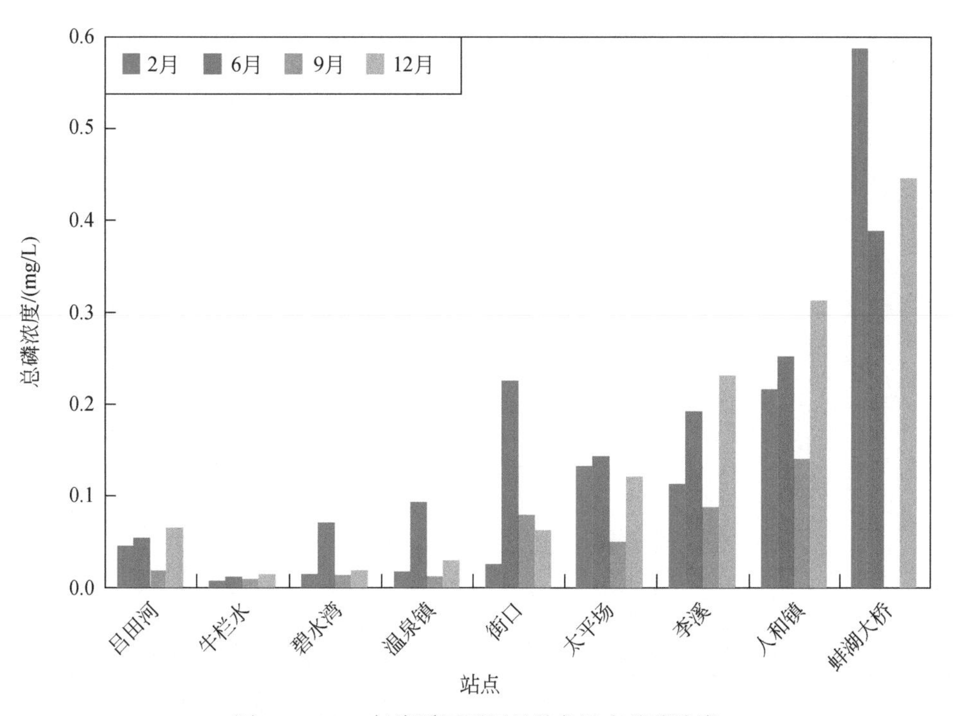

图 3-3　2016 年流溪河不同月份各站点总磷浓度

3.2.1.3　水生态指标

1）浮游植物多样性指数

流溪河上、中、下游 10 个站点的浮游植物种类数、分布如图 3-4、图 3-5 所示，计算得出的各站点浮游植物多样性指数，如表 3-15 所示，上、中、下游的平均值分别为 2.82、2.01、2.65，由赋分标准可得，得分分别为 55、30、50。

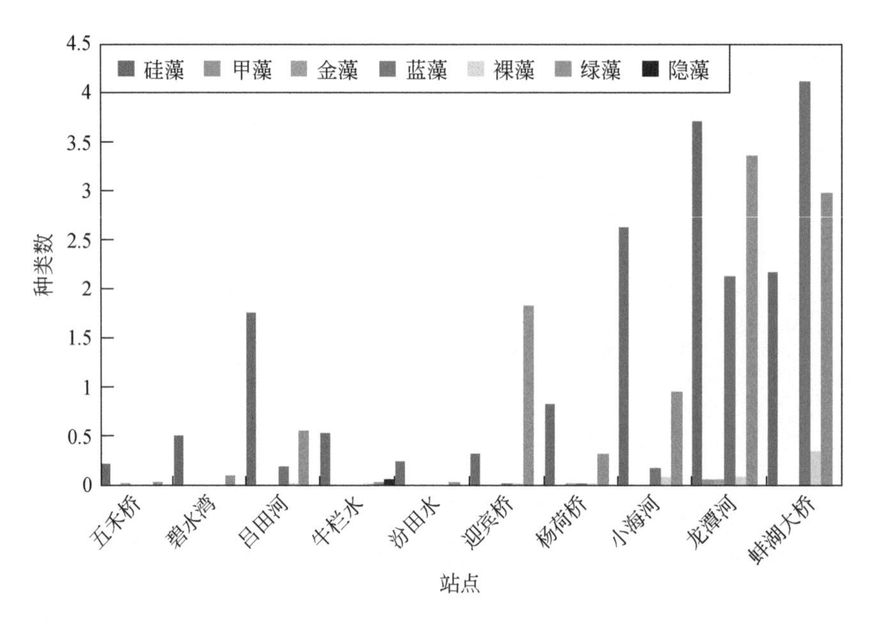

图 3-4　流溪河各站点浮游植物种类数

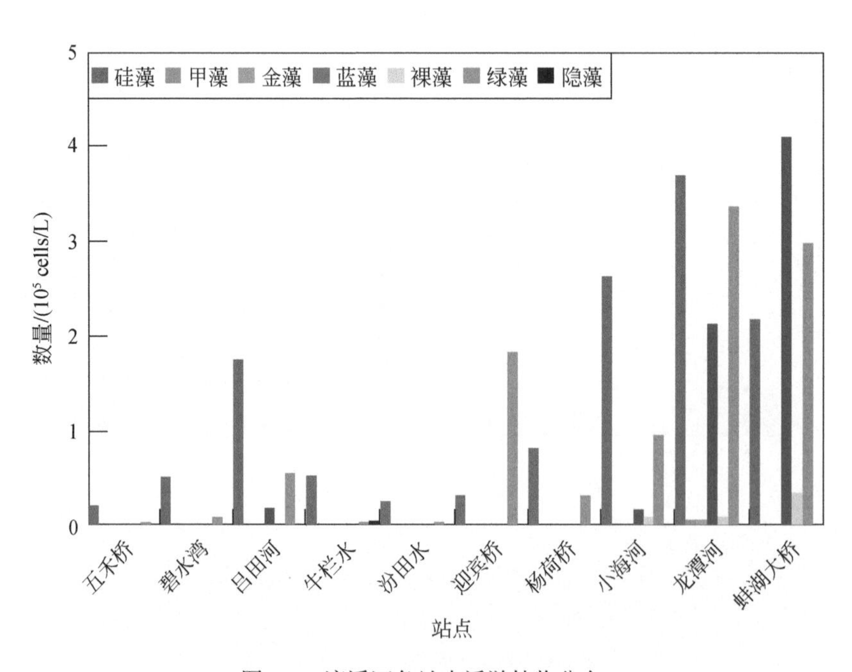

图 3-5　流溪河各站点浮游植物分布

表 3-15　流溪河各站点的浮游植物多样性指数

河段	上游					中游				下游
站点	五禾桥	碧水湾	吕田河	牛栏水	汾田水	迎宾桥	杨荷桥	小海河	龙潭河	蚌湖大桥
浮游植物多样性指数	2.64	2.92	2.95	2.78	2.82	0.85	2.43	2	2.75	2.65
平均值	2.82					2.01				2.65

2）底栖动物 BI 指数

流溪河底栖动物种类及数量如图 3-6 所示，根据式（3-4）计算各站点底栖动物 BI 指数，如表 3-16 所示。上、中、下游底栖动物 BI 指数平均值分别为 3.5、5.67、6.6，对应的得分分别为 71、7、0。

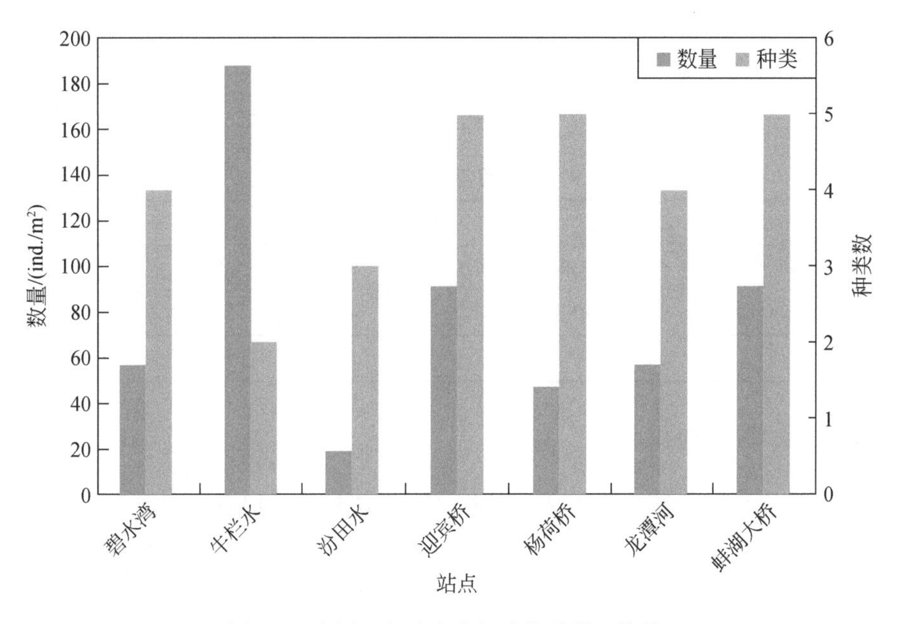

图 3-6　流溪河各站点底栖动物种类及数量

表 3-16　流溪河各站点底栖动物 BI 指数

河段	上游			中游			下游
站点	碧水湾	牛栏水	汾田水	迎宾桥	杨荷桥	龙潭河	蚌湖大桥
底栖动物 BI 指数	4	3.1	3.4	5.2	5	6.8	6.6
平均值	3.5			5.67			6.6

3）鱼类多样性指数

流溪河各站点鱼类种类及数量如图 3-7 所示，根据式（3-5）计算各站点鱼类多样性指数，如表 3-17 所示。上、中、下游鱼类多样性指数平均值分别为 1.37、1.79、2.07，对应的得分分别为 41、54、61。

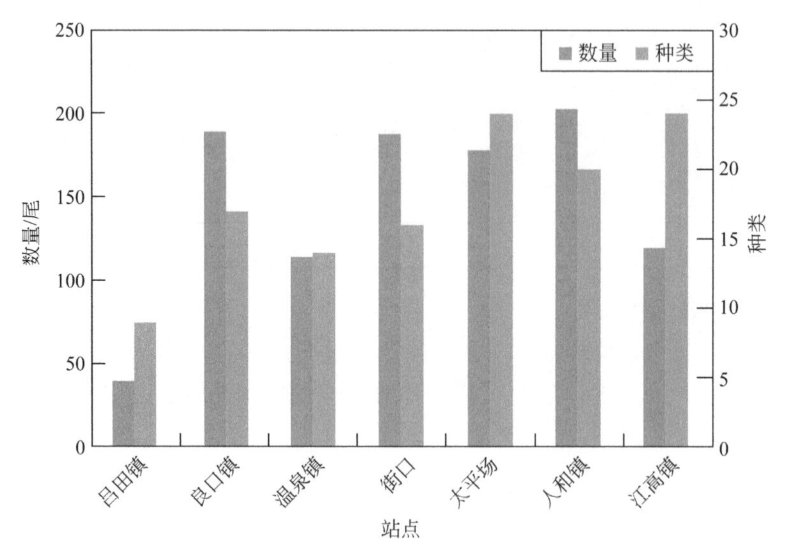

图 3-7 流溪河各站点鱼类种类及数量

表 3-17 流溪河各站点鱼类多样性指数

河段	上游		中游			下游	
站点	吕田镇	良口镇	温泉镇	街口	太平场	江高镇	人和镇
鱼类多样性指数	1.9	0.83	1.26	1.48	2.62	2.5	1.64
平均值	1.37		1.79			2.07	

3.2.1.4 景观结构指标

流溪河各站点河岸带状态得分如图 3-8 所示，计算总分值时河岸带稳定性、河岸带植被覆盖度和人工干扰程度权重分别为 0.25、0.5 和 0.25，上游河岸带状态得分的平均分值为 73，中游河岸带状态得分的平均分值为 61，下游河岸带状态得分的平均分值为 56。

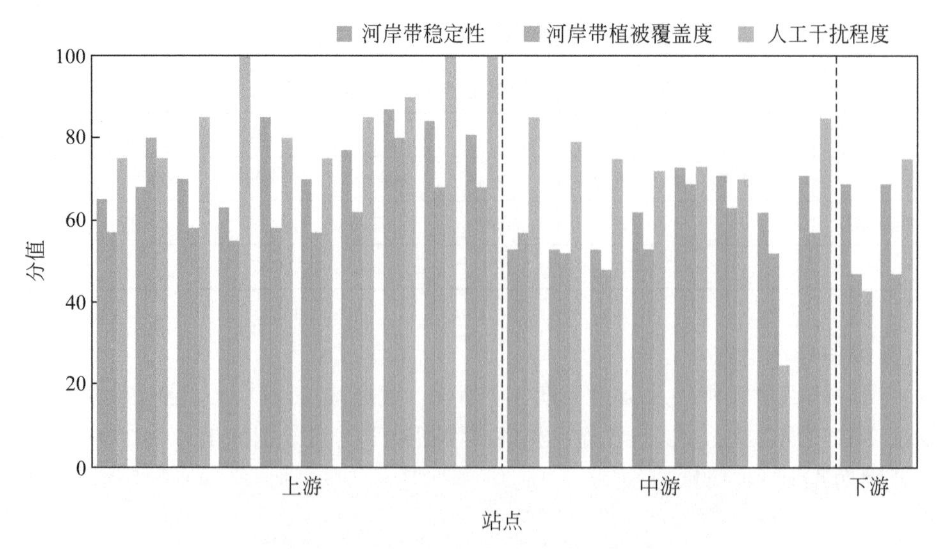

图 3-8 流溪河各站点河岸带状态得分分值

量取流溪河上、中、下游河段河道实际长度与直线长度，从而得到其蜿蜒度，上、中、下游的蜿蜒度分别为 2.63、1.53、1.49，据其评价标准得到对应得分为 93、61、59。

综上所述，流溪河上、中、下游九个指标的健康得分如图 3-9 所示。

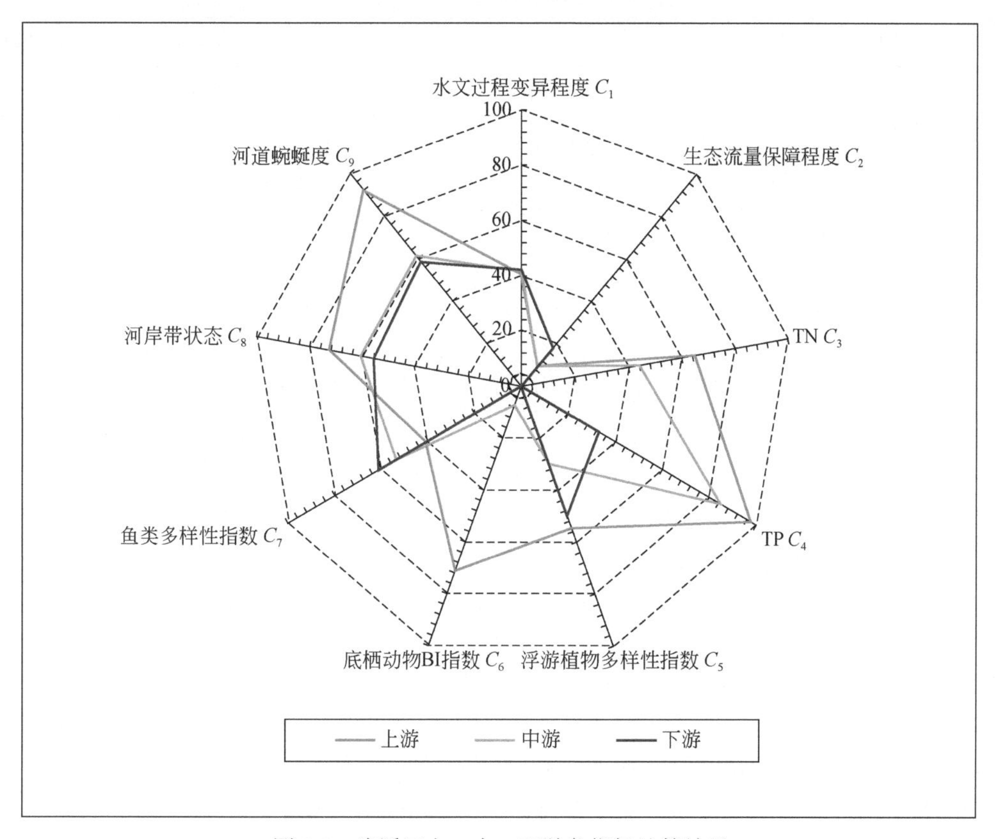

图 3-9　流溪河上、中、下游各指标计算结果

3.2.1.5　指标权重测算

根据河流健康评价指标体系构建的内容，基于熵权法对原始数据矩阵进行目标指标比重值的计算，并据此构建归一化矩阵 $\boldsymbol{Y}$，公式如下：

$$\boldsymbol{Y}=\begin{bmatrix} & \text{up} & \text{mid} & \text{down} \\ C_1 & 0.000 & 0.667 & 1.000 \\ C_2 & 0.000 & 0.000 & 1.000 \\ C_3 & 1.000 & 0.677 & 0.000 \\ C_4 & 1.000 & 0.800 & 0.000 \\ C_5 & 1.000 & 0.000 & 0.800 \\ C_6 & 1.000 & 0.099 & 0.000 \\ C_7 & 0.000 & 0.650 & 1.000 \\ C_8 & 1.000 & 0.294 & 0.000 \\ C_9 & 1.000 & 0.079 & 0.000 \end{bmatrix} \tag{3-15}$$

对归一化矩阵进行运算，得到各个指标的信息熵，最后得到流溪河指标层权重以及准则层权重，如表 3-18 所示。

表 3-18　流溪河各评价指标权重

准则层	权重	指标层	权重	重要性排序
水文 B_1	0.259	水文过程变异程度 C_1	0.085	6
		生态流量保障程度 C_2	0.174	1
水质 B_2	0.16	TN C_3	0.084	7
		TP C_4	0.076	8
水生态 B_3	0.31	浮游植物多样性指数 C_5	0.076	8
		底栖动物 BI 指数 C_6	0.148	3
		鱼类多样性指数 C_7	0.086	5
景观结构 B_4	0.271	河岸带状态 C_8	0.119	4
		河道蜿蜒度 C_9	0.152	2

在准则层中，水质 B_2 权重最小，为 0.16，景观结构 B_4 和水文 B_1 的权重较为接近，分别为 0.271 和 0.259，水生态 B_3 的权重最大，为 0.31。这说明水生态状况的好坏对于流溪河健康的影响至关重要。水生物是判断河水是否受到污染的有效参照物，水生物生活在水体中，河流的每一个细小的变化都有可能影响到它们的生存，水生物物种的多样性会直接受到水体中污染物浓度的影响。水利工程修建、河道裁弯取直、栖息地被人为破坏、污水排放入河、水质恶化，这些因素都会对水生物赖以生存的河流生态系统造成影响，从而影响水生生物的数量和种类。因此，水生物的健康状况在一定程度上可以反映河流整体的健康状况。这说明本方法确定权重是符合实际的。

在指标层中，第 1 是生态流量保障程度，权重最大，为 0.174，第 2 是河道蜿蜒度，权重为 0.152，第 3 为底栖动物 BI 指数，权重为 0.148，第 4 是河岸带状态，权重为 0.119，剩下 5 个指标的权重均介于 0.076～0.086 之间。因此前 4 个指标是影响流溪河健康的主要指标。水质层的 TN、TP 两个指标权重均较小，接近 0.08，这说明水质指标对流溪河健康状况的影响程度较小。

3.2.1.6　指标综合评价结果

上述分析了单项指标的健康评价结果以及各自所占的权重，没有分析在上述的各种指标共同影响下，流溪河的综合健康结果属于哪个等级。因此，为了解决指标高低对健康等级的隶属程度，首先根据隶属度函数计算出各指标对于评价集的隶属度，如表 3-19 所示。

表 3-19　流溪河上、中、下游各指标对健康级别的隶属度

河段	上游					中游					下游				
隶属度	I	II	III	IV	V	I	II	III	IV	V	I	II	III	IV	V
水文过程变异程度	0	0	0.38	0.62	0	0	0	0.39	0.61	0	0	0	0.37	0.63	0
生态流量保障程度	0	0	0	0.3	0.7	0	0	0	0.3	0.7	0	0	0	0.6	0.4
TN	0	0.26	0.74	0	0	0	0	0.48	0.52	0	0	0	0	0	1
TP	0.88	0.12	0	0	0	0.25	0.75	0	0	0	0	0	0.1	0.9	0
浮游植物多样性指数	0	0	0.82	0.18	0	0	0	0.01	0.99	0	0	0	0.65	0.35	0
底栖动物 BI 指数	0	0.57	0.43	0	0	0	0	0	0.23	0.77	0	0	0	0	1
鱼类多样性指数	0	0	0.37	0.63	0	0	0	0.79	0.21	0	0	0.07	0.93	0	0
河岸带状态	0	0.96	0.04	0	0	0	0.72	0.28	0	0	0	0.62	0.38	0	0
河道蜿蜒度	0.63	0.37	0	0	0	0	0.06	0.94	0	0	0	0	0.95	0.05	0

接着根据上述各项指标的评价结果及权重，采用模糊综合评价法确定流溪河上、中、下游各指标对健康级别的隶属度，如表 3-20 所示。根据最大隶属度原则判断相应的健康等级。上游隶属度最大值为 0.29，对应的健康等级是亚健康，这表明上游河流健康状况较为良好；中游的最大隶属度则为 0.32，对应的健康级别为一般，表明中游的河流健康状况比较一般；下游的最大隶属度则为 0.36，所对应的健康等级为一般，说明下游的河流健康状况也比较一般。

表 3-20　流溪河上、中、下游各指标对健康级别的隶属度

隶属度	健康 I	亚健康 II	一般III	亚病态IV	病态 V
上	0.16	0.29	0.26	0.17	0.12
中	0.02	0.15	0.32	0.27	0.24
下	0	0.08	0.36	0.26	0.3

为了验证评价结果的合理性，将评价结果与已有研究进行对比。刘帅磊[42]通过底栖动物完整性指数（B-IBI）对流溪河健康进行评价，得出上游评分较高，下游评分较低，下游健康水平逐步衰退；林罗敏[43]通过构建 B-IBI 评价体系得出流溪河整体属于一般健康的水环境状态，上游属于相对健康的状态，中、下游水质为一般和较差的状态；卢丽锋[44]通过构建鱼类群落完整性指数（F-IBI）评价体系得出流溪河自上游至下游，随着人为干扰活动频率增加，流溪河健康状况逐渐恶化。综上所述，构建的河流健康评价指标体系得出的健康评价结果与已有研究相符，说明应用该指标体系评价流溪河的生态健康是可行且合理的。

3.2.2　评价结果分析

3.2.2.1　综合健康评价结果及空间异质性分析

据图 3-10 可知，由最大隶属度原则确定的上游综合的健康评价等级为亚健康（Ⅱ），中游与下游均为一般（Ⅲ）。具体来看，上游的健康评价隶属度矩阵为{0.16, 0.29, 0.26, 0.17, 0.12}，说明流溪河上游综合健康等级主要介于亚健康和一般之间，最终表现为亚健康，表明上游整体情况较为健康；中游的健康评价隶属度矩阵为{0.02, 0.15, 0.32, 0.27, 0.24}，说明流溪河中游综合健康等级差异化较大，一般、亚病态及病态的隶属度较为接近，最终表现为一般，表明中游的健康等级分化程度较大，不同指标的评价结果差异较大，河流健康状况不乐观；下游的健康评价隶属度矩阵为{0, 0.08, 0.36, 0.26, 0.3}，一般、亚病态和病态的隶属度占大部分比重，而健康的隶属度为 0，河流健康等级最终表现为一般，说明流溪河下游综合健康等级较低，健康状况比较差。从空间分布来看，流溪河河流健康存在空间异质性，但流溪河上、中、下游的综合健康等级都不高，河流整体健康状况一般。上游健康等级优于中游及下游，相差一个健康等级。而中游和下游在综合健康等级相同的前提下，中游的健康等级在具体的隶属度上又略优于下游。这说明，流溪河健康状况依次递减，反映了城市化的发展对河流综合健康状况产生了较为负面的影响，城市化程度越高的区域河流健康状况越差。

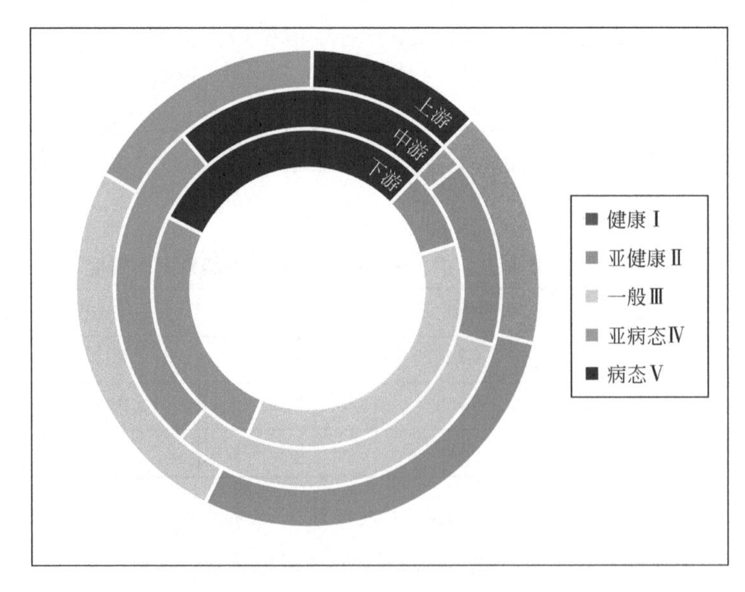

图 3-10　流溪河上、中、下游河流健康隶属度

流溪河上、中、下游各评价指标的健康等级如表 3-21 所示。分析该表可知，流溪河上、中、下游水文指标及景观结构指标健康等级整体的空间异质性并不明显。在准则层景观结构 B_4 中，上、中、下游 C_8、C_9 指标的健康等级都较高。其中，上、中、下游的河岸带状态健康等级都是亚健康（Ⅱ），说明不存在空间异质性；中游和下游的河道蜿蜒度健康等级均为一般（Ⅲ），上游等级更高，为健康（Ⅰ），这说明河道蜿蜒度存在着一定的空间异

质性，随着人类的开发改造，中、下游地区河道渠系化程度有所提高。整体来看，流溪河景观结构状态空间异质不明显，在城市化的背景下，景观结构状态发生了较小程度的改变，但整体较为健康。然而，在准则层水文 B_1 中，上、中、下游 C_1、C_2 指标的健康等级都很差。上、中、下游的水文过程变异程度健康等级相同，都是亚病态（Ⅳ），上游和中游的生态流量保障程度都是病态（Ⅴ），下游的生态流量保障程度是亚病态（Ⅳ）。这说明流溪河上、中、下游的水文层面的健康状况都非常不理想，但空间异质性不显著。

导致流溪河上、中、下游河流健康状况出现空间异质性的指标主要是水质与水生态指标：上游河流的水质状况较好，健康等级最高。虽然上游总氮浓度的健康等级仅为一般（Ⅲ），但比下游地区的健康状况更为良好。此外，上游总磷浓度指标健康等级为健康（Ⅰ）。因此，上游河段的水质指标健康等级较好；除水质指标外，上游水生态指标也相对较好，就浮游植物多样性指数来说，上游的健康等级为一般（Ⅲ），底栖动物 BI 指数健康状况表现为亚健康（Ⅱ），这两项指标的健康等级均较高，但是对于鱼类多样性指数来说，和中、下游相比较低，为亚病态（Ⅳ）。但是在整体的水生态指标上，上游的健康等级是较高的。

流溪河中游水质指标次于上游。对于总氮浓度来说，中游健康等级为亚病态（Ⅳ）；对于总磷浓度来说，中游健康等级为亚健康（Ⅱ）。除水质指标外，中游的水生态指标健康状况最差。就浮游植物多样性指数来说，中游健康等级最低，为亚病态（Ⅳ）。底栖动物 BI 指数健康状况健康等级为最低的病态（Ⅴ），情况不容乐观。对于鱼类多样性指数，流溪河中游健康等级则为一般（Ⅲ）。

流溪河下游水质指标最差。对于总氮浓度来说，下游健康等级为病态（Ⅴ）；对于总磷浓度来说，下游健康等级为亚病态（Ⅳ）。下游的水生态指标情况要优于中游，就浮游植物多样性指数和鱼类多样性指数来说，下游健康等级均为一般（Ⅲ），底栖动物 BI 指数健康等级为病态（Ⅴ），是比较恶劣的。

表 3-21　流溪河上、中、下游各评价指标的健康等级

健康等级	水文 B_1		水质 B_2		水生态 B_3			景观结构 B_4	
	水文过程变异程度 C_1	生态流量保障程度 C_2	TN C_3	TP C_4	浮游植物多样性指数 C_5	底栖动物 BI 指数 C_6	鱼类多样性指数 C_7	河岸带状态 C_8	河道蜿蜒度 C_9
上游	Ⅳ	Ⅴ	Ⅲ	Ⅰ	Ⅲ	Ⅱ	Ⅳ	Ⅱ	Ⅰ
中游	Ⅳ	Ⅴ	Ⅳ	Ⅱ	Ⅳ	Ⅴ	Ⅲ	Ⅱ	Ⅲ
下游	Ⅳ	Ⅳ	Ⅴ	Ⅳ	Ⅲ	Ⅴ	Ⅲ	Ⅱ	Ⅲ

3.2.2.2　上、中、下游健康状况主要控制指标

对于流溪河来说，上、中、下游的河流健康状况受到所有指标的共同影响，但这些指标对河流健康情况的影响程度不尽相同，而根据木桶理论，不同河段的控制指标也存在着较大的差异。

就上游而言，其最主要的控制指标就是水文指标以及水生态指标中的鱼类多样性指数。无论是水文过程变异程度还是生态流量保障程度，整体的健康状况都十分严峻。当然，水文层面健康水平的低下不单独出现在上游，其他河段的水文指标得分也很低，表明整个流溪河在水文层面都处于一个较为病态的状况，健康水平堪忧。然而，尽管不同河段的水

文状况的健康水平较为接近，但是各自的原因却不同。流溪河上游，其水文条件的恶劣主要是河流上游的特殊性造成，河流上游往往流量较小，较大的支流较少，加上流溪河上游多为丘陵地区，地下水的补给有限，因此上游径流的补充多来自天然降水。流溪河流域的降水年际变化剧烈，波动较大，直接导致了其水文情况不够稳定，因此从河流健康的角度来看，健康等级不高。此外，流溪河是一条梯级河流，干流上修建了 11 座大坝，且多位于中游，鱼类自下游洄游到上游的过程中，受到大坝的阻隔，无法正常洄游到上游，导致上游鱼类多样性较低。

中游健康状况主要控制指标为水文指标、水质指标中的总氮浓度、水生态指标中的浮游植物多样性指数和底栖动物 BI 指数。与上游不同，中游的水文指标健康等级低，除了降水变化幅度大以外，还与该河段的城市化进程较快有关。在人类活动影响下，流域土地利用类型发生改变，下垫面随之变化，导致径流过程发生改变，从而影响河流的水文健康；除了水文指标，中游总氮浓度的健康等级也较低。与上游对比不难发现，中游的居民点用地与工业用地的面积较大，而且增长很快，氮的排放也随之增加，导致中游河段的总氮浓度水平过高，危害了河流健康；由于总氮浓度过高，中游的水生态也受到了严重的影响，主要体现在浮游植物与底栖动物这两个类群上。由于水体富营养化，单一的、喜氮的浮游植物开始大量繁殖，极大程度挤占了其他浮游植物的生态位，使得中游河段浮游植物的物种数量大幅减少，导致浮游植物的多样性降低，从而影响了河流健康；由于中游总氮浓度较低，水质状况较差，对底栖动物生存环境造成威胁，导致河流中耐污值较低的底栖动物大量死亡，存活下来的多为耐污值较高的底栖动物，因此底栖动物 BI 指数的健康等级较低。

下游健康状况主要控制指标为水文指标、水质指标以及水生态指标中的底栖动物 BI 指数。下游则与中游的情况类似，但在水质层面还是存在一定差异。下游由于城市化水平与工业发展的程度最高，除了总氮浓度，下游河段的总磷浓度也偏高。与总氮浓度一样，总磷浓度的增长也能导致浮游植物的大量生长，而且由于下游总氮浓度、总磷浓度都偏高，浮游植物的种类反而相对丰富，使得浮游植物多样性指数的健康等级较中游高。

3.3 小　　结

本章通过构建流溪河的健康评价指标，基于最大隶属度原则的模糊综合评价模型对流溪河上、中、下游的河流健康状况进行评价和分析，得到流溪河干流河流健康等级，主要结论为：

（1）依据科学性、代表性、可得性、综合性等原则，选取河流的水文要素、水质要素、水生态要素、景观结构要素，建立了河流健康评价指标体系。河流的水文要素采用水文过程变异程度和生态流量保障程度来表征；水质要素采用总氮浓度和总磷浓度来表征；水生态要素采用浮游植物多样性指数、底栖动物 BI 指数、鱼类多样性指数来表征；景观结构要素采用河岸带状态、河道蜿蜒度来表示。

（2）流溪河上、中、下游综合河流健康等级分别为亚健康、一般和一般，整体健康程度不高。流溪河健康状况自上游至下游依次递减，说明城市化的发展给流溪河河流健康带来了负面影响，城市化程度较高的中、下游区域河流健康状况更差。上游健康状况最主要的控制指标是水文指标和水生态指标中的鱼类多样性指数；中游最主要的控制指标是水文指标、总氮浓度，以及水生态指标中的浮游植物多样性指数、底栖动物 BI 指数；下游最主要的控制指标是水文指标、水质指标，以及水生态指标中的底栖动物 BI 指数。

参 考 文 献

[1] Meyer. Stream health：incorporating the human dimension to advance stream ecology [J]. Journal of the North American Benthological Society，1997，16（2）：439.

[2] 胡春祥. 简析水利工程建设对生态环境的影响与对策 [J]. 河南水利与南水北调，2017，(1)：6-7.

[3] 吴阿娜. 河流健康评价：理论、方法与实践 [D]. 上海：华东师范大学，2008.

[4] 王俊娜. 基于主导生态功能分区的河流健康评价全指标体系 [J]. 水利学报，2010，41（8）：5-14.

[5] 封光寅，李文杰，周丽华，等. 流量过程变异对汉江中下游河流健康影响分析 [J]. 水文，2016，36（1）：46-50.

[6] 杜龙飞，侯泽林，李彦彬，等. 城市河流生态需水量计算方法研究 [J]. 2020，42（2）：34-37.

[7] Bu H M，Meng W，Zhang Y，et al. Relationships between land use patterns and water quality in the Taizi River basin，China [J]. Ecological Indicators，2014，41：187-197.

[8] Qian G. Influences of land use on water quality in a reticular river network area：a case study in Shanghai，China [J]. Landscape & Urban Planning，2015，137：20-29.

[9] 姜永伟. 辽宁省大型底栖无脊椎动物耐污值及水质评价 [J]. 环境保护科学，2013，(3)：33-37.

[10] 王随继，闫云霞，颜明，等. 皇甫川流域降水和人类活动对径流量变化的贡献率分析——累积量斜率变化率比较方法的提出及应用 [J]. 地理学报，2012，(3)：102-111.

[11] 霍堂斌. 嫩江下游水生生物多样性及生态系统健康评价 [D]. 哈尔滨：东北林业大学，2013.

[12] 潘扎荣，阮晓红. 淮河流域河道内生态需水保障程度时空特征解析 [J]. 水利学报，2015，46（3）：280-290.

[13] 崔起，于颖. 河道生态需水量计算方法综述 [J]. 东北水利水电，2008，(1)：44-47.

[14] Tennant D L. Instream flow regimens for fish，wildlife，recreation and related environmental resources [J]. Fisheries，1976，1（4）：6-10.

[15] Annear T C，Conder A L. Relative bias of several fisheries instream flow methods [J]. North American Journal of Fisheries Management，1984，4（4B）：531-539.

[16] Fryirs K. Guiding principles for assessing geomorphic river condition：application of a framework in the Bega catchment，South Coast，New South Wales，Australia [J]. Catena，2003，53（1）：17-52.

[17] Qu X，Zhang H，Zhang M，et al. Application of multiple biological indices for river health assessment in northeastern China [J]. Annales de Limnologie - International Journal，2016，52：75-89.

[18] 张朝. 重庆市河流健康指标体系的构建与评价研究 [D]. 重庆：重庆交通大学，2012.

[19] Shannon C E. A mathematical theory of communication [J]. Bell Systems Technical Journal，1948，27：379-423.

[20] 罗坤. 城市化背景下河流健康评价研究 [D]. 重庆：重庆大学，2017.

[21] 蔡永久，龚志军，秦伯强. 太湖大型底栖动物群落结构及多样性 [J]. 生物多样性，2010，18（1）：50-59.

[22] Barbour M T，Gerritsen J，Snyder B D，et al. Rapid bioassessment protocols for use in streams and wadeable rivers：periphyton，benthic invertebrates and fish [R]. Washington，DC：US EPA，1999.

[23] 王备新. 大型底栖无脊椎动物水质生物评价研究［D］. 南京：南京农业大学，2003.
[24] Silveira R. Large-scale assessments of river health using an Index of Biotic Integrity with low-diversity fish communities［J］. Freshwater Biology，1999，41（2）：235-252.
[25] Brendonck L. The impact of water hyacinth （Eichhornia crassipes） in a eutrophic subtropical impoundment（Lake Chivero，Zimbabwe）. I. Water quality［J］. Archiv Fur Hydrobiologie，2003，158（3）：373-388.
[26] Randhir T O，Hawes A G. Watershed land use and aquatic ecosystem response：ecohydrologic approach to conservation policy［J］. Journal of Hydrology，2009，364（1-2）：182-199.
[27] 董哲仁. 城市河流的渠道化园林化问题与自然化要求［J］. 中国水利，2008，（22）：12-15.
[28] 许积层，唐斌，卢涛. 基于多时相 Landsat TM 影像的汶川地震灾区河岸带植被覆盖动态监测——以岷江河谷映秀-汶川段为例［J］. 生态学报，2013，33（16）：4966-4974.
[29] Leopold L B. Fluvial Processes in Geomorphology［M］. London：Dover Publications，1995.
[30] Bridge J S，Smith N D，Trent F，et al. Sedimentology and morphology of a low-sinuosity river：Calamus River，Nebraska Sand Hills［J］. Sedimentology，1986，33（6）：851-870.
[31] Murumkar A R. Application of remote sensing and GIS in sinuosity and river shifting analysis of the Ganges River in Uttarakhand plains［J］. Applied Geomatics，2014，7（1）：13-21.
[32] Che Y. Multilevel analysis of a riverscape under rapid urbanization in the Yangtze delta plain，China：1965-2006［J］. Environmental Monitoring & Assessment，2015，187（11）：711.
[33] 杨文慧. 河流健康的理论构架与诊断体系的研究［D］. 南京：河海大学，2007.
[34] 于志慧. 太湖流域平原河网地区城市化背景下的河流健康评价研究［D］. 南京：南京大学，2015.
[35] 李帅，魏虹，倪细炉，等. 基于层次分析法和熵权法的宁夏城市人居环境质量评价［J］. 应用生态学报，2014，25（9）：2700-2708.
[36] 巴雅尔，郭家盛，卢少勇，等. 博斯腾湖大湖湖区近 20 年生态健康状况评价［J］. 中国环境科学，2013，（3）：121-125.
[37] 余健，房莉，仓定帮，等. 熵权模糊物元模型在土地生态安全评价中的应用［J］. 农业工程学报，2012，28（5）：260-266.
[38] 李佩武，李贵才，张金花，等. 城市生态安全的多种评价模型及应用［J］. 地理研究，2009，28（2）：293-302.
[39] 张锐，郑华伟，刘友兆. 基于 PSR 模型的耕地生态安全物元分析评价［J］. 生态学报，2013，33（16）：5090-5100.
[40] 邓晓军，许有鹏，翟禄新，等. 城市河流健康评价指标体系构建及其应用［J］. 生态学报，2014，（4）：220-228.
[41] Yang Z F. Integrative fuzzy hierarchical model for river health assessment：a case study of Yong River in Ningbo City，China［J］. Communications in Nonlinear Science & Numerical，2009，14（4）：1729-1736.
[42] 刘帅磊，王赛，崔永德，等. 亚热带城市河流底栖动物完整性评价——以流溪河为例［J］. 生态学报，2018，38（1）：342-357.
[43] 林罗敏，官昭瑛，郑训皓，等. 流溪河底栖动物群落结构及基于完整性指数的健康评价［J］. 生态学杂志，2017，36（7）：2077-2084.
[44] 卢丽锋. 基于鱼类生物完整性指数的东江干流和流溪河流域健康评估研究［D］. 广州：暨南大学.

第4章　流域尺度景观格局演变及其生态水文效应

近年来，城市化快速发展，导致流域土地利用类型呈现破碎化与均质化发展，进而使得流域景观格局及其生态水文过程也变化显著。本章利用流溪河流域 1980～2015 年土地利用数据，采用土地利用转移矩阵与景观指数法，较系统地研究了土地利用变化与景观格局时空变化特征，运用灰色关联分析与双变量空间相关分析方法，量化了影响要素对流域景观格局变化的驱动效应；运用 SWAT 分布式水文模型，模拟分析了流域景观格局演变的水量、水质变化过程，揭示流域尺度景观格局特征变化的生态水文效应关系。

4.1　研究方法与指标

利用流溪河流域 8 期（1980 年、1990 年、1995 年、2000 年、2005 年、2008 年、2010 年和 2015 年）土地利用类型数据，结合研究区土地利用现状和特点划分成 9 个类型，即耕地、林地、灌木林、果园、草地、水域、建设用地、季节性滩地和未利用地，并对其进行土地利用数据的计算与分析；选取 1980 年、1990 年、2000 年、2010 年与 2015 年五期数据为代表，计算研究期内流溪河流域土地利用与景观格局的时空变化特征。

4.1.1　土地利用转移矩阵

通过计算研究区 1980 年、1990 年、2000 年、2010 年与 2015 年五期土地利用类型间的转换矩阵，分析各土地利用类型在不同时段间动态转化的方向与程度，采用转移矩阵二维表与桑基图呈现分析结果[1]，计算公式如下：

$$p=\begin{bmatrix} p_{11} & p_{12} & \cdots & p_{1j} \\ p_{21} & p_{22} & \cdots & p_{2j} \\ \vdots & \vdots & & \vdots \\ p_{i1} & p_{i2} & \cdots & p_{ij} \end{bmatrix} \tag{4-1}$$

式中，p_{ij} 为从土地利用类型 i 转换到土地利用类型 j 的面积，转换矩阵的每个元素为①$p_{ij}\geqslant 0$，②$\sum_{j=1}^{n} p_{ij}=1$。

4.1.2　景观格局指数

1）景观指数选取

景观格局指数法是景观生态学中量化描述景观斑块结构组成和空间配置特征应用最普遍的方法之一，能高度浓缩景观格局信息，量化景观格局的空间异质性[2]。已有的景观格局指数种类繁多，可以从不同方面共同描述景观格局的特征[3]，但部分指数间相关性较强。在进行分析时需要结合区域特色筛选出不同类型的景观指数，以减少指数间信息的冗余[4]。

考虑到研究区斑块核心面积与边缘宽度的实测数据获取困难，首先剔除掉边缘指标、核心面积指标及部分邻近指标。由于研究区面积与斑块类型的总数没有变化，再次剔除描述景观面积与斑块类型数量的指标。在此基础上，对剩下的 23 个常用景观指数进行相关分析（图 4-1），针对分析结果以表征不同生态意义类型为首要筛选标准，并在同类型指标

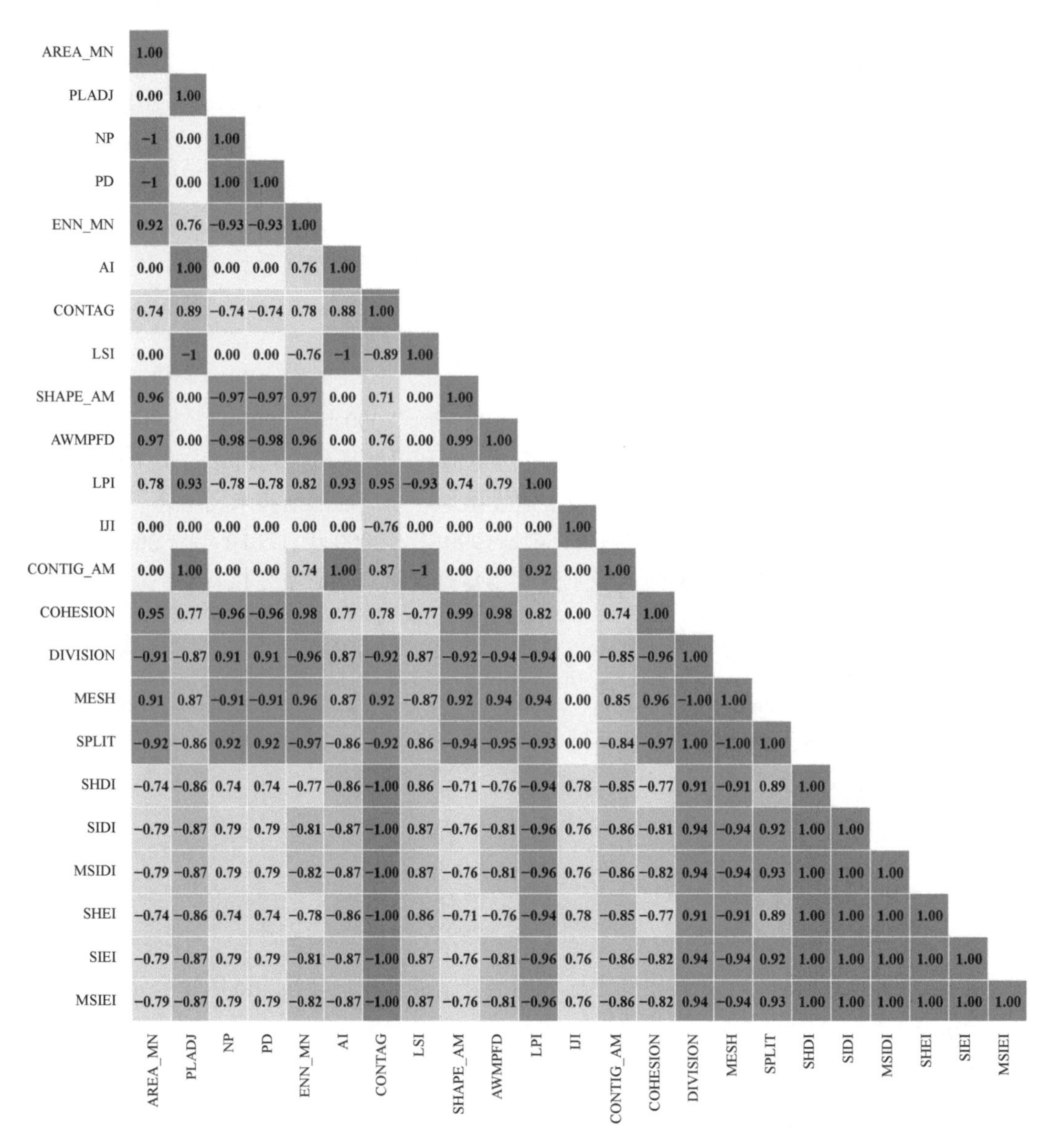

图 4-1　23 个常用景观指数相关分析结果图

AREA_MN 表示斑块平均面积，PLADJ 表示斑块间的相似毗邻百分比，NP 表示斑块数量，PD 表示斑块密度，ENN_MN 表示斑块间欧式平均最近距离，AI 表示不同斑块的聚集程度，CONTAG 表示蔓延度指数，LSI 表示景观形状指数，SHAPE_AM 表示斑块面积加权平均形状指数，AWMPFD 表示面积加权斑块分维数，LPI 表示最大斑块指数，IJI 表示散布与并列指数，CONTIG_AM 表示面积加权分维数，COHESION 表示斑块结合度指数，DVISION 表示景观分割指数，MESH 表示有效网格面积，SPLIT 表示分离度指数，SHDI 表示香农-维纳指数，SIDI 表示 Simpson 多样性指数，MSIDI 表示修正的 Simpson 多样性指数，SHEI 表示香农均匀度指数，SIEI 表示 Simpson 均匀度指数，MSIEI 表示修正的 Simpson 均匀度指数。

中遇到相关系数绝对值≥0.9 的情况，只保留其中一个指标[5]。最终，筛选出斑块密度(PD)、聚集度指数（AI）、最大斑块指数（LPI）、面积加权斑块分维数（AWMPFD）与香农-维纳指数（SHDI）5 个代表性指数（其计算公式及生态意义见表 4-1），分别在类型水平与景观水平上对流域内各类土地利用类型在 1980 年、1990 年、2000 年、2010 年与 2015 年的景观空间特征进行计算与分析。

表 4-1　景观格局指数计算公式及其生态意义

指标	定义	公式	生态意义	分析尺度
斑块密度（PD）	每单位面积的斑块数目	$\mathrm{PD}=\dfrac{N_i}{A}$	表示景观破碎化程度	类型水平/景观水平
聚集度指数（AI）	计算不同类型斑块之间的相邻矩阵，来描述不同斑块的聚集程度	$\mathrm{AI}=2\ln(m)+\sum_{i=1}^{m}\sum_{j=1}^{n}P_{ij}\ln(P_{ij})$	表示景观破碎化程度	类型水平/景观水平
最大斑块指数（LPI）	量化最大斑块在总景观面积中所占的百分比	$\mathrm{LPI}=\dfrac{\mathrm{Max}(a_1\cdots a_n)}{A}(100)$	表示景观优势度	类型水平/景观水平
面积加权斑块分维数（AWMPFD）	用分形维数理论测量斑块和景观形状与结构的复杂性（位于 1～2 之间）	$\mathrm{AWMPFD}=\dfrac{\sum_{i=1}^{m}\sum_{j=1}^{n}\left[\dfrac{2\ln(0.25P_{ij})}{\ln(a_{ij})}\right]}{N}$	表示人类活动的干扰程度	类型水平/景观水平
香农-维纳指数（SHDI）	一种基于每种景观类型的相对面积比例和类型总数的指数。比 Simpson 多样性指数对稀有斑块类型更敏感	$\mathrm{SHDI}=-\sum_{i=1}^{m}(P_i\cdot\ln P_i)$	表示景观异质性和多样性程度	景观水平

注：i=1，…，m（类）；j=1，…，n（类）；A=景观总面积（m^2）；a_{ij}=斑块 ij 的面积（m^2）；P_{ij}=斑块 ij 的周长（m）；N_i=景观类型 i 的斑块数量；m=景观中所有斑块类型的数量，如果存在景观边界则不包括景观边界；P_i=斑块类型 i 占所有景观的比例。

2）景观指数分析尺度

尺度效应与空间自相关性是景观格局重要的基础理论[6]。前者描述的是景观格局指数在不同空间幅度和粒度下的动态变化，即指数的大小随着所选取的研究区幅度大小与粒度大小变化而变化；后者描述的是景观斑块之间的特征对空间位置的依赖性，即在空间上越临近的斑块属性越相似。这意味着分析景观格局特征时所选取的尺度大小影响着景观格局指数的计算结果。因此，确立适宜的分析尺度是进行景观格局特征分析的前提。

本书中研究区是确定的，意味着空间幅度是保持不变的，只需确立分析景观格局特征的粒度大小。采用移动窗口[7]法在 14 个测试粒度（30m、50m、100m、200m、300m、400m、500m、600m、700m、800m、900m、1000m、1100m、1200m）下计算流溪河流域 5 种景观格局指数的大小[8, 9]。如图 4-2 所示，可以发现除了 LPI 与 SHDI 指数之外，其他三个景观格局指数对粒度的增加非常敏感，尤其是在 500～1100m 粒度大小之间。

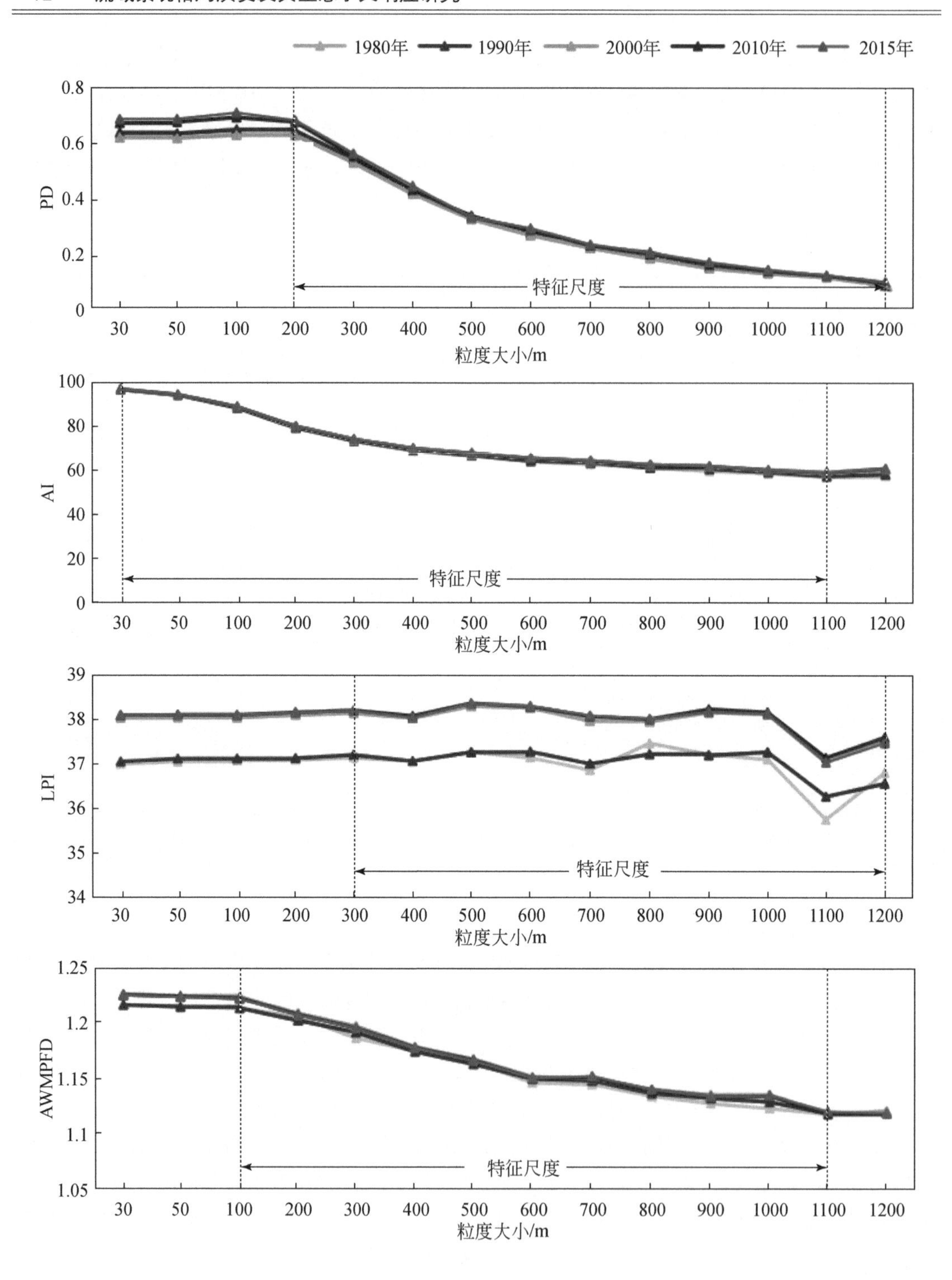
1980年
1990年
2000年
2010年
2015年
PD
特征尺度
粒度大小/m
AI
特征尺度
粒度大小/m
LPI
特征尺度
粒度大小/m
AWMPFD
特征尺度
粒度大小/m

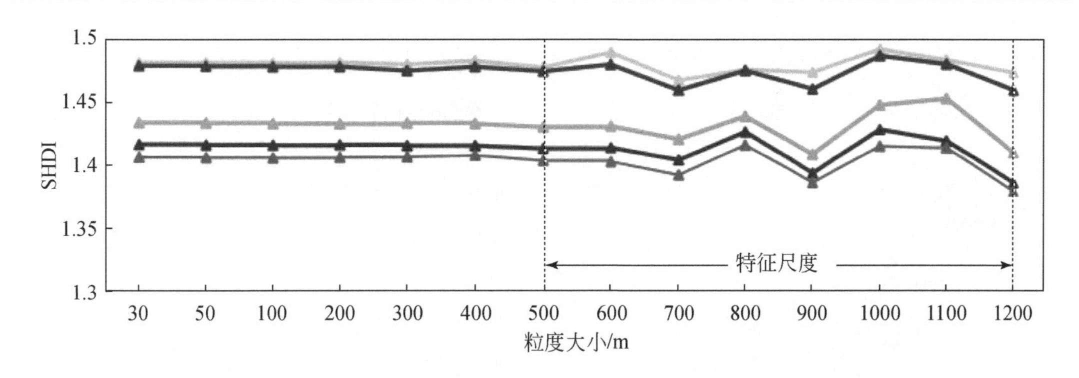

图 4-2　流溪河流域不同测试粒度下各景观格局指数大小分布图

对不同粒度下景观的空间分布特征进行空间自相关分析，以反映随着粒度的变化各景观格局指数空间自相关性大小的变化。如表 4-2 所示，在 500～1100m 粒度范围内，随着粒度的增加，流域内各景观格局指数的空间自相关系数——莫兰指数（Moran's I），无论是在 2000 年还是 2015 年均变得越来越小，但依然存在着较强的空间自相关性，这说明在此粒度范围内计算研究区各景观格局指数的大小均是有效的。其中，500m×500m 粒度大小下各景观格局指数的空间自相关系数最大，说明此时景观格局指数的空间自相关性最强，可作为流溪河流域景观格局空间特征研究的最佳粒度。

表 4-2　流溪河流域 2000 年与 2015 年不同粒度下景观格局指数的 Moran's I

粒度大小/m	PD		AI		LPI		AWMPFD		SHDI	
	2000 年	2015 年	2000 年	2015 年	2000 年	2015 年	2000 年	2015 年	2000 年	2015 年
500×500	0.467	0.467	0.453	0.453	0.462	0.462	0.467	0.467	0.467	0.467
600×600	0.467	0.467	0.448	0.448	0.461	0.461	0.467	0.467	0.467	0.467
700×700	0.463	0.463	0.447	0.448	0.457	0.457	0.463	0.463	0.463	0.463
800×800	0.457	0.457	0.430	0.430	0.452	0.452	0.457	0.457	0.457	0.457
900×900	0.456	0.456	0.428	0.428	0.451	0.451	0.456	0.456	0.456	0.456
1000×1000	0.439	0.439	0.424	0.423	0.434	0.434	0.439	0.439	0.439	0.439
1100×1100	0.438	0.438	0.413	0.413	0.430	0.430	0.437	0.437	0.438	0.438
1200×1200	0.439	0.439	0.443	0.443	0.436	0.436	0.439	0.439	0.439	0.439

注：P_{value}=0，通过了 95%的置信度检验，Z_{value}＞1.96，表明具有极为显著的相关性。

4.2　流域景观格局演变特征分析

4.2.1　流域土地利用类型变化特征分析

流溪河流域土地利用类型分布图见 4-3（a），研究区是一个以林地与耕地景观为主导的流域，占据整个流域总面积的 77%以上，如图 4-3（b）所示。不同土地利用类型在流域

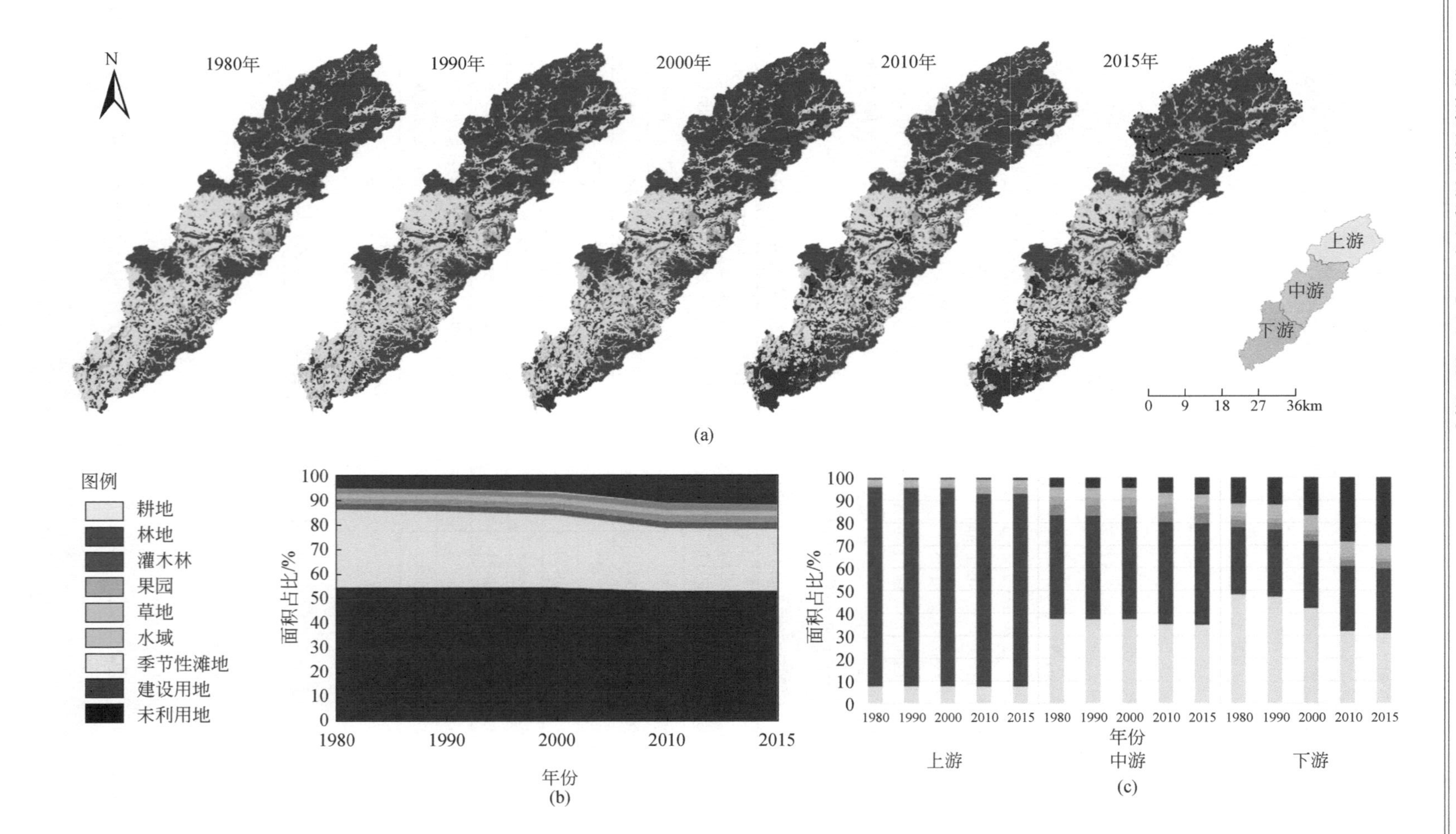

图4-3 流溪河流域土地利用类型(1980~2015年)变化

(a) 土地利用类型分布图; (b) 各土地利用类型面积占比变化图; (c) 流域上、中、下游土地利用类型面积占比的变化图

内空间分布差异突出。林地主要集中在流域上游地区，耕地则主要集中在流域的中、下游地区。通过对研究区 1980～2015 年间的 9 种土地利用类型占比及转移变化的时空特征分析，得出如下结论。

（1）不同年代间，各土地利用类型面积占比变化均不同（图 4-4）。研究期间耕地、林地、灌木林、未利用地和季节性滩地的面积占比呈明显下降趋势，分别下降了 6.25%、1.68%、0.16%、0.01%和 0.12%；建设用地、果园、水域的面积占比则分别增加了 6.77%、0.70%和 0.74%；草地的面积占比在不同年份间波动较大，但在 35 年间整体上几乎未变化。这说明流域内随着时间变化，各土地利用类型面积占比变化幅度以耕地的减少与建设用地的增加最为突出；在 2000～2010 年间变化得最为剧烈，几乎超过了 35 年内总变幅的 50%。在空间维度上，各土地利用类型面积占比在流域内不同区域的变化均不同。如图 4-3（c）所示，下游地区，耕地面积占比减少了 16.96%，建设用地面积占比增加 17.78%，其他土地利用类型面积占比变化均不足 2.00%；中游地区，耕地面积占比减少了 2.70%，建设用地面积占比增加了 3.33%，其他土地利用类型面积占比变化均不足 1.00%；上游地区，林地

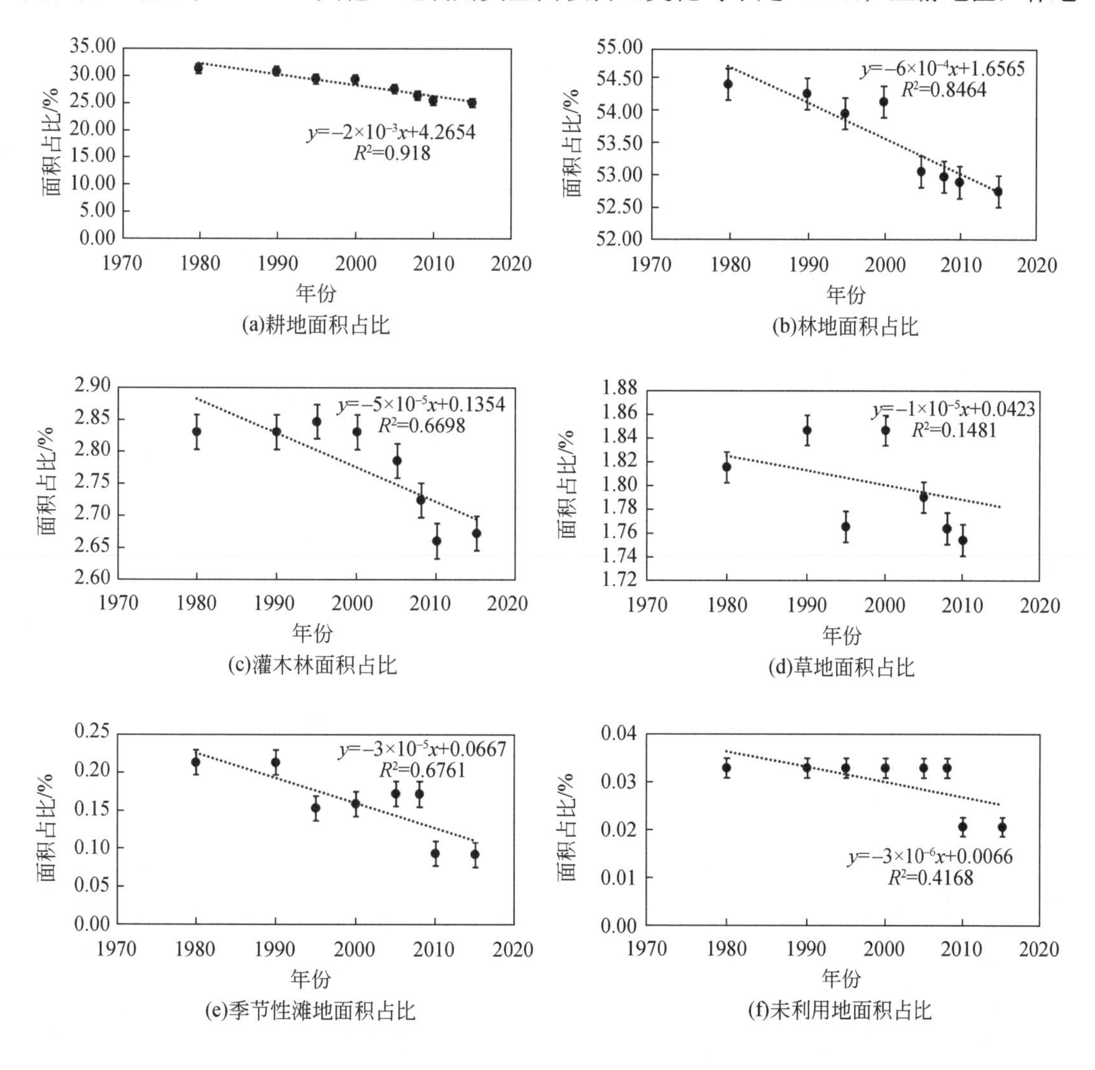

(a)耕地面积占比　(b)林地面积占比

(c)灌木林面积占比　(d)草地面积占比

(e)季节性滩地面积占比　(f)未利用地面积占比

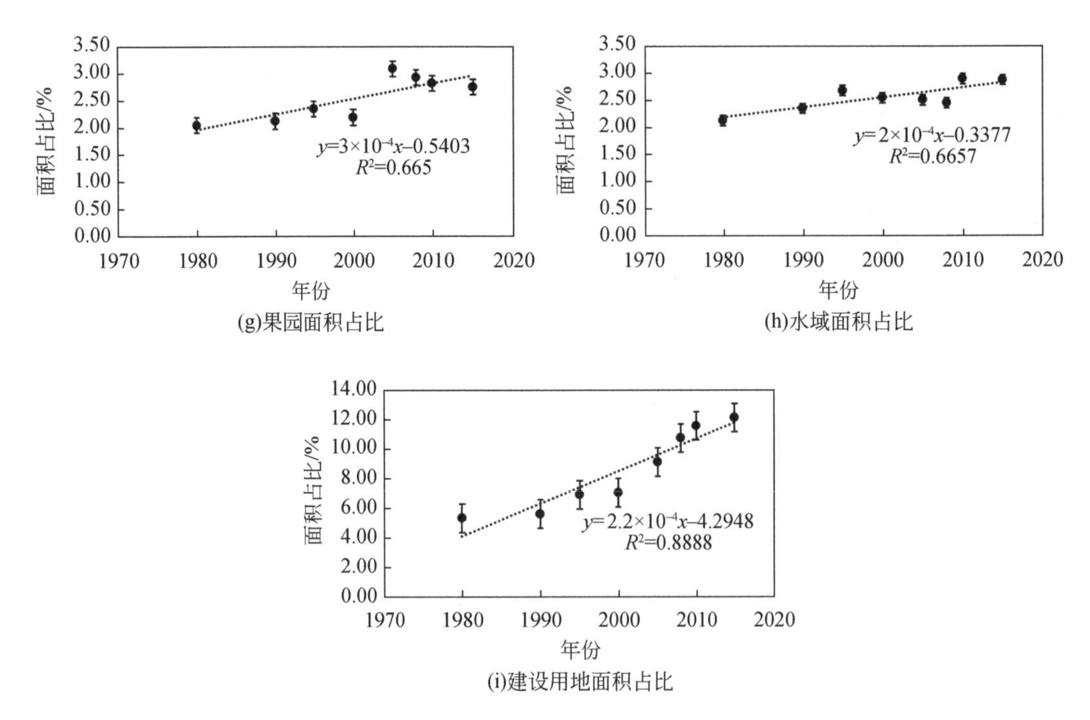

图 4-4　1980～2015 年流溪河流域各土地利用类型面积占比随时间的变化趋势

面积占比减少了 2.85%，果园面积占比增加了 2.36%，其他土地利用类型面积占比的变化量均不足 1.00%。整体上而言，流域的土地利用类型的占比变化具有典型的区域特色，流域下游地区耕地与建设用地的变化相比于中、上游地区更加剧烈。

（2）分析 1980～2015 年 4 个不同时期间流溪河流域内各土地利用类型的转移变换过程，如表 4-3 所示。流域内土地利用类型间总转移交换面积为 578.90km^2，占流域总面积的 24.71%。耕地、林地和建设用地的转移交换率占流域内土地利用类型间总转移交换量的 82.76%。建设用地面积增加了 158.65km^2；耕地与林地面积分别减少了 146.33km^2 与 39.22km^2。新增的建设用地面积中有 81.88%来自耕地的转化，9.51%来自林地的转化，剩下的 8.61%来自于其他土地利用类型的转化。这说明，耕地与林地为流域内城市化扩张中新增的建设用地主要的来源。图 4-5 展示了对流域内各土地利用类型间在不同时期的转移交换变化的特征，可以很清晰地发现，2000～2010 年是流域内土地利用类型间转移交换最活跃的时期，这期间土地利用类型间的转移交换量占 35 年间总转移交换量的 62.00%。建设用地在此期间的增量超过了 35 年总增量的 50.00%以上，且有 78.11%来自耕地的转化，10.10%来自林地转化。图 4-6 展示了流域内不同土地利用类型间转换在不同空间位置上的差异，可以发现流域内土地利用类型间的转移变换主要发生在中、下游地区，且主要表现为耕地大量地被转化为建设用地；上游地区转移变换不仅较少发生，且主要表现为林地转化为果园，这些变化均在 2000～2010 年间表现剧烈。另外，对比四个时期间流域内土地利用转移变化的区域所在的空间位置差异，可以发现它们逐渐由流域下游向上游与中游地区发展。这说明，流域内城市化扩张从流域下游开始逐步向中、上游蔓延，但目前主要发生在流域中、下游地区，且表现为大量耕地被转化成为建设用地。

表 4-3　流溪河流域 1980～2015 年各土地利用类型转移矩阵　　（单位：km^2）

1980 年	2015 年									2015 年总量	新增量
	耕地	林地	灌木林	果园	草地	水域	季节性滩地	建设用地	未利用地		
耕地	555.34	12.47	2.96	2.14	0.91	1.68	0.16	9.65	0.20	585.51	30.17
林地	13.37	1213.02	1.13	2.09	2.52	2.11	0.13	1.79		1236.16	23.14
灌木林	2.64	1.66	57.76	0.07	0.09	0.09		0.28	0.01	62.60	4.83
果园	2.30	22.86	0.42	37.14	0.08	0.19	0.07	0.60		63.66	26.52
草地	1.11	4.32	0.13	0.73	36.11	0.08		0.06		42.54	6.43
水域	15.52	4.55	0.22	0.20	0.25	41.60	2.66	1.73		66.73	25.13
季节性滩地	0.08	0.11		0.13		0.04	1.79			2.15	0.35
建设用地	141.48	16.43	3.59	4.84	2.57	3.57	0.15	110.35	0.16	283.14	172.78
未利用地			0.08			0.01			0.38	0.47	0.08
1980 年总量	731.84	1275.42	66.30	47.34	42.53	49.37	4.96	124.46	0.75		
减少量	176.50	62.36	8.53	10.20	6.42	7.77	3.17	14.13	0.39		

注：表中对角线部分的数据反映的是各类型土地利用面积保持不变的总量；非对角线的数据反映的则为一种土地利用类型转移到另一种土地利用类型的总面积，其中横向表示转入的量，纵向表示转出的量；新增与减少量的所在列与行的数据分别表示每种类型土地利用面积的净增加或净减少量。

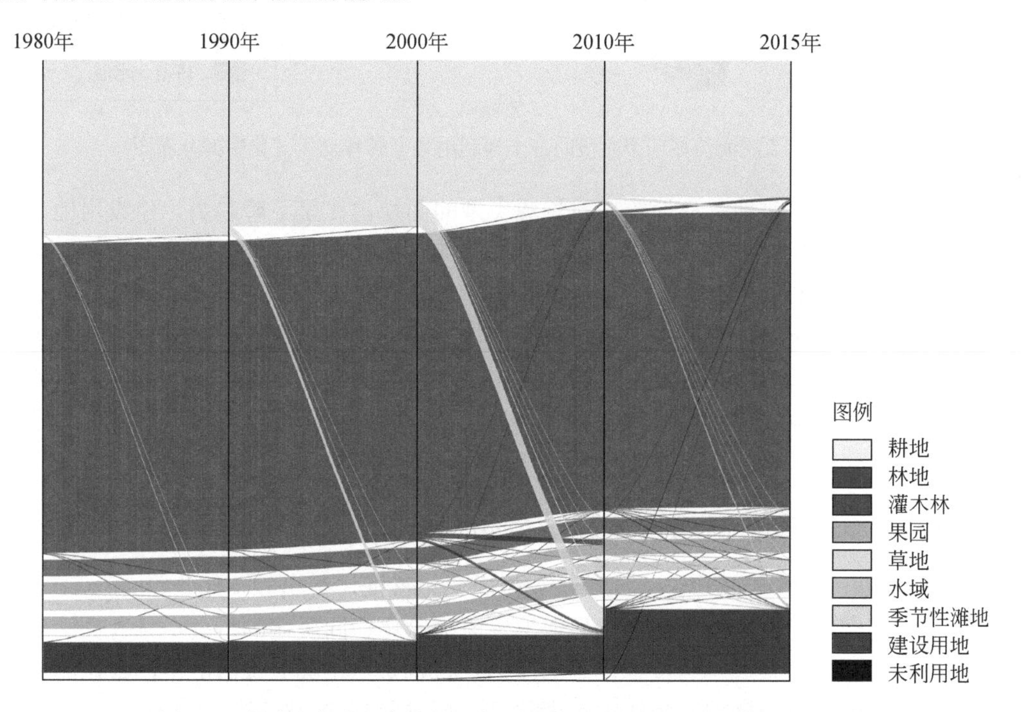

图 4-5　流溪河流域四个时段间各土地利用类型转移交换变化桑基图

图中不同颜色的线条表示各土地利用类型面积占比在不同时段间的相互转化，线条越宽则表示该土地利用类型转换成另一种土地利用类型的面积占比越多，反之则越少；线条间交错变化越复杂表示各土地利用类型间的转移交换越复杂

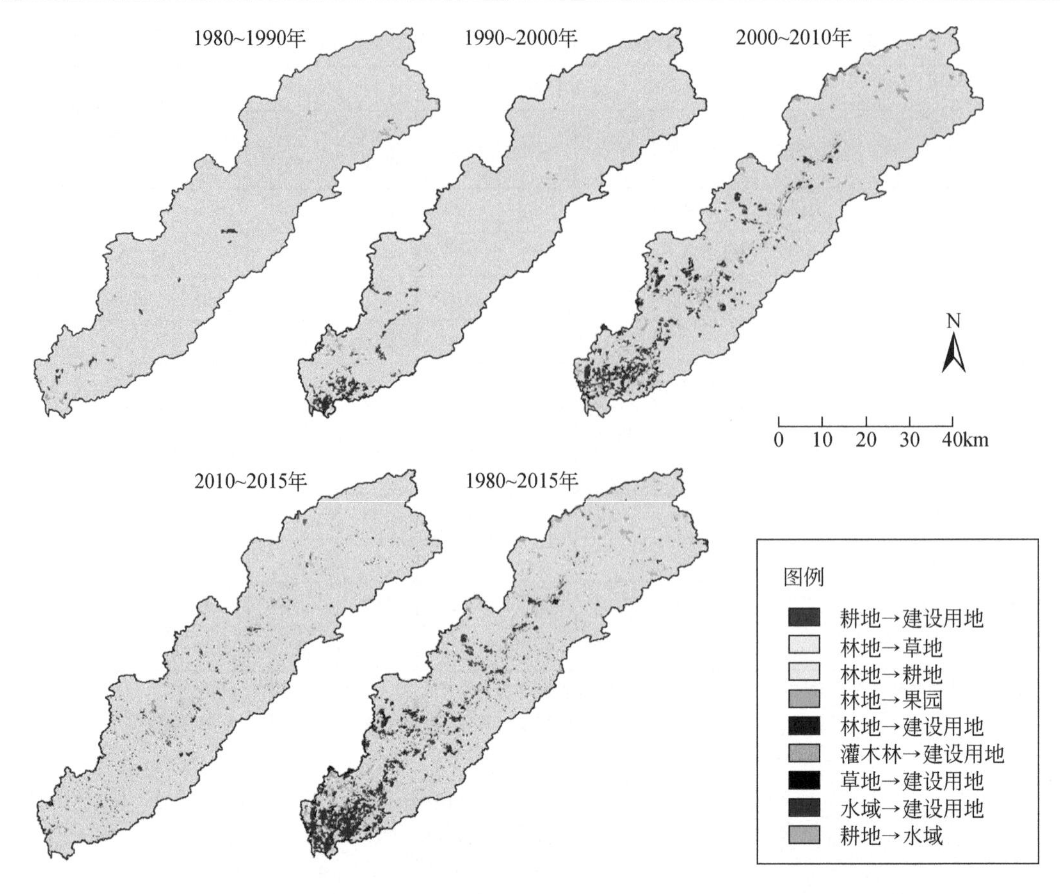

图 4-6　流溪河流域四个时段间各土地利用类型转移交换变化空间分布图

（3）研究期间内耕地、林地等自然景观类型的面积占比呈下降趋势，建设用地、果园等人工景观类型面积的占比则一直是呈上升趋势的，尤其是在 2000～2010 年间变化趋势最为突出。流域不同位置各景观类型的分布与占比变化也是不同的。上游区域以林地为主，且以林地占比逐渐下降，果园面积占比逐渐增加为特征；中、下游区域则以耕地为主，且以耕地面积占比逐渐下降，建设用地面积占比逐渐增大为特征。这些变化主要是由各景观类型间的转移交换变化引起的，且主要表现为中、下游地区耕地与林地大量转化为建设用地来满足城市化的扩张，尤其在 2000～2010 年间变化剧烈。

4.2.2　流域景观格局变化特征分析

对比 1980～2015 年间流溪河流域景观格局变化特征，得出如下结论。

（1）时间维度上，流域景观格局呈现出逐渐破碎化、同质化的特征，且人类活动的干扰程度也日益加剧，景观优势度也在不断减弱。特别是从 2000～2010 年，量化流域景观格局变化特征的各景观格局指数的大小变化几乎超过了其在 35 年间总变化的 50%，为流域景观格局剧烈变化的时期。如图 4-7 所示，流域的景观破碎化指数 PD 呈上升趋势，增加了 8.03%，而 AI 呈下降趋势，减少了 2.25%，这表明流域内景观破碎化程度不断加剧。干扰指数 AWMPFD 和优势指数 LPI 分别下降了 0.71%和 4.86%，表明流域内优势斑块的面积随人类活动干扰度的加大逐渐减少。多样性指数SHDI呈上升趋势，总体上升5.25%，且这一时期的景观类型总数没有变，表明流域内各景观类型的分布逐步均质化。

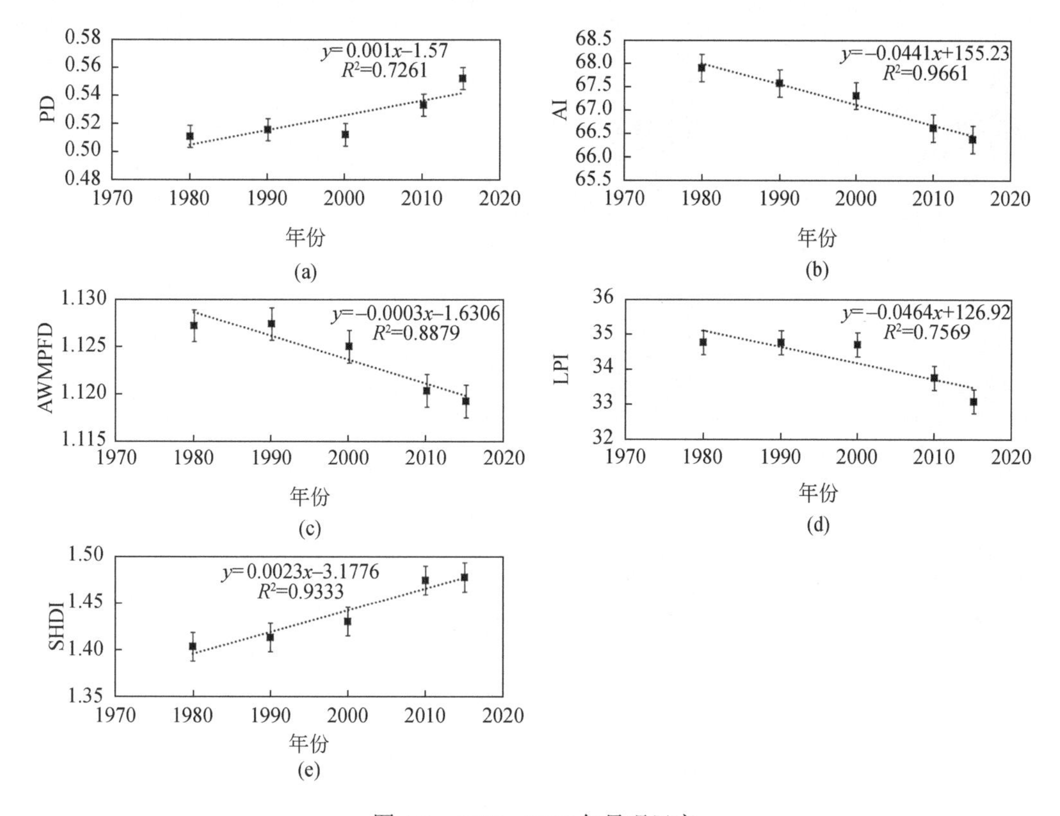

图4-7　1980～2015年景观尺度

（a）斑块密度（PD）；（b）聚集度指数（AI）；（c）面积加权斑块分维数（AWMPFD）；（d）最大斑块指数（LPI）；（e）香农-维纳指数（SHDI）

（2）空间维度上，流域景观格局的变化空间异质性突出。如图4-8所示，无论是在1980年还是2015年，流域上游地区的PD值与SHDI值整体上均较小，大部分区域分别位于0.80～1.60与0～0.67的区间内；而AI、AWMPFD、LPI值整体上则较大，大部分区域分别位于60～80、1.03～1.04、80～100的区间内。中、下游地区与之相反，大部分区域PD值位于1.60～4.00之间，AI值位于0～60之间，AWMPFD值位于1～1.03之间，LPI值位于20～80之间，SHDI值位于0.67～1.60之间。这表明流域中、下游地区相比于上游地区景观破碎化程度、干扰度与均质化程度均更强，景观优势度更低。另外，对比1980年与2015年全流域各景观格局指数大小的空间分布特征可以看出，其整体差异较小，大部分区域各景观指数大小所处区间范围几乎不变，以流域下游地区为代表的部分区域略有变动，表现为从上游至中、下游地区越加破碎化与均质化，干扰度越强，景观优势度越低的趋势。整体而言，流溪河流域景观格局的空间分布特征在同一时期内不同空间位置上差异较大，在不同时期间的同一空间位置上变化较小。

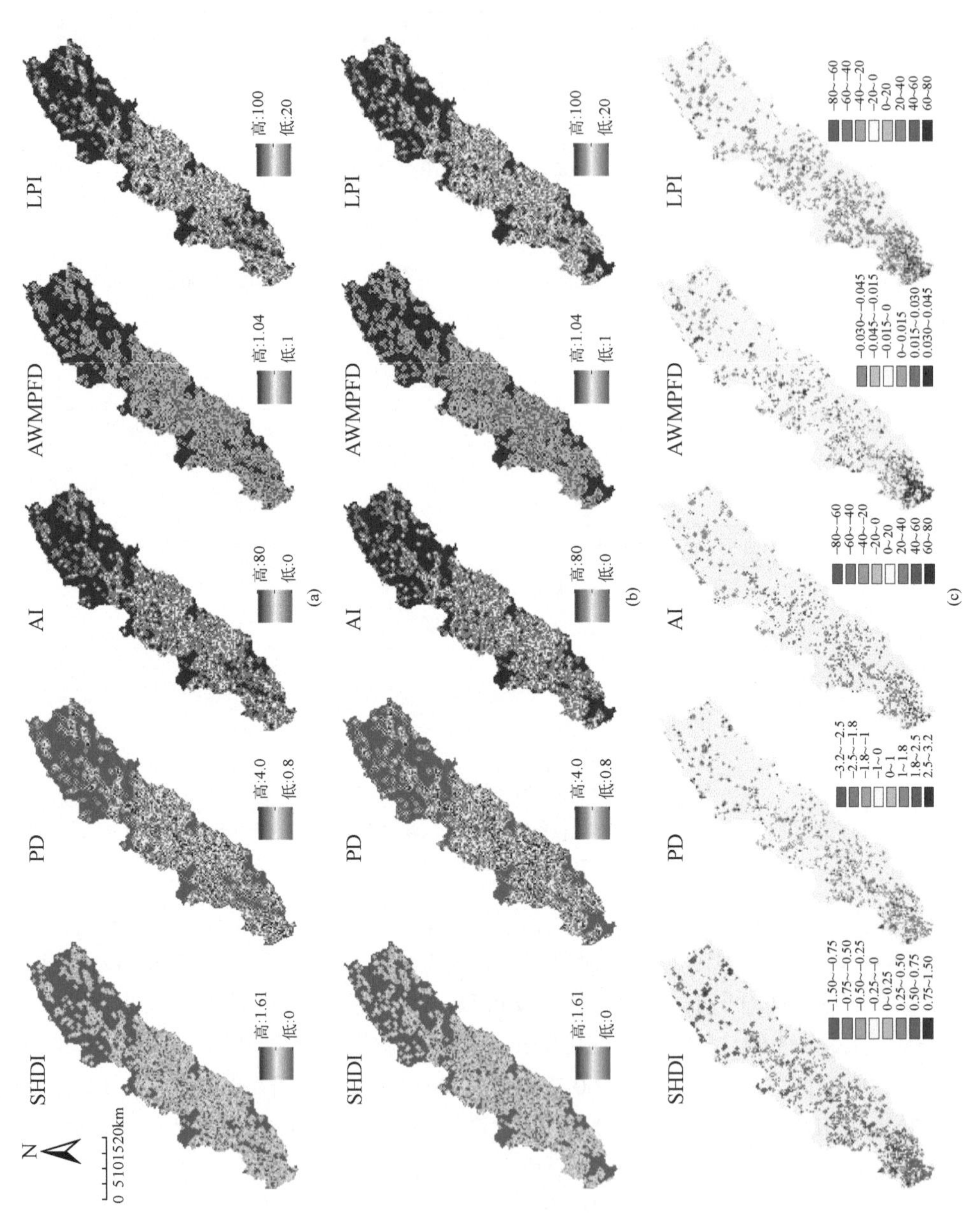

图4-8　流溪河流域景观格局指数空间分布特征

(a)1980年；(b)2015年；(c)2015年与1980年之间的差异

（3）分析景观格局类型变化水平，研究期间流域内耕地 PD 值增加了 42.26%，AI 值减少了 1.68%；林地 PD 值增加了 41.59%，AI 值减少了 0.21%；而其他景观类型的 PD 与 AI 值变化均较小，这表明流域内景观格局的逐渐破碎化主要是耕地与林地景观的不断破碎化引起。耕地与林地一直以来是流域内面积占比最大的优势景观类型，但它们的 LPI 值在 35 年间分别减少了 67.45%与 3.07%；原本占据流域总用地面积仅不到 10%的建设用地在这 35 年间增长了近两倍，其 LPI 值也不断增大，2015 年的 LPI 值约为 1980 年的 12 倍，成为流域内优势度仅次于耕地的景观类型。这说明流域内景观优势度的降低主要是因为耕地的优势度不断下降。另外，耕地的 AWMPFD 值也是所有景观类型中下降最为显著的，下降了 4.39%，其他景观类型 AWMPFD 值的变化均不足 1.00%，说明流域内人类活动干扰影响最为剧烈的主要是耕地。

在时间分布上，研究期间内流域景观格局整体呈现出逐渐破碎化与均质化的特征，以研究区的主导景观类型耕地和林地景观的不断破碎化与同质化为主，且两者的景观优势度也不断减弱，人类活动对耕地景观的干扰度不断增加，且在 2000～2010 年它们的变幅最大；在空间分布上，流域中、下游地区相比于上游地区景观破碎化程度、干扰度与均质化程度均更强，景观优势度更低，主要是耕地与林地受到越来越多的人类活动干扰且逐渐破碎化、最大斑块的面积也逐渐变小所致。

4.3　景观格局演变的驱动分析

4.3.1　方法与指标

4.3.1.1　影响因素构建

景观格局变化影响因素的选取通常需要根据研究区域的空间尺度、气候特征以及所处的地区的差异而定。鉴于本次研究时段较短，流域尺度较小，在时间维度只分析人口因子、经济因子、政策因素与城市化因子的作用；在空间维度，由于气候因素在小流域范围内作用较小，土壤因素常受到气候和地形因素的影响，仅在该维度增加了对自然因素中地形因子的分析。

在时间维度选取了总人口数量、非农业人口占比（PNAP）、地区生产总值、第一产业占比（PPI）、第二产业占比（PSI）、第三产业占比（PTI）、人均收入（APCI）、固定资产投资总额（IFA）作为主要影响因素，并且也考虑了流域内影响耕地转化为建设用地的相关城市规划与发展的政策因素。其中，总人口数量与非农业人口占比用以表征人口因子，地区生产总值、第一产业占比、第二产业占比、第三产业占比与人均收入用以表征经济因子。固定资产投资总额由于囊括了在研究时段内整个研究区所在行政辖区的社会建造和购置固定资产的费用，其占比最大的各企事业、行政单位的建设与房地产开发投资以及社会基础设施的投资均与城市化发展及建设紧密联系（释义来源：国家统计局网站的指标解释栏，https：//www.stats.gov.cn/tjsj/zbjs/［2022.7.28］）。相比于单独分析建筑投资总额或社会基础设施投资总额而言，该指标更加综合且包含了对已有建设项目的改造和扩建的投资，在较长的时间变化中能更好地反映国家层面对城市化发展的投入程度的变化。

空间维度不仅要分析人为因素的影响，而且还要分析自然因素的影响，选取人口密度（POP）、地区生产总值、夜间灯光空间分布指标（NLD）、土地利用强度（LUIN）、数字高程模型（DEM）与坡度（SLOPE）来分别表征人口、经济与城市化因素以及自然因素在空间维度的作用。人口密度的空间分布特征表征人口因子，地区生产总值的空间分布特征表征经济因子，夜间灯光空间分布与土地利用强度的空间分布特征则表征城市化因子。其中，夜间灯光空间分布指标作为空间维度城市化因子时主要反映的是交通道路、居民点等的空间分布特征[10]，可更加系统、形象地展现城市化建设在空间维度上的变化。土地利用强度（LUIN）指标则是由土地利用分级标准计算所得[11]，是为了描述不同等级的土地利用在不同空间位置上的分布对景观格局空间异质性的影响，也建立起土地利用的空间分布特征与景观格局的空间分布特征的直接关系。具体的影响因子如表 4-4 所述。

表 4-4　流溪河流域土地利用与景观格局时空变化的影响因子

<table>
<tr><th colspan="2">分类</th><th>时间维度</th><th>空间维度</th></tr>
<tr><td rowspan="4">人为因素</td><td>人口因子</td><td rowspan="2">总人口数量、非农业人口占比（PNAP）、地区生产总值、第一产业占比（PPI）、第二产业占比（PSI）、第三产业占比（PTI）、人均收入（APCI）</td><td>人口密度（POP）</td></tr>
<tr><td>经济因子</td><td>地区生产总值</td></tr>
<tr><td>城市化因子</td><td>固定资产投资总额（IFA）</td><td>夜间灯光空间分布指标（NLD）、土地利用强度（LUIN）</td></tr>
<tr><td>政策因素</td><td>城市规划与发展政策</td><td>无</td></tr>
<tr><td>自然因素</td><td>地形因子</td><td>无</td><td>数字高程模型（DEM）、坡度（SLOPE）</td></tr>
</table>

4.3.1.2　时空关联分析方法

土地利用类型的变化直接影响着景观格局的变化，且前者强调景观斑块类型间的转换变化，后者强调景观斑块的结构组成与空间配置特征的变化。本书在时间维度主要分析引起土地利用类型在不同时期间变化的影响因素，而在空间维度则主要分析引起流域景观空间异质性的影响因素。由于土地利用数据是多年间隔的而不是连续的，能获取到分析随时间变化的景观格局特征的样本数量较少，使得时间维度影响因素的分析无法采用常见的相关分析方法。已有的研究中，学者除了采用描述性定性分析的方法来表达影响因素对土地利用类型间变换或景观格局指数大小变化的影响外[12, 13]，更多的研究将土地利用类型间的变换特征转换到空间尺度，采用回归分析、主成分分析、logistic 回归分析等方法对不同位置上土地利用间的变换特征与对应的各影响因素大小进行定量分析，以解决时间维度样本数量不足的问题[14-16]；也有部分研究基于小样本数据直接进行定量分析，但始终缺乏统计学意义[17]。目前，已有学者将地理探测模型引入进行分析，不仅可以在空间纬度建立起各影响因素对景观格局的影响，还可以分析各影响因素间的交互作用机理[18]。

为此，本书在时间维度上，采取了对样本量多少、分布特征无要求的灰色关联分析法探讨各影响因素对土地利用类型变化的影响程度大小；在空间维度上，先通过双变量空间相关分析建立起景观格局特征与各影响因素间的空间相关关系，再运用地理探测器模型建立两者间的驱动机理，从而达到分别从时间与空间维度分析各影响因素对研究区土地利用与景观格局变化特征影响的目的。

1）灰色关联分析

灰色关联分析方法是由我国学者邓聚龙于 1982 年创立的，是基于灰色系统理论的定量与定性相结合的统计分析方法，它将影响事物发展趋势的各因素进行比较分析，通过分析其变化趋势的相似性来确立因子之间或对主体序列变化的贡献测度[19]。分析原理是根据事物或因素的序列曲线的相似程度来判断关联度，越相似则关联度越高，反之关联度越低。相比于传统的相关分析、回归分析、方差分析等统计方法对样本量及样本特征的严格要求，灰色关联分析法对样本量多少、数据相关类型无特殊要求，具备计算量小且结果与定性分析结果相吻合的多重优点[20]。该方法关联度计算的步骤包括以下几点[21]。

（1）建立原始数据序列，包括反映系统行为特征的参考数列和影响系统行为的比较数列，其中：

$X_0=\{x_0(1),x_0(2),\cdots,x_0(n)\}$ 为特征行为参考数列；

$X_i=\{x_i(1),x_i(2),\cdots,x_i(n)\}$，$i=1,2,\cdots,m$ 为影响系统行为的比较数列。

（2）原始数据初值化处理，通过无量纲化处理使得各序列中的数据便于比较，初值化计算公式为

$$X_i=\frac{X_i}{x_i(1)}=\left[x_i(1),x_i(2),\cdots,x_i(n)\right] \tag{4-2}$$

式中，i=0,1,2,$\cdots$,m。

（3）计算各子序列同母序列在同一时刻的绝对差，记 $\Delta_i(k)=\left|x_0(k)-x_i(k)\right|$，差序列为

$$\Delta_i=\left[\Delta_i(1),\Delta_i(2),\cdots,\Delta_i(n)\right] \tag{4-3}$$

（4）计算关联系数公式为

$$\gamma_{0i}(k)=\frac{\min\limits_i\min\limits_k\Delta_i(k)+\xi\max\limits_i\max\limits_k\Delta_i(k)}{\Delta_i(k)+\xi\max\limits_i\max\limits_k\Delta_i(k)} \tag{4-4}$$

式中，$\xi\in(0,1)$，称为分辨率系数，ξ 越小，分辨率越大，$\xi\leqslant0.5463$ 时，分辨力最好，常取值为 0.5。

（5）计算关联度，即求取各个时刻关联系数的平均值，作为特征行为序列和比较序列间关联程度的数量表示，计算公式如下：

$$\gamma_{0i}=\frac{1}{n}\sum_{k=1}^{n}\gamma_{0i}(k),\quad k=1,2,\cdots,n \tag{4-5}$$

（6）关联度排序，将计算出的各比较序列与行为序列间的关联系数的大小进行排序，关联系数越大的，表示行为序列与该比较序列更相似，即该比较序列对行为序列的影响更大。

2）双变量空间相关分析

双变量空间相关分析是基于莫兰指数（Moran's I）的二元空间分析方法，分为全局相关与局部相关两类，主要采用双变量全局 Moran's I 相关来确立两个变量间的空间自相关水平，即通过分析空间中两个变量在高值和低值方面的聚集特征来判断两者的空间相关性[22, 23]。其计算公式如下：

$$I_{xy}=\frac{n}{\sum_i\sum_j w_{ij}}\times\frac{\sum_i\sum_j w_{ij}(x_i-\overline{x})(y_j-\overline{y})}{\sqrt{\sum_i(x_i-\overline{x})^2}\sqrt{\sum_j(y_j-\overline{y})^2}} \tag{4-6}$$

式中，I_{xy} 为双变量 Moran's I 相关系数，$I_{xy}\in(-1,1)$，值越大则表明空间相关程度越大；x_i 为空间单元 i 对 x 的属性值；y_j 为空间单元 j 对 y 的属性值；$\overline{x}$ 和 $\overline{y}$ 分别为 x 与 y 的平均属性值；n 为研究区内空间单元的数量。

3）地理探测器模型

地理探测器模型是由王劲峰和徐成东[24]在 2010 年提出的，是一个基于空间异质性原理探测变量间的空间驱动关系的分析方法。已在土地利用、区域经济、环境遥感、生态与旅游等领域得到了广泛的应用，研究尺度与适用范围均较广。由因子探测、交互探测、风险探测、生态探测四个部分组成，擅长分析类型变量，对于连续变量则需要进行适当的离散化处理。因此，在研究连续变量时可先在 ArcGIS 软件中采用几何区间法（一种处理连续数据，突出数据中间值和极值的折中方法）对这些变量进行离散化处理[25]，为驱动机理的分析做准备。

该方法除了分析每个自变量对因变量的解释力度之外，还可以识别不同自变量之间交互作用对因变量的影响。首先假设自变量（X）对某个因变量（Y）有重要影响，则自变量（X）与因变量（Y）的空间分布具有相似性：①它测量并查找因变量（Y）的空间异质性；②根据因变量（Y）和自变量（X）之间空间分布的耦合性检验它们之间的关联性，并不假设线性；③考察各个解释变量（$X_1,X_2,\cdots,X_n$）与因变量（Y）之间的相互作用。每一步都可以通过 q 值（表示空间异质性系数）来度量，其计算公式如下：

$$q=1-\frac{1}{N\sigma^2}\sum_{i=1}^{L}N_i\sigma_i^2 \tag{4-7}$$

式中，N 和 σ^2 分别为研究区内全部单元数和因变量（Y）的方差；i 为因变量（Y）或因子（X）的分区（i=1,⋯,L）；N_i 和 σ_i^2 分别为层 i 的单元数和层 i 中因变量（Y）的方差。其中，$q\in(0,1)$，值越大则说明 Y 的空间分异性越明显。如果分区是由自变量 X 生成的，则 q 值越大，表示自变量 X 对属性 Y 的解释力越强，反之则越弱，即 q 值表示 X 解释了 $q\times100\%$ 的 Y。极端情况下，q=1，表明因子 X 完全控制了 Y 的空间分布；q=0，则表明因子 X 与 Y 没有任何关系。

4.3.2 景观格局演变驱动分析

4.3.2.1 时间关联分析

采用灰色关联分析法对流溪河流域在研究期间各土地利用类型随时间变化的人口、社会经济和城市化活动的影响因素展开了定量分析。如表 4-5 所示的计算结果表明，这八大影响因素均与各土地利用类型的变化存在关联性，其关联度均大于 0.55。关联程度最高的因素的关联度高达 0.90 以上，表明这些因素与流域内各种土地利用类型的变化是存在紧密联系的。其中，流域内总人口数量、非农业人口占比、第二产业占比、第三产业占比与各土地利用类型间变化的关联度最高，且其关联度大小至少可达 0.73 以上。这表明以上四个因素对所有的土地利用类型随时间变化的趋势影响是最大的，是流溪河流域内土地利用类型变化的主要影响因素，且这些因素均为人口与社会经济因素。在这四个因素中，第二产业占比与总人口数量对耕地和其他自然用地（包括林地、灌木林、草地、季节性滩地和未利用土地）的影响最为突出；而建设用地面积变化的影响因素中，非农业人口占比和第三产业占比的影响最为突出。其他的影响因素对不同土地利用类型的变化也至关重要，但与这四个主要影响因素相比，它们的影响程度均较小。

表 4-5　灰色关联分析结果

因变量	总人口数量		非农业人口占比		地区生产总值		第一产业占比		第二产业占比		第三产业占比		年人均收入		固定资产投资总额	
	关联度	排序	关联度	排序	关联度	排序	关联度	排序	关联度	排序	关联度	排序	关联度	排序	关联度	排序
耕地	0.89	2	0.79	3	0.60	7	0.71	5	0.92	1	0.73	4	0.63	6	0.57	8
林地	0.91	2	0.80	3	0.60	7	0.67	5	0.93	1	0.74	4	0.64	6	0.57	8
灌木林	0.90	2	0.80	3	0.60	7	0.68	5	0.93	1	0.74	4	0.64	6	0.57	8
果园	0.93	1	0.87	3	0.62	7	0.63	6	0.89	2	0.79	4	0.67	5	0.58	8
草地	0.91	2	0.81	3	0.60	7	0.67	5	0.92	1	0.74	4	0.63	6	0.56	8
水域	0.95	1	0.83	3	0.61	7	0.65	5	0.92	2	0.76	4	0.64	6	0.57	8
季节性滩地	0.84	1	0.77	2	0.60	6	0.76	3	0.84	1	0.73	4	0.64	5	0.57	7
建设用地	0.83	3	0.89	1	0.64	6	0.55	8	0.77	4	0.84	2	0.70	5	0.59	7
未利用地	0.87	2	0.80	3	0.61	7	0.74	5	0.91	1	0.75	4	0.65	6	0.58	8

图 4-9 中，1980～2015 年期间，流域内总人口数量增长了近两倍，且非农业人口占比的增长更为迅猛，增长了近 5 倍。这表明流域内人口因素的变化主要体现在城市人口的大幅增长上；不断增长的城市人口需要对应增加城市居住区、生活与娱乐等公共活动空间，这将持续刺激流域内建设用地需求的增长[26]。此外，流域内各地区生产总值整体上也大幅增长，2015 年已达 1980 年地区生产总值的近 260 倍，且在 2000 年后增长速度加快。其中，以第三产业占比的增长最为突出，它逐渐取代第一产业跃升成为流域内最重要的支柱型产业，这加速了流域内酒店、餐饮、休闲等基础配套建筑与服务设施需求的增长[17]，使得对流域内建设用地的需求不断加大；与之对应的，第一产业的主要用地类型——耕地则不断减少，逐渐被建设用地蚕食[27]。流域内人均收入与固定资产投资总额在 2000 年以后也大幅增加。不断增长的收入水平刺激了消费水平的提高，且流域内各企事业、国家单位的建设，房地产的开发投资与社会基础设施的新建和更新也是流域内经济发展与城市化建设的助推力[28]。在 4.1.2 节的分析中，与这些人为因素变化相对应的是流域内在研究期间不断增加的建设用地和不断被其蚕食的耕地及其他自然用地，这一趋势在 2000 年后尤为突出，也进一步说明了上述影响因素与各土地利用类型变化间的潜在联系。

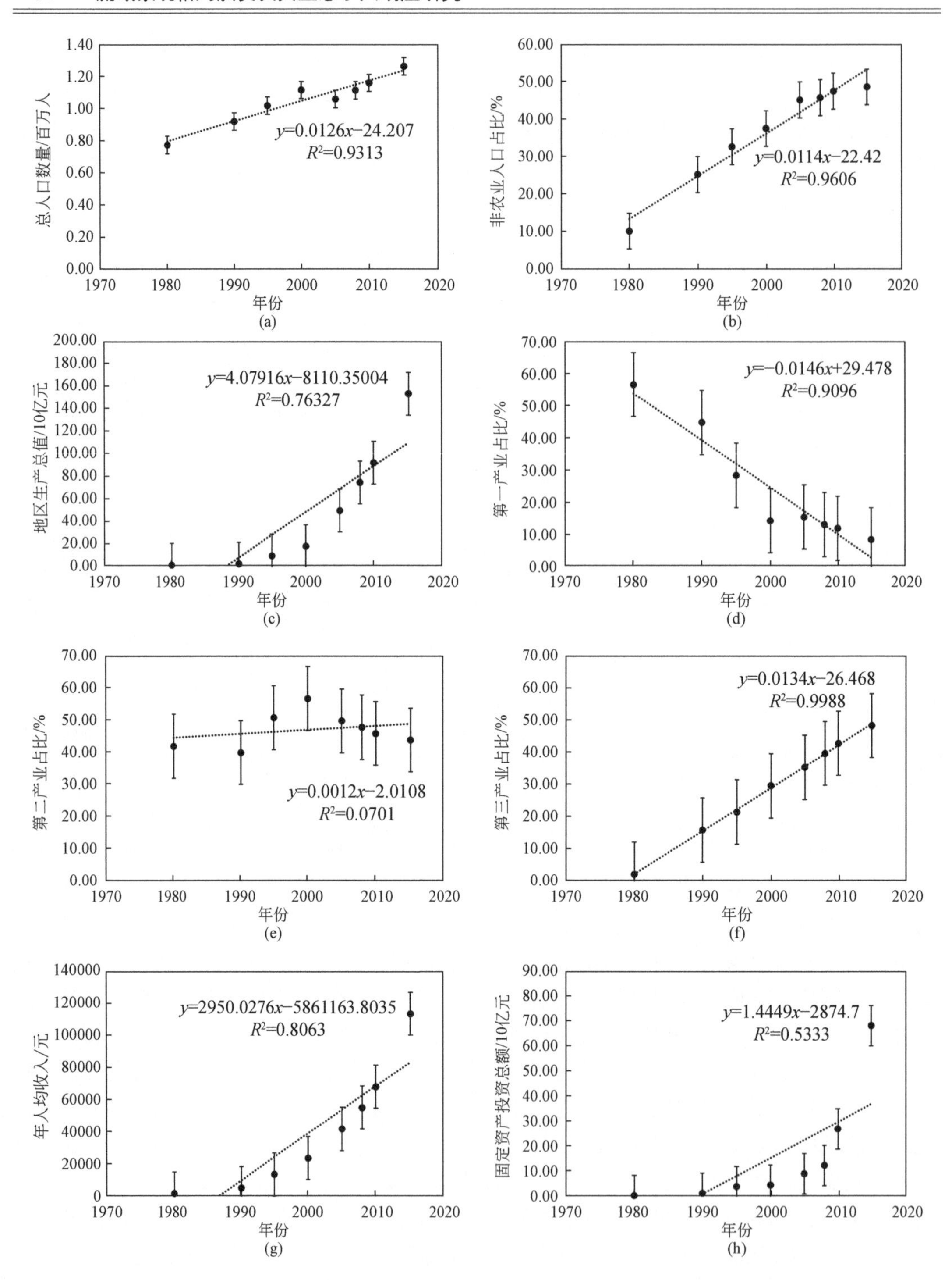

图 4-9 1980～2015 年流溪河流域八个人为影响因素随时间变化的散点图

本研究调查时期（1980～2015 年）恰恰处于我国改革开放政策（1978 年被提出）实施阶段，流溪河流域位于率先实行对外开放的广州市区范围内；有学者证实了该政策的实施是广州市经济发展和人口迁移的重要驱动力量[29, 30]。改革开放政策的实施也在一定程度上推动了 1980 年后广州市区内及周边郊区建设用地扩张，进一步影响了流溪河流域内土地利用类型间的转变。2000 年《广州市城市总体规划（2001～2010）》提出了广州北部郊区发展的战略，制定了在 2010 年前将广州市建设成为国际化大都市的发展目标，这也进一步加速了研究区内建设用地的不断扩张。4.1.2 节分析证实了 2000～2010 年为流域内各土地利用类型间变换最为突出的时段，且建设用地在此期间的增幅是最大的，超过 35 年总增幅的 50%；流域内所在行政辖区白云区、花都区、从化区、黄埔区在 2000 年后均依次被撤县改市纳入了广州市行政辖区的范畴，使得不同地区城市化速度存在差异，也可能是流域内土地利用类型的变化存在空间差异的原因之一。其中，流域下游属于白云区、花都区和黄埔区范围内，是研究区内耕地转化为建设用地比例最多的区域，超过中、上游（隶属从化区）区域的五倍，这表明流域内土地利用类型的变化与政策的实施较为同步。因此，除了人口的增长、社会经济水平的发展和城市化活动的影响，难以量化的政策因素也在某种程度上显著加剧并影响了流域内土地利用类型的变化。

对研究期间流溪河流域内土地利用类型变化的影响因素的分析表明，人口的增长、社会经济水平的提升、城市化活动的加剧是影响流域内土地利用类型间转换的重要因素，且城市规划与发展等相关政策实施的影响也不容忽视，大量已有类型的研究也论证了这一观点[31-34]；在这些因素中，人口增长与产业转型的作用最为关键，主要是因为人力资源与产业特色是社会经济发展的前提，也是城市发展的原动力[35, 36]。

4.3.2.2　空间关联分析

由 4.3.1 节分析可知，流溪河流域景观格局的空间异质性在 2000～2010 年间变化最明显。因此，在分析引起流域景观格局空间异质性的影响因素时，仅选取空间数据最为完整、景观格局变化最为突出的 2000 年与 2010 年为代表。首先，对各景观格局指标与各影响因素间展开双变量空间相关分析，以确立两者之间的空间相关关系，为后续影响因素的驱动机理分析奠定基础，具体如表 4-6 所示，各影响因素与各景观格局指数间均具有显著的空间相关关系。

表 4-6　2000 年与 2010 年流溪河流域景观格局指数与影响因素间双变量空间相关分析结果

Moran's I	PD		AI		AWMPFD		LPI		SHDI	
	2000 年	2010 年	2000 年	2010 年	2000 年	2010 年	2000 年	2010 年	2000 年	2010 年
DEM	−0.46	−0.39	0.38	0.32	0.51	0.42	0.46	0.39	−0.52	−0.44
SLOPE	−0.30	−0.26	0.25	0.21	0.22	0.28	0.30	0.26	−0.33	−0.29
地区生产总值	0.18	0.14	−0.14	−0.11	−0.21	−0.15	−0.18	−0.14	0.19	0.14
POP	0.15	0.11	−0.11	−0.08	−0.17	−0.12	−0.14	−0.11	0.15	0.11
NLD	0.30	0.23	−0.23	−0.19	−0.34	−0.25	−0.30	−0.23	0.33	0.26
LUIN	0.49	0.49	−0.40	−0.23	−0.53	−0.31	−0.49	−0.29	0.55	0.31

注：采用置换检验（permutation test）方法进行检验，P_{value}=0.001，说明在 99.9%置信度下变量间的空间相关性是显著的。

地形因子（DEM、SLOPE）与景观格局指数 PD、SHDI 呈空间负相关关系，与景观格局指数 AI、AWMPF、LPI 呈空间正相关关系，这表明在低海拔与低坡度区域，景观破碎化程度、景观干扰度和均质化程度较强，景观优势度较弱；而在高海拔与高坡度区域则相反。其他人为因素（地区生产总值、POP、NLD）与景观格局指数 PD、SHDI 呈空间正相关关系，与景观格局指数 AI、AWMPF、LPI 呈空间负相关关系，这表明经济发达、城市化程度高的地区景观破碎化程度、干扰度与均质化程度均较强，景观优势度较低。此外，LUIN 反映了流域内土地利用的城市化程度，它与景观格局指数 PD、SHDI 呈空间正相关关系，与景观格局指数 AI、AWMPF、LPI 呈空间负相关关系，这表明土地利用强度高的地区，景观破碎化程度、干扰度与均质化程度均较强，景观优势度较低。

本章运用了地理探测器模型进一步分析了各影响因素对景观格局指数空间分布特征差异的解释程度以及影响因素间的交互作用关系。如图 4-10 所示，DEM 数据大小的分布对各景观指数的空间分布差异的解释力度在 2000 年与 2010 年均是最大的，其 q_{value} 平均值为 0.28 与 0.23；其次依次为地区生产总值、POP、NLD、LUIN、SLOPE，这说明 DEM 的空间分布是引起流域内景观格局空间异质性的关键影响因素，社会经济水平、人口因素与城市化活动也起着重要的作用。

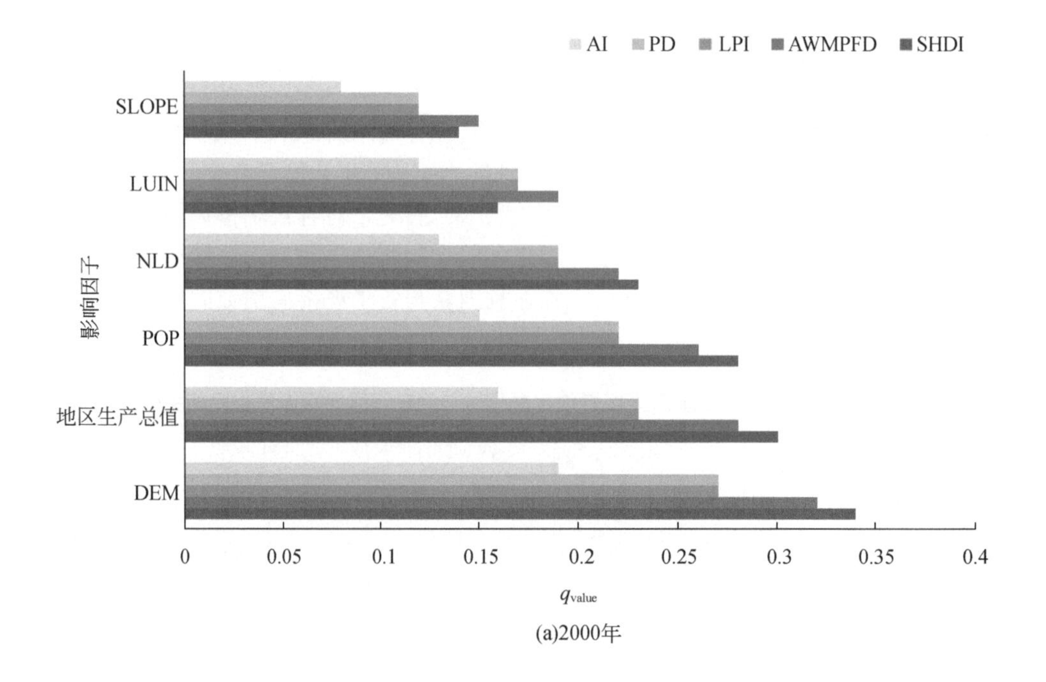

(a)2000年

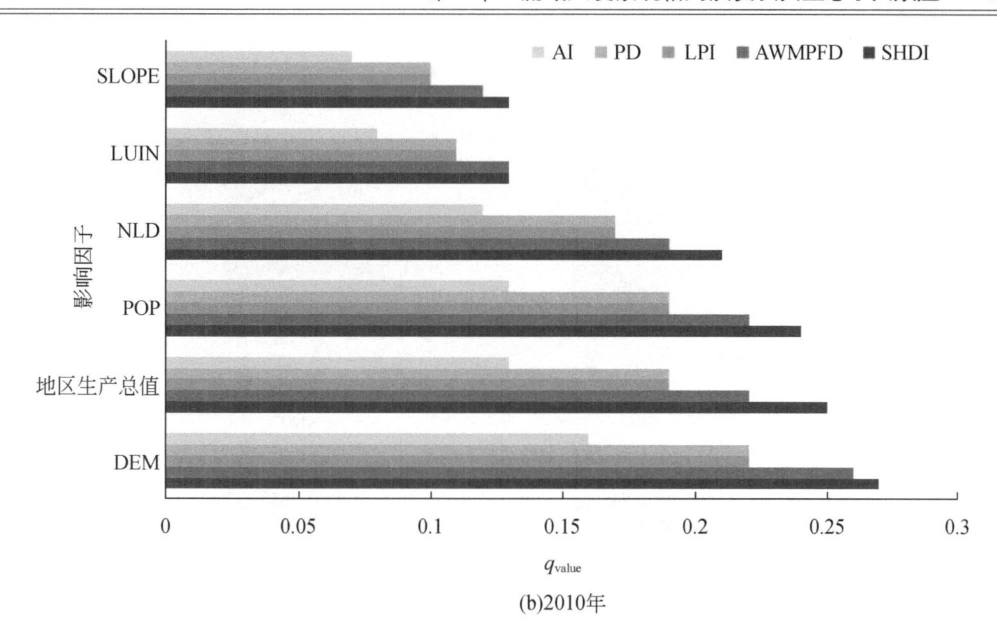

(b)2010年

图 4-10　流溪河流域 2000 年与 2010 年影响因素与景观格局指数间解释程度（q_{value}）大小分布

对各影响因素间交互作用于景观格局指数的分析结果表明（图 4-11），任意两个影响因子间的交互作用比单因子作用大，这意味着景观格局空间异质性的形成是各影响因素相互作用的结果。在 2000 年里，DEM 数据大小的分布与 LUIN 的分布间的交互作用最强，且 LUIN 与其他影响因子间的交互作用几乎强于这些因子间的交互作用，即 LUIN∩地区生产总值≥LUIN∩NLD＞LUIN∩POP，这表明 DEM 和 LUIN 的空间分布的差异相较于其他影响因素而言，是导致 2000 年景观格局具有空间异质性的最主要原因。2010 年，DEM 与 POP、地区生产总值、NLD 间的相互作用被加强，DEM 与 LUIN 的相互作用不再是所有因素两两交互影响流域景观格局空间异质性特征形成的最主要原因，这表明在 2010 年地形要素和其他影响因素的空间分布差异均是导致其景观格局异质性特征形成的关键因素。DEM 数据一直是流域景观格局空间异质性特征形成最主要且直接的影响因素。这主要是受在中国南方地区山区较多，且人类活动很难突破自然条件的限制[37, 38]。如图 4-12 所示，本研究区所在的流溪河流域从上游至下游地形起伏差异较大。流域上游高海拔、陡坡度的地区难开发，不适合城市建设与开发，从而使得该区域受人类活动干扰的影响较小，景观破碎化程度与均质化程度均较低，景观优势度较高，这表明地形因素不仅直接决定着流域的景观格局的形成，而且还是流域内人类进行各类活动的先决条件。与此同时，时间维度的分析论证了流域范围内人口增长、社会经济水平的提升和城市化活动在 2000 年后更为剧烈。与之相对应的，这些影响因素在空间维度也于 2000 年之后给景观格局空间异质性带来的影响越来越大（图 4-12）。

地形因子、城市化因子、社会经济水平与人口因子均为引起流溪河流域景观格局空间异质性的重要因素，且 DEM 与 LUIN 大小空间特征差异的交互作用的影响力度在 2000 年最为突出，随着人口密度的增长、社会经济和城市化水平的提升，DEM 与除了 LUIN 以外的其他人类活动因素的交互作用的影响力度在逐渐加强。

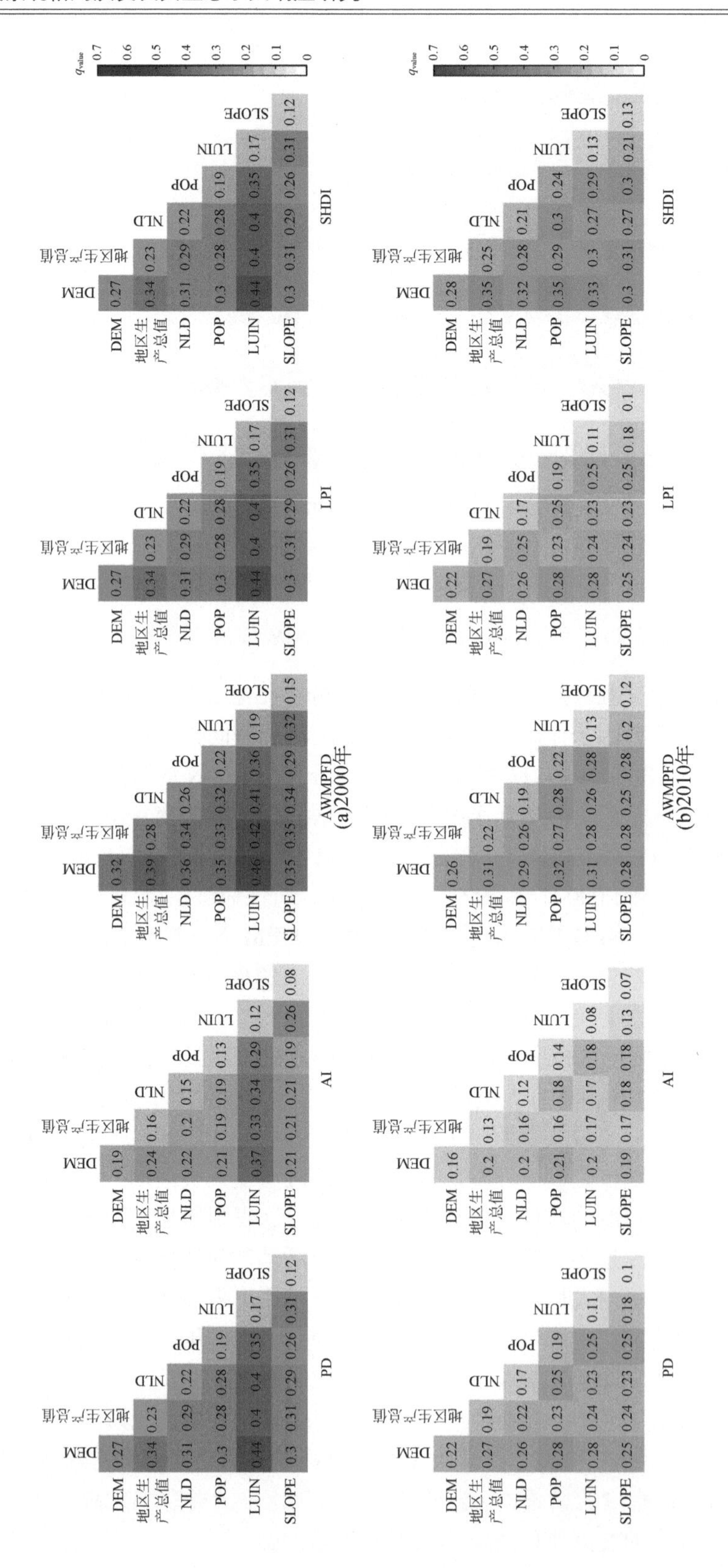

图4-11　流溪河流域2000年与2010年任意两个因素与景观格局指数间q_{value}大小分布

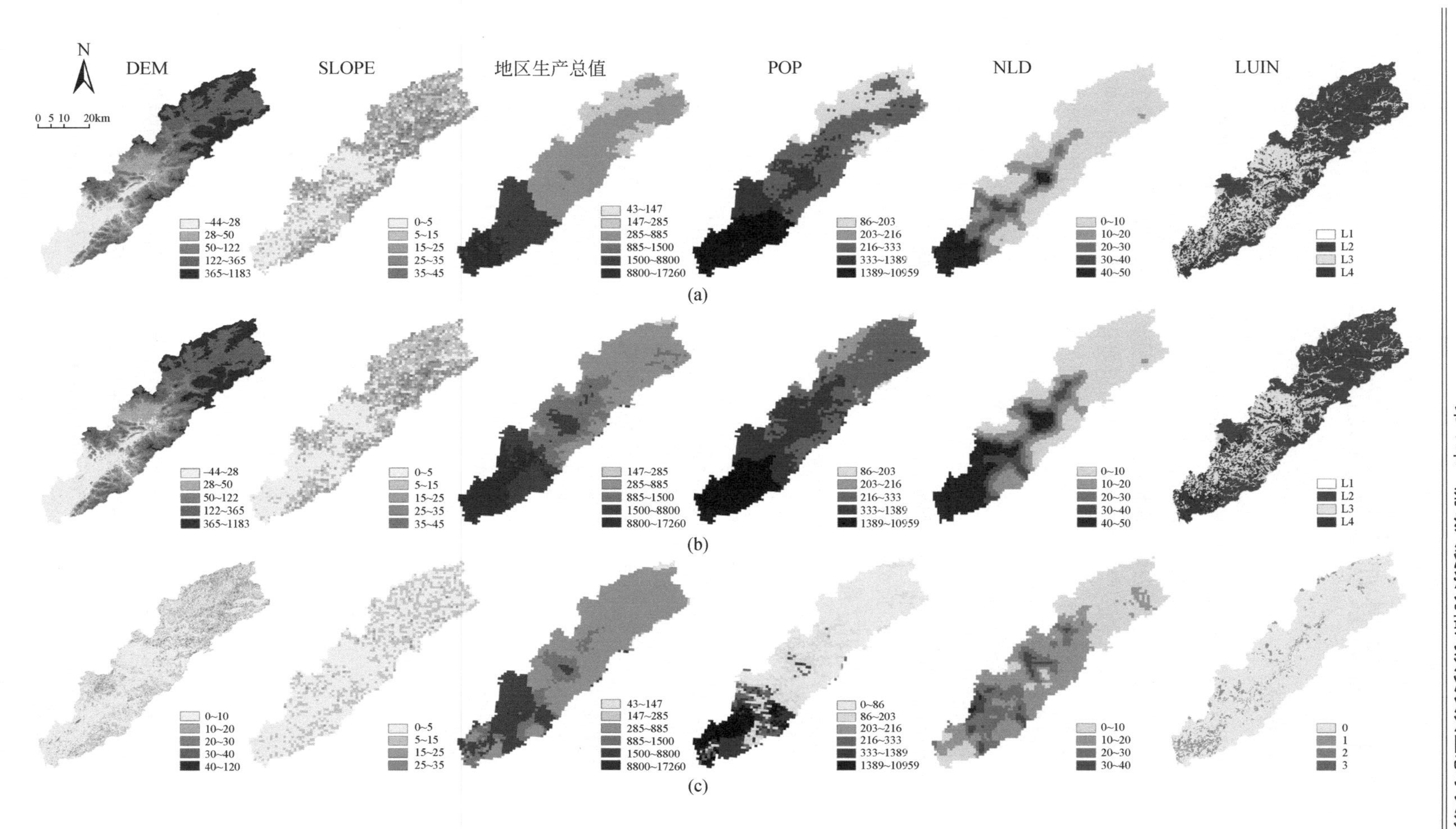

图4-12　流溪河流域影响因素空间分布特征

(a)2000年; (b)2010年; (c)2010~2000年差异

4.4　流域景观格局演变的生态水文效应

4.4.1　研究方法

国内外学者在研究流域多尺度景观格局特征对水质的影响时，逐渐从采用常规的线性统计分析方法[39]，扩展到应用非线性统计分析方法、地理加权空间相关分析方法，甚至包括基于自然水文过程的数值模型模拟分析方法（如 HSPF 模型、SWAT 模型等）上，从而进行更为系统深入的机理研究[40]。在研究土地利用变化带来的水文影响时，所采取的方法也逐渐由区域或者小流域的实验和观察、实证模型的验证、实测长时间序列数据的分析，发展到运用物理模型模拟不同尺度下土地利用等景观与自然条件的时空差异引起的水文过程的变化[41]。本章基于前人的研究经验，选取了 SWAT 模型对流域在不同景观情景下水文与水质多年变化过程进行数值模拟。一方面，更为系统全面地解析了流域整体水文与水质变化对景观格局特征变化的动态响应；另一方面，也有效解决了本书中水文与水质历史实测数据资料不足的问题。此外，关于该模型的相关应用不仅在国内外较为广泛[42]，更是在本研究区内也已经展开了应用研究[43]。

4.4.1.1　SWAT 模型的介绍

SWAT 模型是 Dr.Jeff Arnold 为美国农业部开发的一个流域尺度分布式水文模型，通过输入天气、土壤性质、地形、土地利用和农业管理措施等的土地管理的详细信息来模拟水、泥沙、营养物循环等流域内的物理过程，从而反映出不同气候条件、土壤、土地利用方式等管理措施对流域水文、泥沙、水质污染物浓度等的影响，实现对复杂流域地表和地下水水质与水量的长期连续模拟[44, 45]。具有操作方便、计算有效、可量化各输入条件变化带来的影响及在缺少数据地区可有效应用的显著优点。模型模拟的流域水文过程分为水文循环的陆地阶段和水文循环的河道演算阶段（图 4-13）。陆地阶段主要控制进入河道的水、泥沙、营养物和化学物质等的输入量，河道演算阶段主要决定水、泥沙等物质在河道中运动至流域出水口的过程[46]。

整个水分循环系统遵循水量平衡规律，其公式如下：

$$\mathrm{SW}_t=\mathrm{SW}_0+\sum_{i=1}^{t}(R_{\mathrm{day}}-Q_{\mathrm{surf}}-E_{\mathrm{a}}-W_{\mathrm{seep}}-Q_{\mathrm{gw}}) \tag{4-8}$$

式中，SW_t 为土壤最终含水量，mm；SW_0 为第 i 天的土壤初始含水量，mm；t 为时间，d；R_{day} 为第 i 天的降水量，mm；Q_{surf} 为第 i 天的地表径流量，mm；E_{a} 为第 i 天的蒸散发量，mm；W_{seep} 为第 i 天从土壤剖面进入包气带的水量，mm；Q_{gw} 为第 i 天回归流的水量，mm。

它是一种基于 GIS 基础之上免费且开源的模型[47]，其更为详细的理论与操作指南可参见美国农业部和得克萨斯州农业试验站出版的 *ARCSWAT INTERFACE FOR SWAT 2012*、*Soil and Water Assessment Tool Theoretical Documentation Version 2009* 和《SWAT 2009 输入输出文件手册》等书中的介绍。

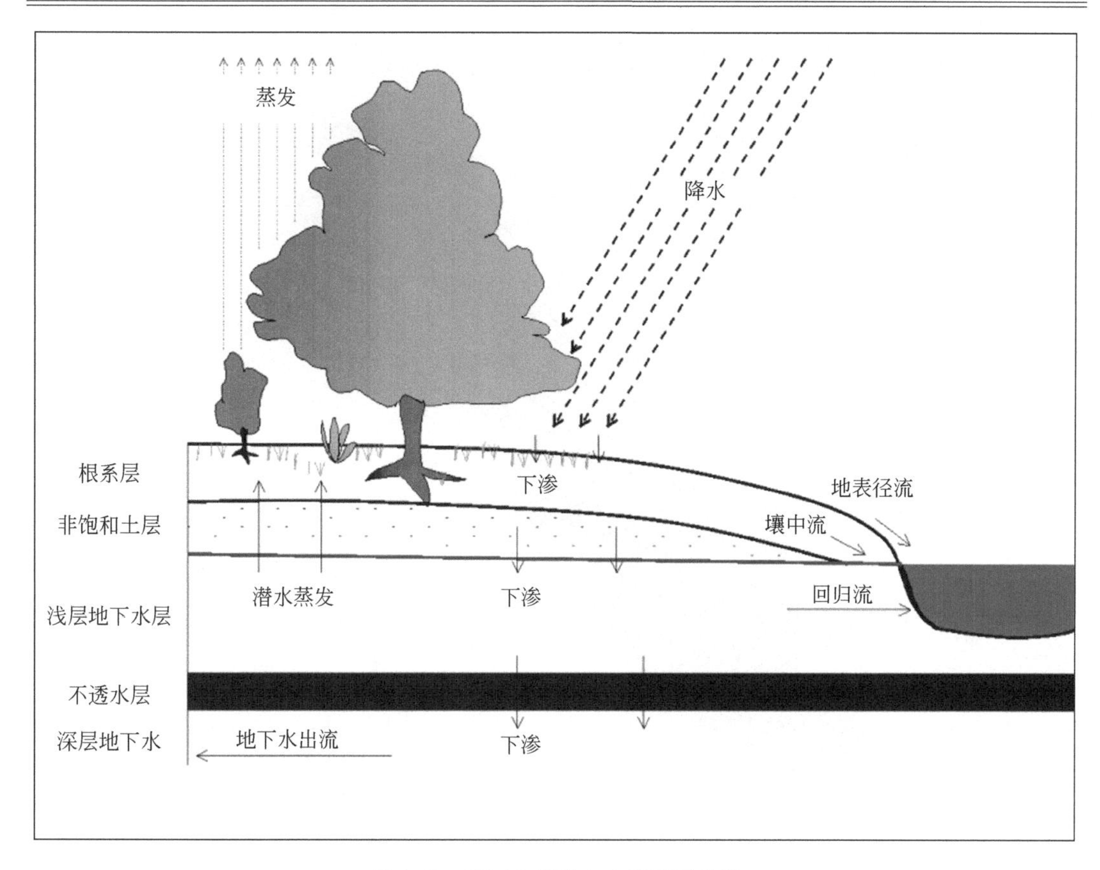

图 4-13　SWAT 模型水文循环示意图

资料来源：*Soil and Water Assessment Tool Theoretical Documentation Version 2009* 手册

4.4.1.2　数据库的整理与预处理

SWAT 模型所需的输入数据包括空间数据（DEM 数据、土地利用类型数据、土壤类型数据、点源污染位置数据等）与属性数据（土地利用属性数据、气象数据库、土壤属性数据、农业管理数据、非点源污染负荷数据等）两部分，需在模型运行前进行收集统计与预处理，形成完整的数据库。本书所采用的基础数据与进行的预处理如下所述。

1）DEM 数据

DEM 数据在 SWAT 中可用于提取坡度、坡向、坡长等地形因子以及水文河网数据，它是生成水系、划定流域边界与子流域的基础。采用空间分辨率为 30m×30m 的 DEM 数据，结合流域实际地图数据进行校正。数据提取如图 4-14 所示。

2）土地利用类型数据

土地利用类型数据反映了流域范围内人类活动对流域内下垫面的改造程度，不同的土地利用类型具有不同的径流系数，在 SWAT 模型中直接影响着地表径流过程中植被的截流与蒸散发、地表的下渗、产流与产沙等，也是影响非点源污染迁移和转化的一个重要因素[48]。

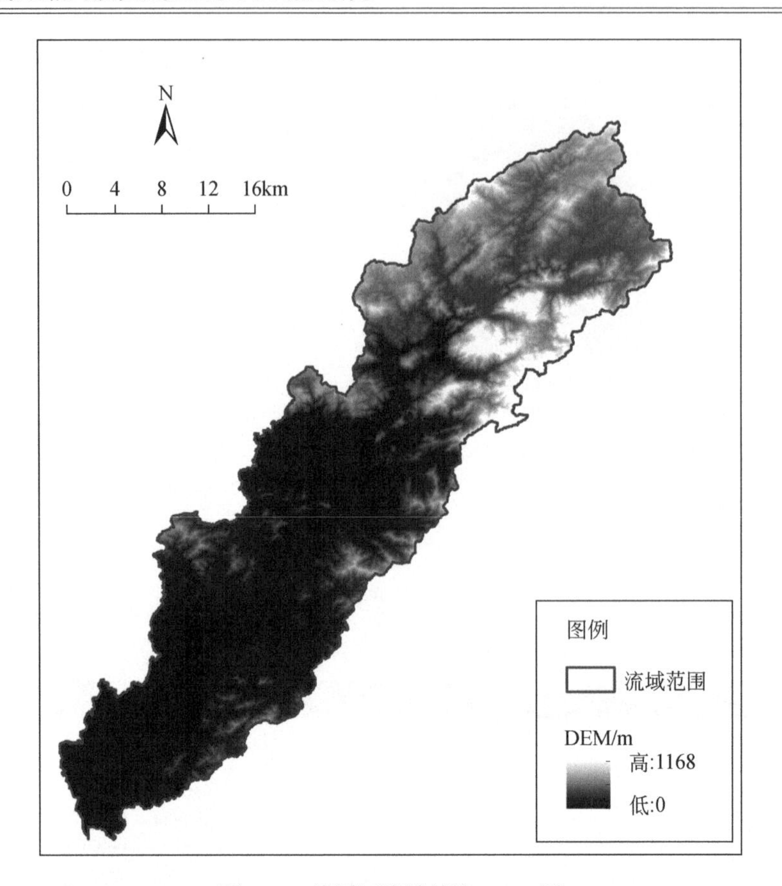

图 4-14　流溪河流域填洼 DEM 图

本书中，对各期源土地利用数据进行重分类。考虑到各土地利用类型在 SWAT 模型中的源汇特点，与分析土地利用类型的变化不同，此处将各土地利用类型划分为耕地（AGRL）、林地（FRST）、园地（ORCD）、草地（PAST）、水域（WATR）、裸地（BARR）、工业用地（UIDU）、城市用地（URHD）、农村居民点（URLD）9 大类，具体如表 4-7 和图 4-15 所示。表 4-7 进一步反映了流域内各土地利用类型的占比。其中，林地与耕地两者占比高达流域总面积的 80.46%，耕地面积为 574.40km²，仅次于林地；占比较大的土地利用类型为城市用地，约占流域总面积的近 6.00%；其他土地利用类型面积占比则不足 14.00%。

表 4-7　流溪河土地利用类型分布特征（2015 年）

编号	代码	中文名	面积/km²	占比/%
1	AGRL	耕地	574.40	24.97
2	BARR	裸地	0.45	0.02
3	FRST	林地	1276.22	55.49
4	ORCD	园地	62.43	2.71
5	PAST	草地	41.44	1.80

续表

编号	代码	中文名	面积/km²	占比/%
6	UIDU	工业用地	73.18	3.18
7	URHD	城市用地	136.10	5.92
8	URLD	农村居民点	68.24	2.97
9	WATR	水域	67.53	2.94

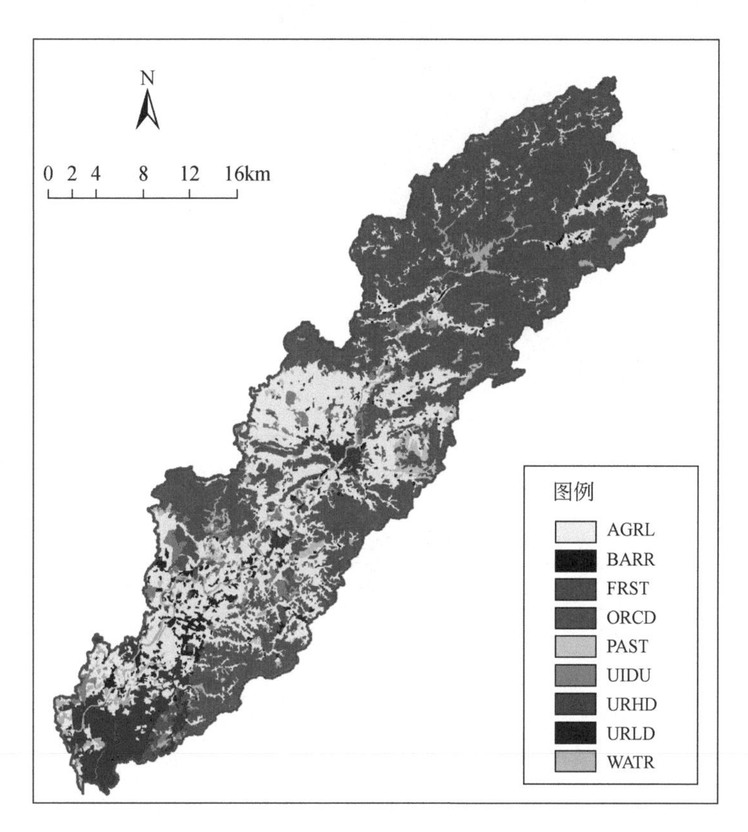

图4-15　流溪河流域土地利用分类图（2015年）

3）土壤类型数据与土壤属性数据

土壤空间数据来源于世界土壤数据库（HWSD），采用FAO-90分级制进行土壤类型的划分，得到流溪河流域土壤类型分布（图4-16）以及土壤类型分类（表4-8）。土壤属性数据决定着土壤剖面中空气和水分的运动，且控制着土壤中各种化学物质的起始浓度，影响模拟过程中的水文和物质循环[49]。该数据通过查询HWSD表格结合美国华盛顿州立大学开发的土壤水特性SPAW软件可以获取。根据土壤空间数据与属性数据建立土壤类型索引表作为SWAT模型中土壤特征的输入数据。

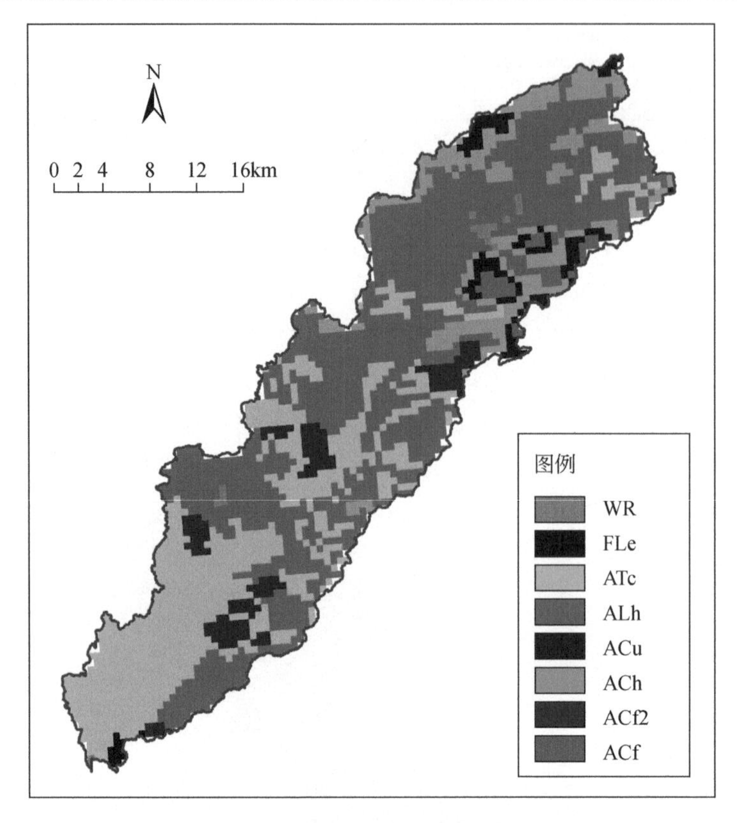

图 4-16　流溪河流域土壤类型分布图

表 4-8　流溪河流域土壤类型分类

编号	代码	土壤类型	面积/km²	占比/%
1	ACf	低活性强酸土	1152.81	50.12
2	ACf2	低活性强酸土	120.30	5.23
3	ACh	低活性强酸土	233.10	10.13
4	ACu	低活性强酸土	78.51	3.41
5	ALh	高活性强酸土	26.37	1.15
6	ATc	人为土	666.40	28.97
7	FLe	冲积土	8.28	0.36
8	WR	水体	14.23	0.62

4）点源污染位置数据

通过对流溪河流域污染情况调查，其点源污染物主要来自各村镇排污口的污水与企业排放的废水。在本书中，以流域内村镇行政划分为单元，确立每一个村镇排污口的位置，制定点源位置表（表 4-9），在 SWAT 模型子流域划分的空间数据输入时作为入口添加（图 4-17），并在完成子流域划分后将计算出的各排污口处污染物负荷输入点源数据库。污染物以氮、磷要素为代表，这两个要素相关的污染物浓度最高。

表 4-9　SWAT 模型点源位置定义表

字段名	字段格式	说明
XPr	浮点型	投影坐标中 *X* 坐标（m）
YPr	浮点型	投影坐标中 *Y* 坐标（m）
LAT	浮点型	纬度（dd）
LONG	浮点型	经度（dd）
TYPE	字符串型	“D”代表点源，“I”代表排水系统入口

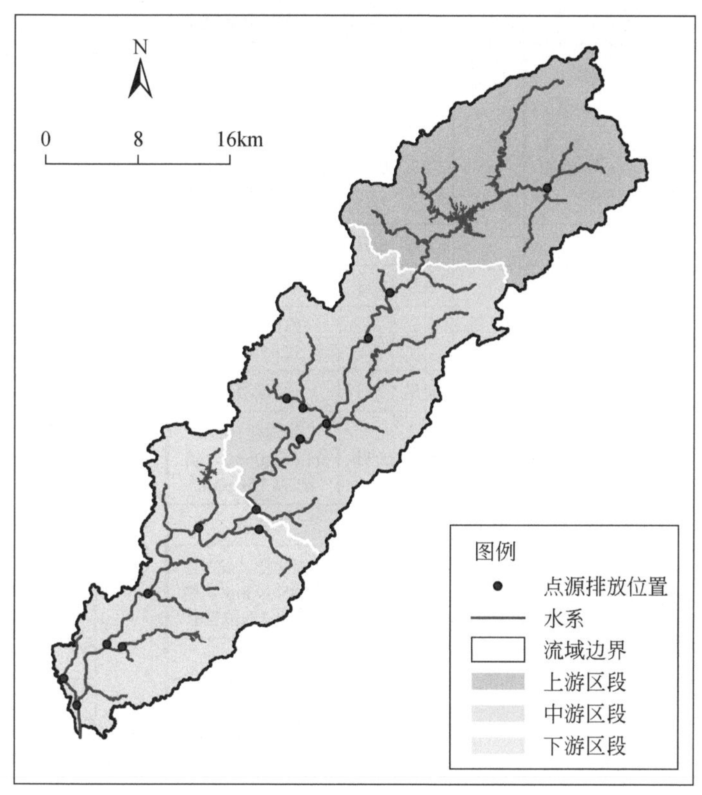

图 4-17　SWAT 模型输入数据分布图

5）气象数据库

气象数据是模型运行的驱动因素之一，也是决定流域内水文循环的关键要素，主要包括降雨、温度、风速、相对湿度、太阳辐射、露点温度六项数据。本节中主要采用来自广州站和增城站（图 4-17）的实测气象数据序列，运用北京师范大学数字流域实验室提供的 SWAT weather 软件计算输入 SWAT 模型中天气发生器所需的气象数据参数。对于本节中未获取的太阳辐射与露点温度数据则直接运用天气发生器补足。

6）农业管理数据

为了简化建模过程，在本节中只采用了农业管理模块对耕地进行了管理措施的设置，添加了作物类型、耕种方式、灌溉与施肥等操作，其他土地利用类型则使用模型界面的缺省设置。通过对研究区农业生产情况与作物类型、耕作与管理方式的资料收集与整理，发现流溪河流域主要的农产品为水稻、花生、蔬菜、花卉、荔枝和龙眼等，可划分为粮食、蔬菜、果树、花卉四大类。其中，水稻的种植占比最大，为了简化输入设置，仅选取水稻的种植模式作为耕地的农业管理数据输入。考虑到该区域水稻的种植为“薯-稻-稻”的三季轮作种植模式[50]，选择了早稻、晚稻、马铃薯的施肥、耕作、灌溉等生产管理模式作为输入数据。水稻一般在播种前 5～10 天内，施用基肥为耕地提前提供养分，且采用灌溉-施肥同步的方式。马铃薯施肥方式采用一次性施足基肥的方式，播种后不再追肥[51]，具体如表 4-10 所示。

表 4-10　流溪河流域作物耕作模式

作物类型	时间	农业措施	作物类型	时间	农业措施	作物类型	时间	农业措施
早稻	2 月 10 日	施基肥：氮肥 81.00kg/hm^2，磷肥 130.50kg/hm^2	晚稻	7 月 20 日	施基肥：氮肥 264.75kg/hm^2，磷肥 146.25kg/hm^2	马铃薯	11 月 20 日	施基肥：氮肥 469.00kg/hm^2，磷肥 363.00kg/hm^2
	2 月 10 日	灌溉		7 月 20 日	灌溉		11 月 20 日	灌溉
	2 月 20 日	种植		7 月 31 日	种植		11 月 28 日	播种
	3 月 20 日	追肥：氮肥 88.05kg/hm^2		8 月 17 日	追肥：氮肥 52.95kg/hm^2		12 月 15 日	灌溉
	3 月 20 日	灌溉		8 月 17 日	灌溉		1 月 15 日	灌溉
	4 月 25 日	灌溉		8 月 25 日	二次追肥：氮肥 112.5kg/hm^2，磷肥 78.75kg/hm^2		2 月 1 日	收获
	5 月 25 日	灌溉		8 月 25 日	灌溉		—	—
	6 月 20 日	二次追肥：氮肥 60.00kg/ hm^2		9 月 25 日	施尾肥：氮肥 38.85kg/ hm^2，磷肥 41.85kg/ hm^2		—	—
	6 月 20 日	灌溉		9 月 25 日	灌溉		—	—
	7 月 10 日	收割		10 月 20 日	灌溉		—	—
	—	—		11 月 10 日	收割		—	—

本章已将工业和生活污染物作为点源污染输入模型中，非点源污染源则包括农业面源污染与畜禽养殖污染，由于畜禽养殖所产生的污染主要为畜禽的排泄物，一般以肥料的形式还田，因此将畜禽养殖污染物以肥料的形式添加到农业管理数据库中，作为 SWAT 模型中的非点源污染负荷输入数据。具体输入数据参考已有研究中对流域内畜禽养殖中污染物排放的负荷计算结果［养殖场污染物废水中氮的含量为 1.78kg/（hm^2 • a），磷的含量为 0.18kg/（hm^2 • a）］[52]，通过连续施肥操作的方式输入模型中。

4.4.1.3　模型的构建与运行

SWAT 模型构建流程如图 4-18 所示。在完成前期空间数据的预处理和属性数据库的构建后，开始进行子流域与水文响应单元的划分。考虑到对流域径流和营养物质的模拟，以及人工添加的点源污染物位置的空间数据，最终将流溪河流域划分为 77 个子流域（图 4-19）；水文响应单元的划分采取对最小水文响应单元土地利用类型面积、土壤类型面积和坡度的阈值设置来实现，分别设置为 10%、15%和 10%，最终分割出来 636 个水文响应单元。并在此过程中将准备好的空间数据与属性数据输入 SWAT 模型中，从而完成 SWAT 模型的构建工作。

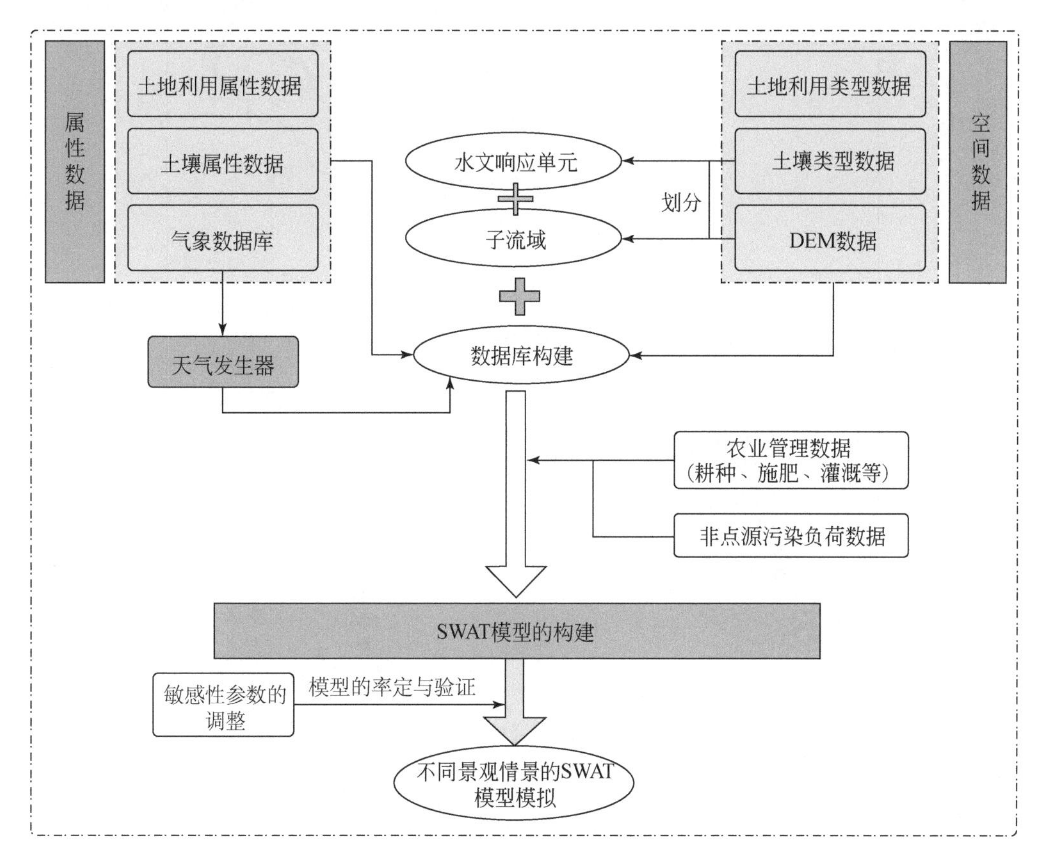

图 4-18　SWAT 模型构建流程图

在完成模型构建工作后，结合收集到的实测水文（大坳站 2013～2017 年月径流量数据）、水质数据（太平场、李溪坝、白海面、河口站的 2015～2020 年月氨氮与总磷含量数据），采用交叉验证法[53]将其划分为不同时段的数据组；并对各组水文与水质数据序列进行率定与验证，进一步确立各组参数在丰、枯水期的率定与验证效果，挑选效果最佳的数据组所采用的参数作为分析该流域的最终参数。其中，参数的初步选取参考《SWAT 模型校准指南》中推荐的常用参数及研究区相关研究中常用的各类参数[43,49,54-56]。在 SWAT-CUP 软件中对所选的参数进行敏感性分析，确立敏感性参数并进行调整以分别确立水文与水质率定效果最佳时的参数值。参数的敏感性分析采用全局敏感性分析方法，率定与验证后模型的可靠性则通过决定性系数 R^2和 Nash 效率系数 E_{NS} 这两个指标来进行检验。最后，将检验后的参数输入 SWAT 模型中，在保持各参数不变的情况下，分别对 1980 年与 2015 年景观情景下流域的水文与水质的变化进行长时间的模拟以作为流域景观格局特征变化下水文与水质响应变化分析的基础依据。

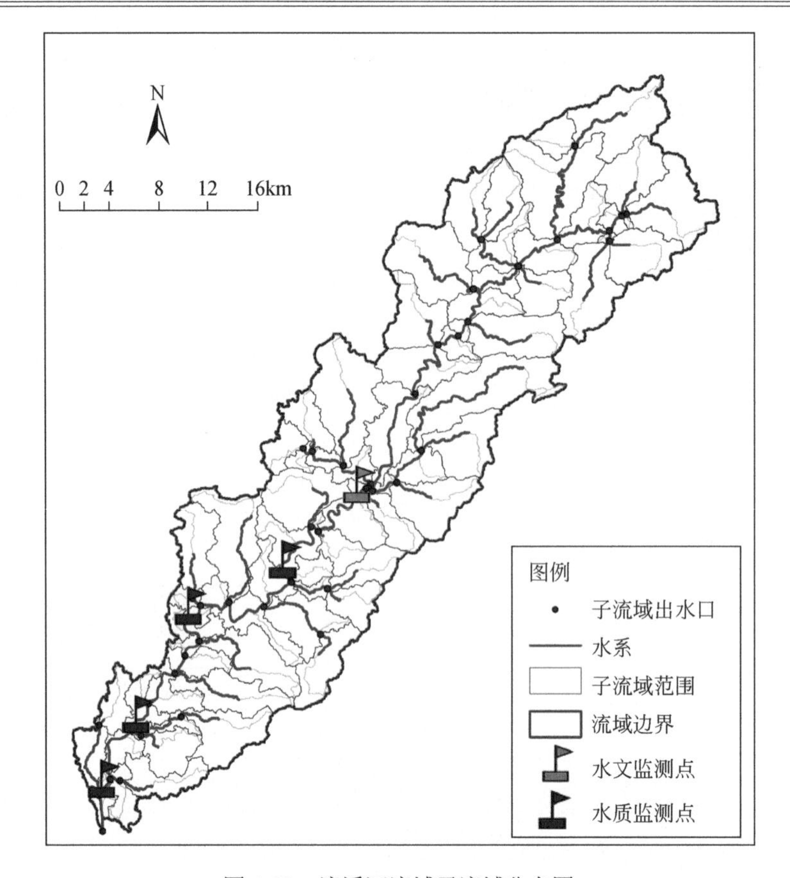

图 4-19　流溪河流域子流域分布图

4.4.2　结果分析

1）率定与验证结果

表 4-11、表 4-12 分别为以径流和水质参数为输出量进行的敏感性分析结果，包括径流模拟参数 12 个，氨氮含量模拟参数 10 个，总磷含量模拟参数 8 个。图 4-20～图 4-22 依次为研究区内月均径流量、月均氨氮含量和月均总磷含量的率定期与验证期的模拟结果。其率定期与验证期内的 R^2和 E_{NS} 系数值在整体上均大于 0.6，表明模拟的结果基本达到要求且可信赖。

表 4-11　流溪河流域径流参数敏感性分析结果

参数名称	参数意义	单位	敏感性分析			调参方式	参数调整范围		最佳值
			敏感性排序	t_{stat}	p_{value}		最小值	最大值	
ALPHA_BF	基流 α 系数	d	1	−4.41	0.00	v	0.00	1.00	0.07
SOL_K（1）	饱和水力传导系数	mm/h	2	1.40	0.17	r	0.00	2000.00	0.66
CH_K2	河道有效水力传导系数	mm/h	3	−1.08	0.29	v	−0.01	500.00	4.74
CH_N2	主河道曼宁系数	na	4	−1.05	0.30	v	−0.01	0.30	0.11
GW_REVAP	地下水再蒸发系数	na	5	0.97	0.34	v	0.02	0.20	0.20

续表

参数名称	参数意义	单位	敏感性分析			调参方式	参数调整范围		最佳值
			敏感性排序	t_{stat}	p_{value}		最小值	最大值	
GW_DELAY	地下水滞后系数	d	6	0.89	0.38	v	0.00	500.00	36.64
SOL_AWC（1）	土壤可利用水量	mm/mm	7	0.72	0.48	r	0.00	1.00	0.21
CN2	SCS 径流曲线系数	na	8	−0.42	0.68	r	35.00	98.00	35.00
SOL_BD（1）	表层土壤湿容重	g/cm^3	9	−0.33	0.75	r	0.90	2.50	0.97
ESCO	土壤蒸发补偿系数	na	10	−0.32	0.75	v	0.00	1.00	0.06
GW_REVAP	地下水再蒸发系数	na	11	0.20	0.84	v	0.02	0.20	0.20
GWQMN	浅层地下水径流系数	mm	12	−0.01	0.99	v	0.00	5000	31.57

注：na 表示无单位；为了保证参数在空间分布抽样的均匀性，表中调参方式为设置参数迭代的形式。其中 r 迭代表示在对参数进行加 1 计算后与默认参数相乘，v 迭代表示参数直接在取值范围内抽样替换默认参数。

表 4-12　流溪河流域水质参数敏感性分析结果

指标类型	参数名称	参数意义	单位	敏感性分析			调参方式	参数调整范围		最佳值
				敏感性排序	t_{stat}	p_{value}		最小值	最大值	
氨氮含量	SOL_AWC（1）	土壤可利用水量	mm/mm	1	−10.44	0.00	v	0.00	1.00	0.24
	NPERCO	硝酸盐的渗流系数	na	2	−4.84	0.00	v	0.00	1.00	0.52
	CANMX	最大冠层蓄水量	mm	3	3.61	0.00	v	0.00	100.00	92.78
	ERORGN	有机氮富集比	na	4	3.30	0.00	r	0.00	5.00	1.31
	SOL_ORGN（1）	土壤中有机氮浓度	mg/kg	5	2.20	0.03	v	0.00	100.00	9.59
	CMN	人类矿化有机氮	na	6	−0.48	0.63	v	0.001	0.003	0.001
	N_UPDIS	氮吸收分布参数	na	7	−0.43	0.66	v	0.00	100.00	59.68
	USLE_P	水土保持措施因子	na	8	0.27	0.78	v	0.00	1.00	0.27
	CH_N1	主河道曼宁系数	na	9	−0.23	0.82	v	0.01	30.00	0.89
	BC3	从有机氮到氨基的水解速率常数	d^{-1}	10	−0.21	0.84	r	0.20	0.40	0.16
总磷含量	CANMX	最大冠层蓄水量	mm	1	2.29	0.02	v	0.00	100.00	66.45
	SOL_Z	土壤深度	mm	2	2.25	0.02	r	0.00	3500.00	66.45
	CH_N1	主河道曼宁系数	na	3	1.75	0.08	v	0.01	30.00	0.71
	SOL_ORGP	土壤中有机磷浓度	mg/kg	4	−1.57	0.12	v	0.00	100.00	97.75
	PHOSKD	土壤磷的分配系数	na	5	−1.09	0.28	v	100.00	200.00	196.13
	PERCOP	磷的渗流系数	na	6	1.09	0.28	v	0.00	1.00	0.50
	SPEXP	泥沙输移指数参数	na	7	0.88	0.38	r	1.00	1.50	1.43
	PSP	磷的可利用指数	na	8	0.88	0.38	v	0.01	0.70	0.60

注：na 表示无单位；为了保证参数在空间分布抽样的均匀性，表中调参方式为设置参数迭代的形式。其中 r 迭代表示在对参数进行加 1 计算后与默认参数相乘，v 迭代表示参数直接在取值范围内抽样替换默认参数。

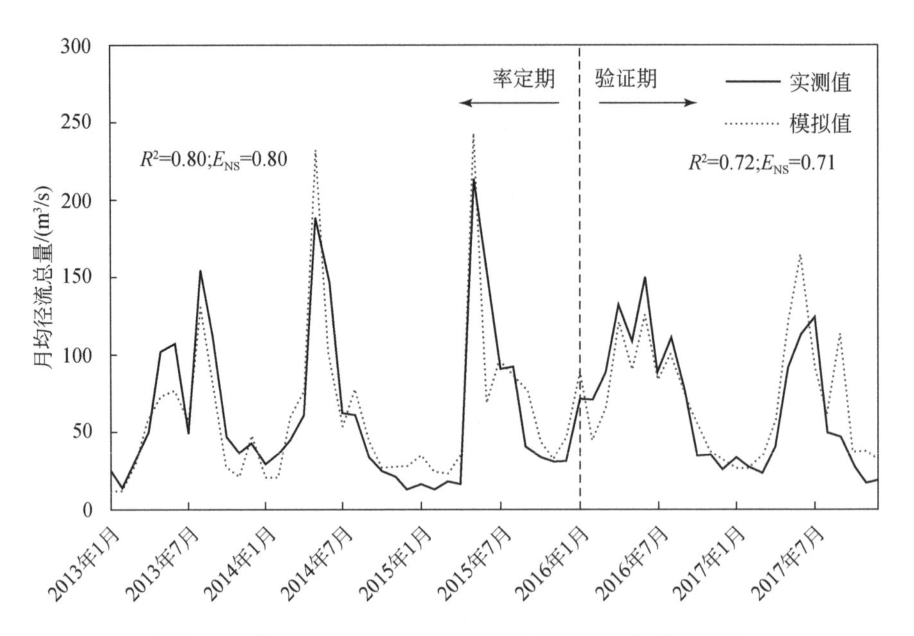

图 4-20　流溪河流域月均径流量率定期与验证期模拟结果

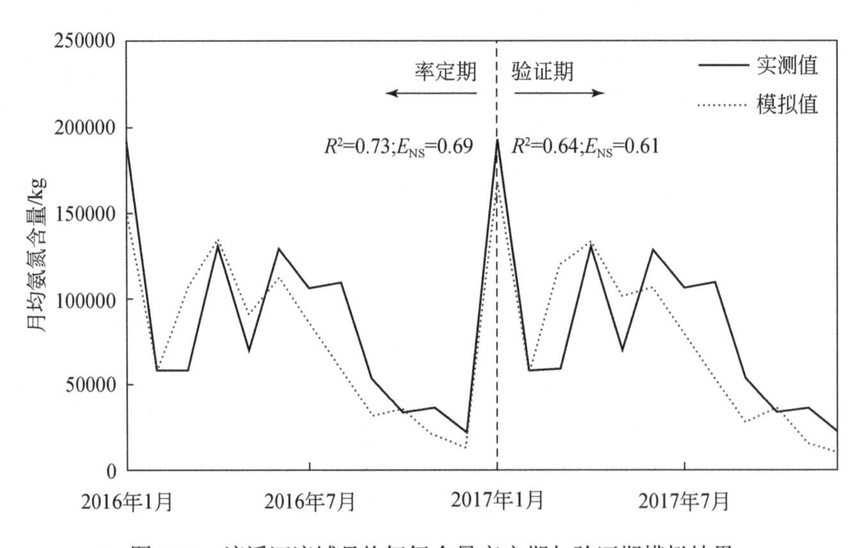

图 4-21　流溪河流域月均氨氮含量率定期与验证期模拟结果

本章采取的交叉验证法在一定程度上提高了校准效果，但较长数据序列的缺乏依然影响着模拟结果整体的精确度。部分位置的拟合度与整体拟合度相比有差距，可能是研究区河道内梯级电站较多，模型无法高度还原梯级电站建设对其径流过程带来的影响所致。总体而言，模拟结果的整体趋势与效果均能达到模拟精度的要求，可作为水文与水质条件动态演变特征模拟的基础。

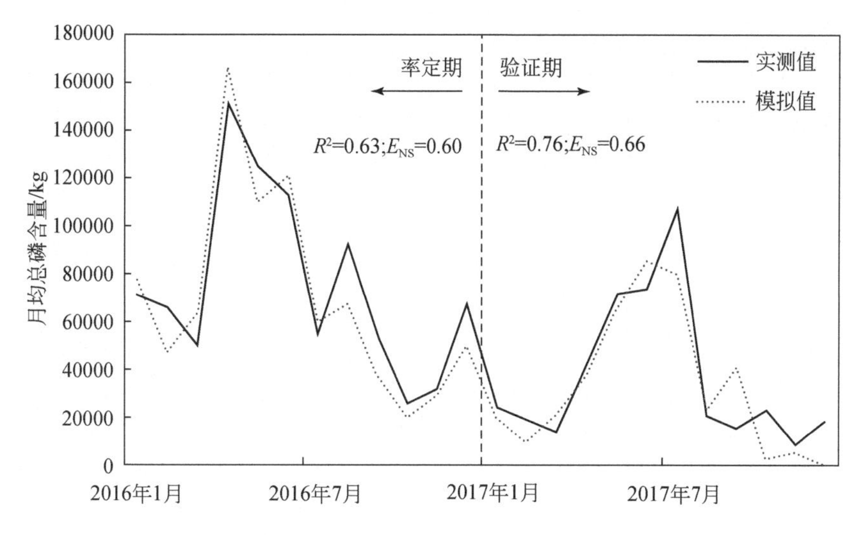

图 4-22　流溪河流域月均总磷含量率定期与验证期模拟结果

2）模拟结果分析

在上述所构建的水文模型中，重点模拟了 1980～2015 年不同景观情景下月均径流、月均氨氮含量以及月均总磷含量（图4-23）；分别计算了不同景观情景下流域上、中、下游出口子流域月均径流量、月均氨氮含量与月均总磷含量的均值、最大值与最小值波动量的变化，作为分析不同景观情景带来的流域水文与水质条件时空响应变化的基础指标。

不同景观情景与不同空间区域的子流域中，流域内月均径流量均呈整体增加的趋势，且以 2015 年景观情景以及流域下游区域子流域的增幅更大为特征（表 4-13）。随着景观情景的改变，2015 年景观情景中流域下游区域月均径流量在 1980～2015 年间的变化率高达 21.20%，约为 1980 年景观情景中月均径流量变化率的 3 倍，也比同样景观情景下上游区域所在子流域的月均径流量高出 1.91%；不同景观情境下 35 年间月均径流量的波动大小在上游与中游区域呈现出 2015 年景观情景中波动较 1980 年景观情景中更大，在下游区域波动更小的特征。这说明，流溪河流域内不同景观情景的变化对月均径流量的影响在时间维度上表现为均值与最大值和最小值差值均增加的特点，在空间维度则表现为这一时间维度上的变化从上游至下游逐渐变得更为突出。

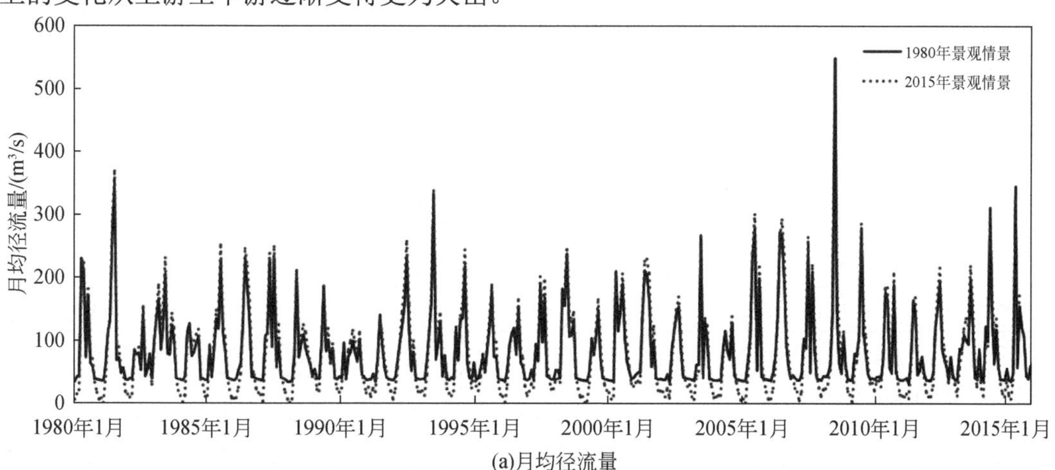

(a)月均径流量

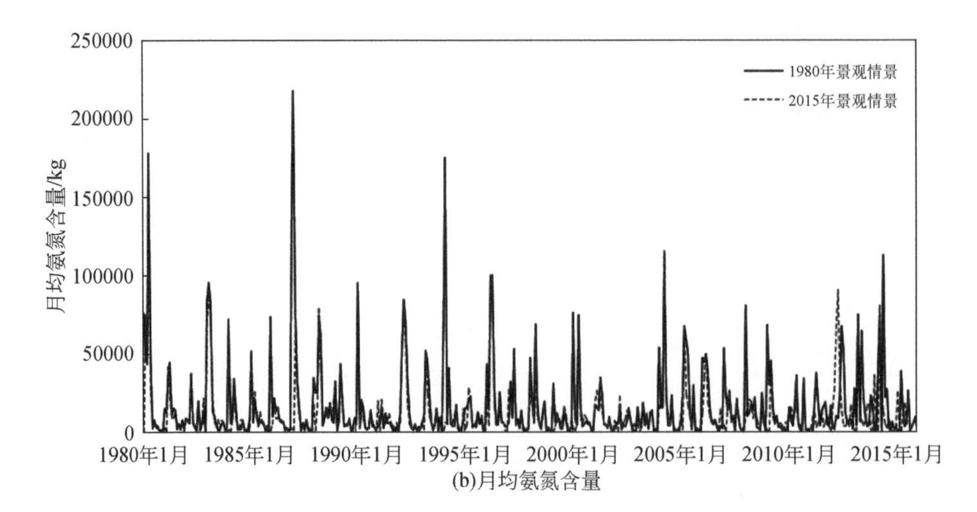

(b)月均氨氮含量

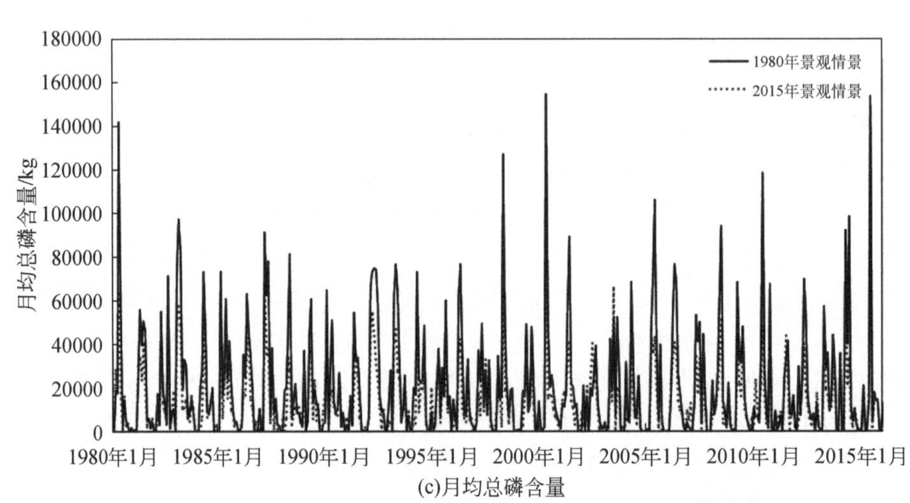

(c)月均总磷含量

图 4-23　流溪河流域 1980～2015 年间不同景观情景下月均径流量、月均氨氮含量与月均总磷模拟结果图

表 4-13　不同景观情景下流域上、中、下游各子流域内月均径流量变化特征

景观情景	子流域位置	月均径流量 /（m³/s）	月均径流量波动大小 /（m³/s）	1980～2015 年间的月均径流变化率/%
1980 年	上游	30.7	23.7	6.68
	中游	83.2	55.4	6.93
	下游	125.3	109.8	7.59
2015 年	上游	36.6	32.2	19.29
	中游	84.3	72.6	19.12
	下游	127.7	179.9	21.20
2015 年与 1980 年对比	上游	5.9	8.5	12.60
	中游	1.1	17.2	12.19
	下游	2.4	70.1	13.61

不同的景观情景与不同空间区域的子流域中，流域内的月均氨氮含量与月均总磷含量总体上呈现逐渐增加的趋势，如表 4-14 所示。对比 1980 年与 2015 年不同景观情景下月均氨氮含量与月均总磷含量的模拟结果，可知 2015 年景观情景中流域内月均氨氮含量与月均总磷含量整体上较 1980 年景观情景中要高，1980～2015 年间的动态变化率较大，且其月均含量的波动幅度也较大。这一趋势变化在流域的中、下游区域的子流域内尤为突出。以下游区域子流域为例，在 2015 年景观情景中，其月均氨氮含量较 1980 年景观情景中增加了 4747kg，波动量增加了 15521kg，整体在 35 年间的变化率增加了 32.34%；月均总磷含量较 1980 年景观情景下增加了 7238kg，波动量增加了 11834kg，整体在 35 年间的变化率增加了 24.16%。这说明，流溪河流域内不同景观情景的变化对月均氨氮含量与月均总磷含量的影响在时间维度上表现为均值变化与最大值和最小值差值增加的特点，在空间维度则表现为这一时间维度上的变化从上游至下游变得更为剧烈。

表 4-14 不同景观情景下流域上、中、下游各子流域内月均氨氮含量与月均总磷含量变化特征

项目	景观情景	子流域位置	月均含量/kg	月均含量波动量大小/kg	1980～2015 年间月均含量变化率/%
氨氮含量	1980 年	上游	7979	34820	5.29
		中游	13072	10724	27.58
		下游	12263	20189	16.90
	2015 年	上游	8608	38481	14.61
		中游	16315	25240	72.24
		下游	17010	35710	49.24
	2015 年与 1980 年对比	上游	629	3661	9.32
		中游	3243	14516	44.66
		下游	4747	15521	32.34
总磷含量	1980 年	上游	4340	11562	1.30
		中游	16434	12367	13.63
		下游	13413	9541	3.16
	2015 年	上游	5202	12353	2.72
		中游	18274	15065	52.50
		下游	20651	21375	21.00
	2015 年与 1980 年对比	上游	862	791	1.42
		中游	1840	2698	38.87
		下游	7238	11834	24.16

结合不同景观情景下各区域内子流域景观格局特征的变化可知，2015 年景观情景相较于 1980 年，其耕地与林地面积减少，建设用地面积大幅增加，尤其是在下游地区，这一变化趋势更为突出。其中，下游地区对应子流域的耕地与林地面积分别减少了 20.86%、10.62%，建设用地面积增加了 74.17%；相比之下，在上游地区对应子流域的耕地与林地面积分别减少了 1.18%、0.06%，建设用地面积增加了 1.21%。一方面，流域内建设用地面

积整体的增加改变并直接影响了流域范围内产汇流过程中下垫面的条件，具体表现为建设用地对耕地与林地的改造导致流域范围内下垫面对雨水与污染物截流效果的减弱，其下渗、滞蓄以及污染物消解能力均更差，这增加了流域范围内地表径流量与径流速度，同时也加大并加快了污染物的入河含量与入河速度，使得流域内月均径流量、月均氨氮含量与月均总磷含量在 2015 年景观情景下更高且波动变化更为突出。另一方面，流域上、中、下游景观格局特征的空间异质性使得流域内耕地、林地与建设用地景观的分布在上、中、下游存在较大差异，表现为中、下游地区相较于上游地区占比更高的耕地与建设用地，以及变化更为剧烈的建设用地对耕地与林地的蚕食特征；这均使得在流域中、下游地区相较于上游地区在各景观情景下月均径流量、月均氨氮含量与月均总磷含量更高且波动变化更剧烈。

总之，不同景观情景下流域内径流与水质发生了较为突出的时空差异变化。与 1980 年景观情景相比，流域内月均径流量、月均氨氮含量、月均总磷含量在 2015 年景观情景下更高且波动幅度更大，这一趋势在流域中、下游区域的子流域中更为突出；与之对应的是相较于 1980 年，2015 年景观情景中、下游地区建设用地对耕地与林地的更大幅度的侵占与改造的变化特征。

4.5 小　　结

利用流溪河流域 1980～2015 年间流域土地利用数据，本章较为系统地分析了土地利用变化与景观格局时空变化特征，模拟分析了流域景观格局演变的生态水文响应，得到如下主要结论。

（1）流域内景观格局特征的变化主要为耕地景观逐渐减少（减少了 20.00%）并大量转化为建设用地景观（增加了 127.47%），流域内优势景观林地与耕地逐渐破碎化，其斑块密度（PD）分别增加了 41.59%与 42.26%，聚集度指数（AI）分别减少了 0.12%与 1.68%。整体上流域景观格局表现出逐渐破碎化的趋势，且在 2000～2010 年间最为剧烈，以流域中、下游地区的变化为焦点。

（2）通过对造成研究区景观格局特征变化的影响因素的定性与定量综合分析以及已有相关研究结论的进一步论证，确立了人口变化、城市化水平、经济发展以及政策因素皆为引起流域内土地利用类型随时间变化的重要因素：城市人口占比与第三产业占比变化为建设用地占比变化最敏感的因素，两者间的关联度系数分别高达 0.89、0.84；其他土地利用类型占比变化最敏感的因素则为总人口数量与第二产业占比，其关联度系数均大于 0.70。在空间维度上，除了人口密度、城市化水平与经济水平等人为因素外，地形因素也是造成流域内景观格局空间异质性的重要因素；2000 年后，随着人口密度的增大、经济发展与城市化水平的大幅提高，高程与各人为因素间的交互作用不断加强。

（3）运用 SWAT 模型模拟了不同景观情景下流溪河流域 1980～2015 年间月均径流量、月均氨氮含量与总磷含量的变化过程，分别计算了其均值与大小峰值差值在不同景观情景下以及不同区域内子流域中的变化特征。2015 年景观情景中比 1980 年景观情景中产生更高的月均径流量、月均氨氮含量与月均总磷含量以及更大幅度的年内波动变化，且这一变化趋势在流域的中、下游区域的子流域中表现更为突出。这可能与流域中、下游建设用地面积的大量增加改变了流域内自然水文过程中下垫面特性的变化有关，影响了地表径流蓄滞、下渗以及对污染物的拦截与净化功能。

参 考 文 献

[1] Cuba N. Research note：Sankey diagrams for visualizing land cover dynamics［J］. Landscape and Urban Planning，2015，139：163-167.

[2] O'Neill R V，Krummel J R，Gardner R H，et al. Indices of landscape pattern［J］. Landscape Ecology，1998，1：153-162.

[3] Cushman S A，Mcgarigal K，Neel M C. Parsimony in landscape metrics：strength，universality，and consistency［J］. Ecological Indicators，2008，8（5）：691-703.

[4] Turner M G，O'Neill R V，Gardner R H，et al. Effects of changing spatial scale on the analysis of landscape pattern［J］. Landscape Ecology，1989，3（3-4）：153-162.

[5] Dadashpoor H，Dadashpoor H，Nateghi M，et al. Simulating spatial pattern of urban growth using GIS-based SLEUTH model：a case study of eastern corridor of Tehran metropolitan region，Iran［J］. Environment，Development and Sustainability，2017，19（2）：527-547.

[6] 邬建国. 景观生态学［M］. 北京：高等教育出版社，2007.

[7] Díaz-Varela E，Díaz-Varela E，Álvarez-López C J，et al. Multiscale delineation of landscape planning units based on spatial variation of land-use patterns in Galicia，NW Spain［J］. Landscape and Ecological Engineering，2009，5（1）：1-10.

[8] Baker W L，Cai Y. The r.le programs for multiscale analysis of landscape structure using the GRASS geographical information system［J］. Landscape Ecology，1992，7（4）：291-302.

[9] Pickett S T A，Cadenasso M L，Grove J M，et al. Urban ecological systems：linking terrestrial ecological，physical，and socioeconomic components of metropolitan areas［J］. Urban Ecological Systems，2001，32：127-157.

[10] Kumar P，Sajjad H，Joshi P K，et al. Modeling the luminous intensity of Beijing，China using DMSP-OLS night-time lights series data for estimating population density［J］. Physics and Chemistry of the Earth，2018，109：31-39.

[11] 高志强，刘纪远，庄大方. 中国土地资源生态环境背景与利用程度的关系［J］. 地理学报，1998，（S1）：3-5.

[12] Gebremicael T G，Mohamed Y A，van der Zaag P，et al. Quantifying longitudinal land use change from land degradation to rehabilitation in the headwaters of Tekeze-Atbara Basin，Ethiopia［J］. Science of the Total Environment，2018，622-623：1581-1589.

[13] Zhang F，Kung H，Johnson V. Assessment of land-cover/land-use change and landscape patterns in the two national nature reserves of Ebinur Lake Watershed，Xinjiang，China［J］. Sustainability，2017，9（5）：724.

[14] 王芳，陈芝聪，谢小平. 太湖流域建设用地与耕地景观时空演变及驱动力［J］. 生态学报，2018，38（9）：3300-3310.

[15] Gao C，Zhou P，Jia P，et al. Spatial driving forces of dominant land use/land cover transformations in the Dongjiang River watershed，Southern China［J］. Environmental Monitoring and Assessment，2016，

188（2）：84.

[16] Garcia A S，Ballester M V R. Land cover and land use changes in a Brazilian Cerrado landscape：drivers，processes，and patterns［J］. Journal of Land Use Science，2016，11（5）：538-559.

[17] Su S，Wang Y，Luo F，et al. Peri-urban vegetated landscape pattern changes in relation to socioeconomic development［J］. Ecological Indicators，2014，46：477-486.

[18] 张金茜，巩杰，柳冬青. 地理探测器方法下甘肃白龙江流域景观破碎化与驱动因子分析［J］. 地理科学，2018，38（8）：1370-1378.

[19] 刘思峰，蔡华，杨英杰，等. 灰色关联分析模型研究进展［J］. 系统工程理论与实践，2013，33（8）：2041-2046.

[20] 曹明霞. 灰色关联分析模型及其应用的研究［D］. 南京：南京航空航天大学，2007.

[21] 朱双，周建中，孟长青，等. 基于灰色关联分析的模糊支持向量机方法在径流预报中的应用研究［J］. 水力发电学报，2015，34（6）：1-6.

[22] Wartenberg D. Multivariate spatial correlation：a method for exploratory geographical analysis［J］. Geographical Analysis，2010，17：263-283.

[23] 韦燕飞，李莹，童新华，等. 左右江流域城镇化与耕地破碎化空间相关特征研究［J］. 广西师范学院学报（自然科学版），2017，34（2）：97-103.

[24] 王劲峰，徐成东. 地理探测器：原理与展望［J］. 地理学报，2017，72（1）：116-134.

[25] Ju H，Zhang Z，Zuo L，et al. Driving forces and their interactions of built-up land expansion based on the geographical detector—a case study of Beijing，China［J］. International Journal of Geographical Information Science，2016，30（11）：2188-2207.

[26] Long H，Liu Y，Wu X，et al. Spatio-temporal dynamic patterns of farmland and rural settlements in Su-Xi-Chang region：implications for building a new countryside in coastal China［J］. Land Use Policy，2009，26（2）：322-333.

[27] 韩会然，杨成凤，宋金平. 北京市土地利用变化特征及驱动机制［J］. 经济地理，2015，35（5）：148-154.

[28] 史利江，王圣云，姚晓军，等. 1994～2006 年上海市土地利用时空变化特征及驱动力分析［J］. 长江流域资源与环境，2012，21（12）：1468-1479.

[29] Yu X J，Ng C N. Spatial and temporal dynamics of urban sprawl along two urban – rural transects：a case study of Guangzhou，China［J］. Landscape and Urban Planning，2007，79（1）：109.

[30] Zhang H，Ning X，Shao Z，et al. Spatiotemporal pattern analysis of China's cities based on high-resolution imagery from 2000 to 2015［J］. ISPRS International Journal of Geo-Information，2019，8（5）：241.

[31] Gong C，Yu S，Joesting H，et al. Determining socioeconomic drivers of urban forest fragmentation with historical remote sensing images［J］. Landscape and Urban Planning，2013，117：57-65.

[32] Shi Y，Xiao J，Shen Y，et al. Quantifying the spatial differences of landscape change in the Hai River Basin，China，in the 1990s［J］. International Journal of Remote Sensing，2012，33：4482-4501.

[33] Zhao R，Chen Y，Shi P，et al. Land use and land cover change and driving mechanism in the arid inland river basin：a case study of Tarim River，Xinjiang，China［J］. Environmental Earth Sciences，2013，68（2）：591-604.

[34] 李晨曦，吴克宁，查理思. 京津冀地区土地利用变化特征及其驱动力分析［J］. 中国人口·资源与环

境，2016，26（S1）：252-255.

[35] 李力行，申广军. 经济开发区、地区比较优势与产业结构调整 [J]. 经济学，2015，14（3）：885-910.

[36] 西蒙. 人口增长经济学 [M]. 北京：北京大学出版社，1984.

[37] Liu X，Li Y，Shen J，et al. Landscape pattern changes at a catchment scale：a case study in the upper Jinjing river catchment in subtropical central China from 1933 to 2005 [J]. Landscape and Ecological Engineering，2014，10（2）：263-276.

[38] Wang L，Wu L，Hou X，et al. Role of reservoir construction in regional land use change in Pengxi River basin upstream of the Three Gorges Reservoir in China[J]. Environmental Earth Sciences，2016，75（13）：1048.

[39] 胡莹莹. 浑河上游流域多尺度景观空间格局特征与水质响应关系研究 [D]. 沈阳：辽宁大学，2016.

[40] 李石华. 基于高分影像的抚仙湖流域多尺度 LULC 时空演变及其与水质关系研 [D]. 昆明：云南师范大学，2018.

[41] Eshleman K N. Hydrological Consequences of Land Use Change：a review of the State of Science [A]. Book Section，Defries R S，Asner G P，Houghton R A，Washington，D. C.: American Geophysical Union，2004.

[42] 马国军. 基于 SWAT 模型的湟水河流域生态水文效应研究 [D]. 郑州：郑州大学，2014.

[43] 袁宇志，张正栋，蒙金华. 基于 SWAT 模型的流溪河流域土地利用与气候变化对径流的影响[J]. 应用生态学报，2015，26（4）：989-998.

[44] 王多尧. 石羊河典型流域土地利用/覆被变化的水文生态响应研究 [D]. 北京：北京林业大学，2013.

[45] 王中根，刘昌明，黄友波. SWAT 模型的原理、结构及应用研究 [J]. 地理科学进展，2003，22（1）：79-86.

[46] 吴建鹏. 基于 SWAT 模型的矿业城市 LUCC 水文效应研究 [D]. 焦作：河南理工大学，2018.

[47] 周自翔. 延河流域景观格局与水文过程耦合分析 [D]. 西安：陕西师范大学，2014.

[48] 郑紫瑞. 基于 SWAT 的清漠河流域水污染特征模拟研究 [D]. 郑州：郑州大学，2017.

[49] 李立. 渭河流域咸阳—西安段非点源污染模拟研究 [D]. 西安：西安理工大学，2019.

[50] 李小波，刘晓津，赖玉嫦，等. “薯-稻-稻”轮作模式下双季稻施肥减量研究 [J]. 热带作物学报，2016，37（10）：1877-1881.

[51] 李成晨，安康，索海翠，等. 广东省冬种马铃薯施肥现状调查与施肥对策 [J]. 热带作物学报，2019，40（10）：2054-2060.

[52] 黄霞，赵璐. 广州市流溪河流域水环境状况初步调查与保护措施研究 [J]. 广州环境科学，2017，（1）：12-16.

[53] 范永东. 模型选择中的交叉验证方法综述 [D]. 太原：山西大学，2013.

[54] Zhao P，Xia B，Hu Y，et al. A spatial multi-criteria planning scheme for evaluating riparian buffer restoration priorities [J]. Ecological Engineering，2013，54：155-164.

[55] 黄志伟. 东江流域非点源污染特征及污染负荷定量化研究 [D]. 广州：暨南大学，2016.

[56] 马梦蝶. 广利河流域非点源污染模拟及不确定性分析 [D]. 济南：山东大学，2019.

第5章　河流廊道景观格局变化及其生态效应

两侧河岸带受人工堤坝、城市道路建设以及人类生产活动影响，河流廊道土地利用类型与景观格局发生较大变化。本章首先确立了河流廊道尺度景观格局特征的综合指标，用以反映河流廊道景观格局特征的整体变化；采用图式化分类分析的方法将其进行拆解，绘制成表征河流廊道景观格局特征的基本图式化单元，以反映其在流溪河上、中、下游各河段的典型特征及差异；结合河流廊道全线河岸带植物群落分布与多样性变化特征，运用对应分析的方法建立其与景观格局特征间的相互作用关系，以体现出河流廊道景观格局特征的变化带来的生态效应。选取河岸带植物群落为代表展开分析，主要是考虑其相较于动物物种与水生生物物种，调查与采样时更加便捷，群落内部结构的稳定性更强，可有效减少因采样和物种本身种群间的动态变化带来的误差；多样化、原生化的河岸植物群落正在从城市地区消失，直接影响着河流廊道生态系统的健康与稳定[1]，河岸植物群落的演替变化与河岸结构的稳定性息息相关，也与河流水文水动力特征之间存在着相互作用的关系[2]。

5.1　河流廊道景观格局特征的变化

对已有研究的综述分析发现，人类活动给河流廊道尺度景观格局特征带来的影响不仅体现在其整体性特征的变化上，更影响着廊道尺度河道内外物理结构特征与水文生境特征。因此，需考虑河道廊道尺度表征景观整体性特征的河岸带土地利用变化特征，以及河道内外物理结构、水文生境特征来表征该尺度景观的综合特征。本章重点突出其在流溪河上、中、下游不同河段的空间差异，用以对比人类活动对不同河段景观格局特征变化带来的影响。

5.1.1　河流廊道土地利用变化特征的分析

根据已有研究中所论证的不同宽度河岸缓冲带的生态意义[3]，以及国际上对最小宽度河岸缓冲带的建议[4]，结合对流溪河两侧河岸带受人工堤坝、城市道路建设以及人类生产活动影响现状的调查结果，本章选取50m、100m、300m宽度不同河岸缓冲带尺度展开其河流廊道尺度整体性景观格局特征变化的分析。在建立其与流域尺度整体性景观格局特征联系的同时，挑选出能有效代表河流廊道尺度景观格局特征的具体指标，分析不同宽度河岸缓冲带上各土地利用类型占比及其转移交换变化特征，以表现人类活动对河岸带自然土地利用类型的改造与侵占的影响。

在对流溪河不同宽度河岸缓冲带上各类土地利用类型在1980～2015年间占比与变化的分析时发现其变化与流域尺度高度一致，整体上均表现为大量的耕地被转化为建设用地的特征，如表5-1所示。在50m、100m、300m宽度河岸缓冲带上，耕地分别减少了10.15%、12.41%与18.14%，建设用地则分别增加了89.79%，84.01%与85.03%，林地分别增加了

1.79%、0.00%、-4.01%，这说明建设用地与耕地是河岸缓冲带内变化最为剧烈的土地利用类型，其他土地利用类型变化均较小。各土地利用类型的动态度在不同宽度河岸缓冲带内均较为接近。其中，建设用地的动态度最大，在 50m、100m、300m 宽度河岸缓冲带上分别为 2.57%、2.40%与 2.43%；其次是耕地与林地，但两者的动态度大小均不足建设用地的四分之一。

表 5-1 1980～2015 年间流溪河流域不同宽度河岸缓冲带土地利用的变化

河岸带宽度	景观类型	总变化量/km²	总变化幅度/%	*R*/%
50m	耕地	-2.52	-10.15	-0.29
	林地	0.46	1.79	0.05
	建设用地	4.59	89.79	2.57
100m	耕地	-4.18	-12.41	-0.35
	林地	0.00	0.00	0.00
	建设用地	6.08	84.01	2.40
300m	耕地	-16.80	-18.14	-0.52
	林地	-1.80	-4.01	-0.11
	建设用地	19.08	85.03	2.43

注：本表仅列出河岸缓冲带土地利用类型中面积占比与变化最突出的三种类型；*R* 表示某一土地利用类型的动态度，在表中由该土地利用类型在 2015 年时的面积减去 1980 年时的面积差与 1980 年时的面积的比值再除以研究时段的长度所得[5]。

在空间维度上，各土地利用类型在河岸缓冲带上的分布在流溪河上、中、下游均存在较大的差异。以 2015 年为例，如图 5-1 所示，在 50m、100m、300m 宽度河岸缓冲带上，上游区域以林地为主，林地面积占据了该区段河岸缓冲带总面积的近 90.00%；中、下游区域以耕地（占比近 50.00%）为主，其次为林地（占比近 30.00%）与建设用地（占比 15.00%～25.00%）。另外，以 300m 宽度河岸缓冲带为例，在 1980～2015 年间，如图 5-2 所示，各土地利用类型间以耕地被转化为建设用地为特征的交换变化与流域尺度一样，仍在中、下游区段较为突出。

总体而言，流溪河流域内 50m、100m、300m 宽度河岸缓冲带上各土地利用类型占比变化特征差异较小，均以建设用地占比变化幅度最大、动态度最大为特征。这说明与防洪堤坝及城市道路修建的影响相比，对土地利用改造带来的影响是河流廊道尺度河岸带土地利用变化的关键原因。在这些对土地利用改造的活动中，与流域尺度一样仍体现为耕地被建设用地侵占的特点。且已有的人类活动对流域景观格局特征变化的作用机理的研究强调了其主要表现在人类活动对土地覆被整体性的改造上，河流廊道尺度上这一改造的影响机理常常表现出与其所在的更大范围的流域尺度较为相近的特点。

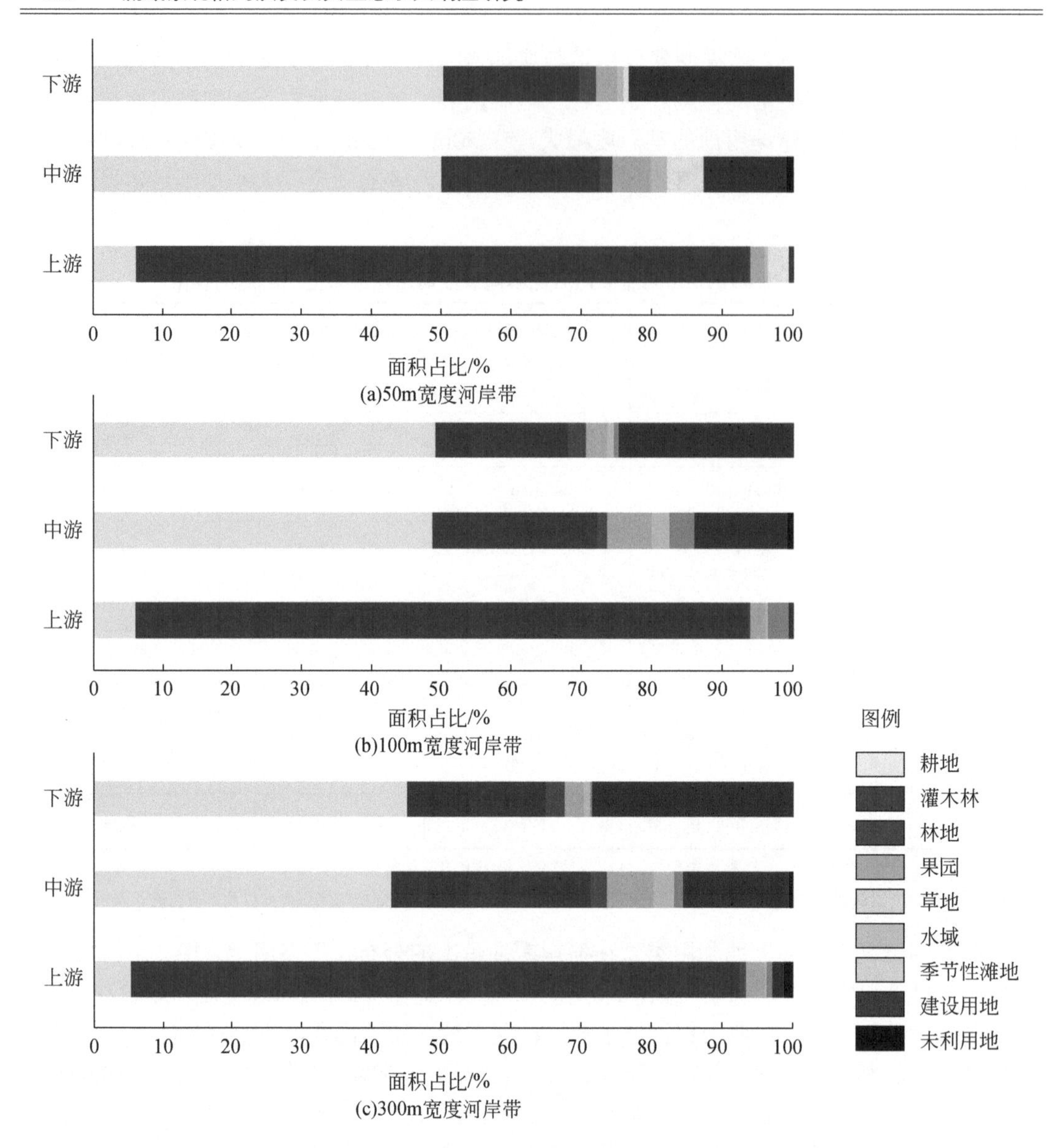

图 5-1　2015 年流溪河流域 50m、100m、300m 宽度河岸缓冲带各景观类型在上、中、下游区段的占比变化

5.1.2　河流廊道景观综合特征指标的确立与分析

基于河流廊道土地利用变化特征的分析结果，选取能有效表征河岸带土地利用突出变化的 300m 宽度河岸缓冲带内建设用地的动态度（R）作为河岸带土地利用变化特征指标；结合第 4 章中选取的 7 个表征河流流域尺度景观与水文生境特征的指标，共同构成河流廊道景观综合特征指标体系，用以分析其在流溪河上、中、下游不同区段的变化差异。

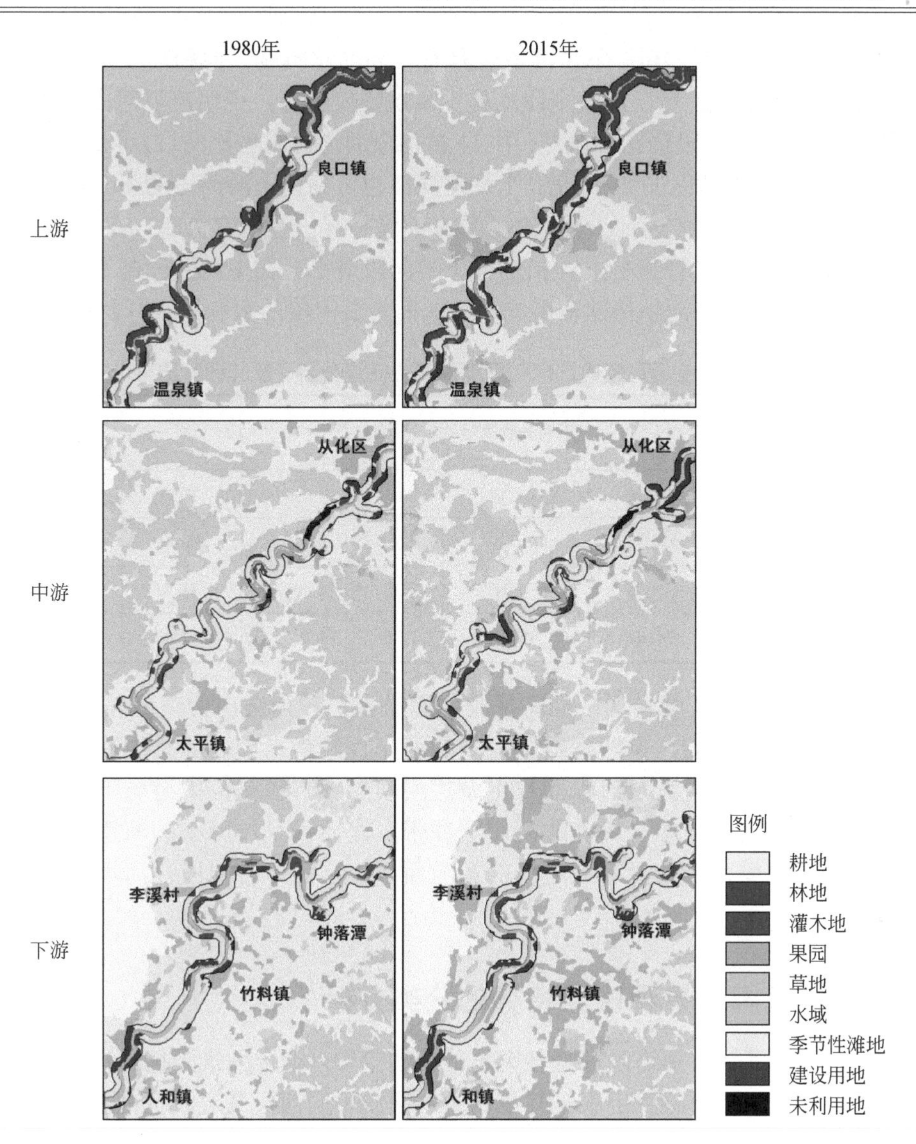

图 5-2　1980～2015 年 300m 宽度河岸缓冲带上、中、下游土地利用类型变化特征

经过对上述 8 个指标在流溪河不同河段的统计与对比分析发现（表 5-2），上游区段相比于中、下游区段 300m 宽河岸带内建设用地动态度较小且不足 2.00，说明城市化建设在上游区段对河流廊道的影响较小；其自然河岸缓冲带宽阔且陡峭，平均自然河岸带宽度可达近 650km，平均坡度近 40°，这主要是上游区段河流山林地环绕所致，使得整个上游河段与中、下游河段的景观格局特征截然不同；同时，上游河段具有蜿蜒度高、河道内纵坡比降大、湿宽窄、宽深比小的特征，使上游河段相较于中、下游河段的河道呈现出一种近似“V”形的断面形态。与之相反，中、下游区段 300m 宽河岸带内建设用地动态度较大，分别为 2.55 与 2.63，且越接近下游河口地区越大，说明城市化建设对中、下游河段的影响较大，尤其是下游河段；中、下游区域自然河岸缓冲带窄且平缓，平均自然河岸带宽度均不足 180m，且下游大部分河段甚至已经不存在自然河岸带，调查发现部分河岸缓冲带直接被建设用地所占用；整体河岸带的坡度较小，平均不足 20°，下游接近河口的部分河岸

带与水面的高差甚至不足 2m；下游河段也具有较高的蜿蜒度，但相较于上游低，按广泛采用的 Rosgen 分类标准[6]，河流全段均处于高蜿蜒度状态，说明流溪河内裁弯取直工程改造较少，河流形态现阶段仍比较自然；中、下游河段河道内纵坡比降（i）小，均不足 0.15%，湿宽极大，平均为上游地区的 2～4 倍，平均宽深比也可高达上游河段的 1.6 倍多，说明中、下游河段宽阔、平坦且深度远远小于宽度，整个河道呈现出近似宽“U”形；较为特殊的是中游河段的河道纵向连通性指标，该指标在下游河段最小，在中游河段却最大，这是由于该指标是河道内水库与拦河坝修建密度的表征，而中游河段的水利梯级开发最为密集。

表 5-2　流溪河廊道尺度各景观格局特征综合因子及其计算结果

位置	河岸带土地利用变化特征指标	河道内外物理结构特征指标				水文生境特征指标		
	R/%	R_w/km	R_{slope}/（°）	R_c	i/%	W/m	$W:D$	G
上游	1.98	636.50	39.00	2.70	1.17%	31.60	1.65	0.01
中游	2.55	174.95	19.21	1.38	0.10%	119.32	2.82	0.11
下游	2.63	74.40	15.00	1.35	0.04%	171.40	2.64	0.07

综上，流溪河廊道尺度景观格局特征整体上呈现出较为突出的空间差异。上游河段，以较低的建设用地动态度、自然宽阔且陡峭的河岸缓冲带、窄而深且坡降大的河道为特征，河流的纵向连通性受流溪河水库与上游拦河坝的影响较差；中游与下游河段则以较高的建设用地动态度、平坦且稀少的河岸缓冲带、宽而浅且坡降小的河道为特征；中游河段的纵向连通性受密集的拦河坝建设的影响而极差，而下游河段拦河坝较少，其纵向连通性较好。

5.1.3　河流廊道景观格局特征的分类分析

鉴于上述流溪河河流廊道景观特征突出的空间差异，结合风景园林设计领域广泛运用的图式化分类分析方法，凝练出表征其上、中、下游不同河段景观特征的典型图式。

5.1.3.1　图式化分类分析法

图式理念最早由康德 1781 年在哲学著作中提出，由格式塔心理学发展成为图式理论，将其界定为一种认知结构[7]。在 20 世纪 70 年代后，在美术学、设计艺术学等领域关于视知觉类的图式研究开始以此为理论依据。2006 年以来派生于建筑师 C.亚历山大模式语言的图式语言研究在风景园林设计领域受到关注。图式化语言的表达侧重在图示基础之上对事物关系、特征、规律和模式的概括性和提炼性的图解表达，使得抽象的事物变得可知、可读、可传承[8]。该方法在我国风景园林学科中的发展以同济大学王云才教授所在团队的研究最为丰富，他将该方法演化成具有语言体系的图式化方法，将语言中的“词汇”、“词法”和“句法”运用到对设计语言的总结和提炼中，用以表达设计作品的组成结构与突出特征，最具特色的便是将其运用到水体生境的设计当中，提炼出了 5 类生境图式语言，包含了 50 个“字”、40 个“词”和 9 个“词组”，如图 5-3 所示[9, 10]。该方法在应用到提

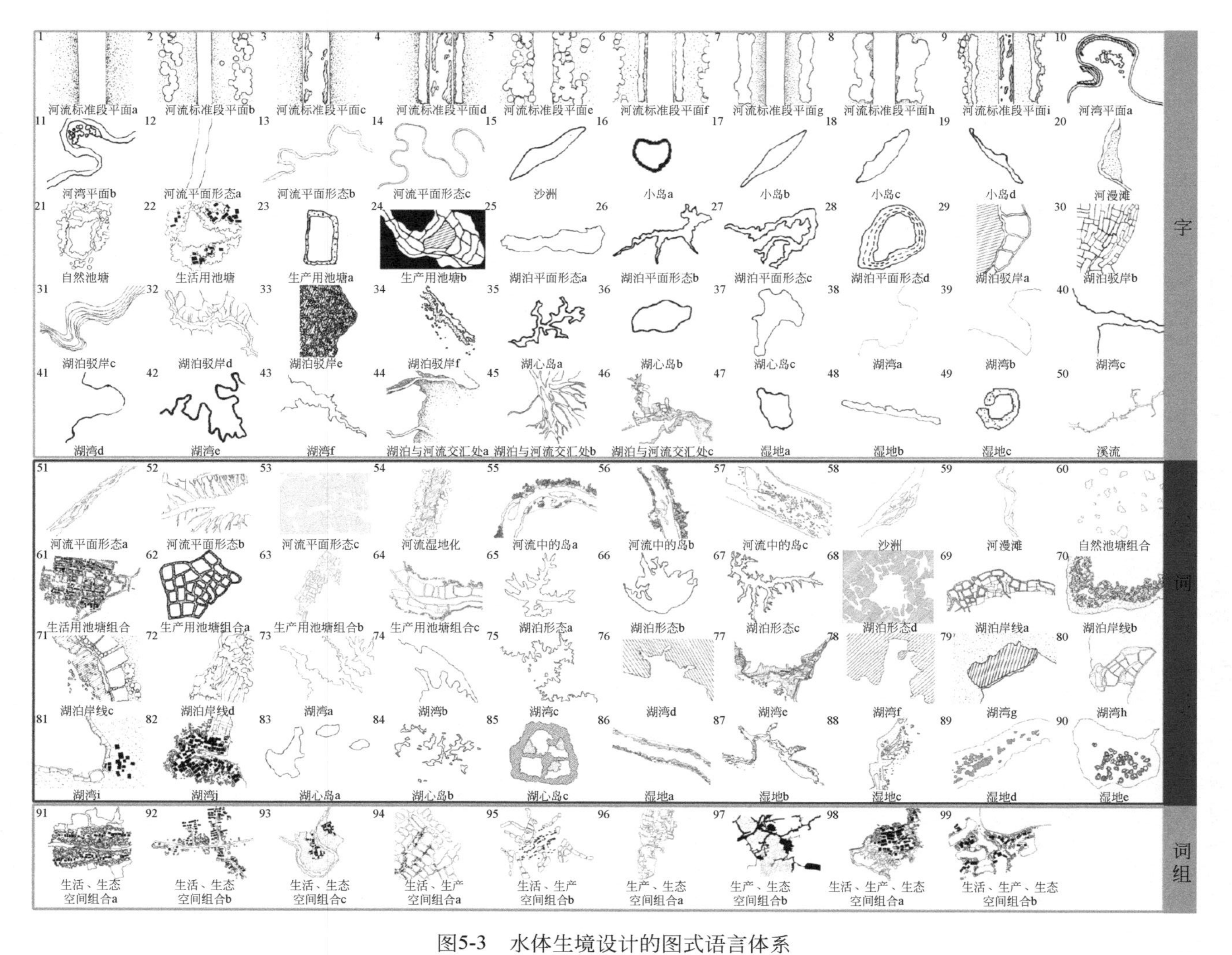

图5-3　水体生境设计的图式语言体系

河流生境1~20、51~59；池塘生境21~24、60~64；湖泊生境25~46、65~85；湿地生境17~49、86~90；溪流生境50。词组：91~99

取流溪河上、中、下游不同河段景观格局特征时，可将表征不同河段河岸带土地利用变化、河道内外物理结构特征与水文生境特征的基本要素进行拆解，成为图式形成的“字”“词”“句”单元，并通过平面、剖面、断面的景观结构“语法”形式进行表达，形成表征不同河段景观格局特征的典型图式。

5.1.3.2　河流廊道景观格局特征的图式化分类

1）河流廊道景观基本要素

结合流溪河全线河流廊道景观格局特征的调查与分析结果，对构成其河流廊道景观的基本特征要素进行拆解与图式化分析，绘制河流廊道景观图式的最小单元（图 5-4）。图 5-4 包括了河道平面形态、河岸带土地覆被类型、河岸带断面结构形态、河道底床结构形态（河道断面结构形态与河床纵向结构形态）四大类，共被划分成 26 种河流廊道景观格局特征的基本图式化语言，为进一步分析流溪河廊道景观格局特征提供了基础的解构形式与可能的排列组合方向。

中游河段，河流形态相比于上游河段较顺直，相比于下游河段却较蜿蜒，整体上呈稍蜿蜒型或较顺直型。该河段相较于上游河段流经了更多的城镇街道，两侧河岸带土地覆盖类型较为复杂，包含了图 5-4 中所示的 5 种河岸带土地覆被类型。同时，相较于上游河段其防洪要求更高，整个中游河段河岸带两侧均设置有防洪堤岸，靠近上游的部分河段防洪堤岸常与河流两侧的自然山坡相结合，而流经城镇的河段则通过加固其本身地形所形成的土坡形成防洪堤岸或直接布设人工防洪堤。这使得该河段的河岸以不同坡度、台层的自然河堤或人工河堤为特征，即图 5-4 中所示的河岸带断面结构形态自然陡坡地、多级自然台地、人工台地、多级人工台地、人工防洪堤。该河段的河道底床结构形态因所处区域的特殊性而显得尤为丰富，兼具上游与下游区段的特征，又具备受水利梯级拦河坝建设影响下形成的属于该区段的特征，如临近上游河段的山区时，河道断面结构形态常常类似于上游区段，呈现出图 5-4 中所示的深 V 形或浅 V 形；而当逐渐向下游区域靠近时，河道逐渐变宽，河道两侧不再是以紧邻的陡坡山地为主，从而使得河道断面形态也逐渐由 V 形向 U 形和 W 形变化，呈现出类似于下游区段的河道断面结构形态特征；其属于本区段的特征常常围绕着梯级拦河坝呈现，在拦河坝坝上常呈现出深 U 形或 W 形，而在拦河坝坝下则常以宽 U 形或多 W 形为特色。该河段的河床纵向结构形态也因中游河段密集的梯级拦河坝的设置而呈现出流溪河河流廊道全线最为特殊的人工阶梯状，如图 5-4 中所示的人工阶梯状。

下游河段，河流形态相比于上游与中游河段更为顺直，常以图 5-4 中较顺直型或顺直型为主。该河段靠近广州市中心区，受快速城市化影响剧烈，部分河段已经被人工滨河公园、厂房、住宅、鱼塘、菜地、道路等人工建设区域直接占据，且仅剩的部分林草覆盖地也以人工经济林为主，这使得该河段的河岸带土地覆被类型主要以图 5-4 中所示的人工植被带、人工经济林（包含果园）、菜地、各类建筑或人工硬化场地为特征。下游河段因所在区域地形逐渐平坦且以平原为主，其河岸带断面结构形态常以平地、自然缓坡地、人工台地为主，河道断面结构形态则常以浅 U 形、W 形和多 W 形为主，河床纵向结构形态因下游高差不大而以自然缓坡型为主。

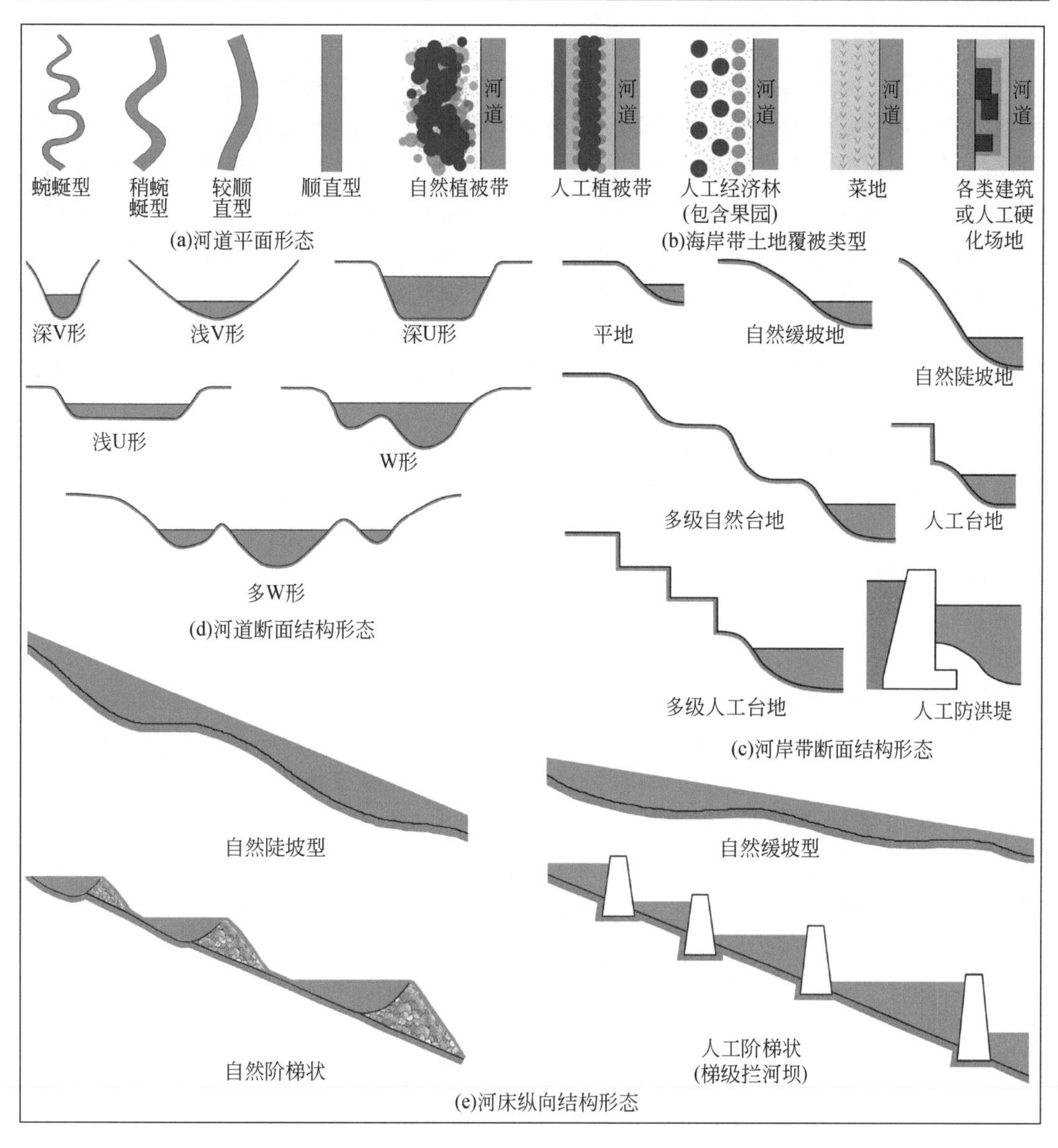

图 5-4　流溪河廊道景观的基本要素图式化语言

河道平面形态被划分为蜿蜒型、稍蜿蜒型、较顺直型、顺直型 4 种类型；河岸带土地覆被类型被划分为自然植被带、人工植被带、人工经济林（包含果园）、菜地、各类建筑或人工硬化场地 5 种类型；河岸带断面结构形态则被划分为平地、自然缓坡地、自然陡坡地、多级自然台地、人工台地、多级人工台地、人工防洪堤 7 种类型；河道断面结构形态被划分为深 V 形、浅 V 形、深 U 形、浅 U 形、W 形、多 W 形 6 种类型；河床纵向结构形态则被划分为自然陡坡型、自然缓坡型、自然阶梯状、人工阶梯状（梯级拦河坝）4 种类型。

2）流溪河廊道景观格局特征的图式化分类

基于对流溪河廊道景观特征在上、中、下游不同河段的综合分析，以图 5-4 中的景观特征基本要素的图式化语言为基础，可归纳出符合流溪河不同河段景观特征的图式化语言体系。

上游河段，河流形态相比于中、下游河段更加蜿蜒，常常表现为图 5-4 所示的河道平面形态的蜿蜒型或稍蜿蜒型。其两侧河岸带土地覆盖常以自然植被带为主，也有少量流经村庄的河段河岸带被人工经济林或菜地侵占，即表现为图 5-4 中所示的河岸带土地覆盖类型自然植被带或人工经济林（包含果园）或菜地。由于上游河段多位于两山之间或流经局部平原地带，河道两侧河岸几乎以自然河岸为主，或为陡坡河岸，或为缓坡、平坡河岸，即表现为图 5-4 所示的河岸带断面结构平地或自然缓坡地或自然陡坡地。河道底床在横向上因位于邻近的两山之间的峡谷地段而呈深 V 形，或因位于两座间隔较远山坡之间而呈浅 V 形，或因位于局部平原地带而呈浅 U 形；纵向上则因上游河段复杂的地形时而为自然缓坡地，时而为自然陡坡地或多级自然台地。

总体而言，上游河段河流廊道景观格局特征受其所在区域的地形限制，在山谷间河床横向上呈深 V 形，在纵向上呈自然陡坡型或自然阶梯状，河岸带土地覆被以自然植被带为主，且其常为自然陡坡地河岸，河流平面形态整体上极为蜿蜒崎岖；在局部平原地带河床则在横向上呈浅 V 形，在纵向上呈自然缓坡型，河岸带土地覆被较为丰富，有的河段为自然植被带，有的为人工经济林，有的则为菜地，河流平面形态相对山谷间河段而言蜿蜒度较低，但也比中、下游河段蜿蜒度高。下游河段的河流廊道景观格局特征因其所在区域平坦的地势条件与剧烈的城市化建设影响，呈现出更顺直的河道平面形态、更人工化的河岸带土地覆被类型、更平坦的河床纵向结构形态与坡度更平缓的河岸带断面结构形态；其河道断面形态也更加开阔，且因河床底部地形在横向上的起伏变化而呈现出浅 U 形或 W 形或多 W 形。中游河段的河流廊道景观既具有上游河段受地形限制与区域差异带来的特征，又具有下游河段受城市化建设对河流廊道的侵占与改造带来的特征，更具有中游河段自身受密集的水利梯级拦河坝开发与人工防洪堤建设影响而形成的特色景观；该河段靠近上游河段的部分具备上游河段的景观格局特征，靠近下游河段的部分则具备下游河段的景观格局特征，其自身受水利梯级开发建设的影响，具有上游与下游河段难以具备的多级人工台地与多级防洪堤类型的河岸带断面结构形态，以及人工阶梯状的河床纵向结构形态。总之，整个中游河段相比于上游与下游河段，景观特色更加鲜明，形成的生物生存的环境与空间更独特，需要展开更为深入的研究。

5.2 河流廊道植物物种分布与多样性特征

5.2.1 河流廊道植物物种分布特征分析

本书详细调查分析了 225 个植物物种在流溪河上、中、下游河岸缓冲带内的分布情况与差异，发现流溪河内河岸植物物种的分布存在着较突出的空间异质特征（表 5-3）。总体上，上游地区共调查到物种 99 种（含 9 种未识别出物种），中游地区 143 种（含 7 种未识别出物种），下游地区 47 种（含 3 种未识别出物种），且上游与中游地区的物种最为丰富，接近下游物种数量的 2～3 倍。在物种的层次划分中，上游地区乔木、灌木、草本三个层次的植物物种数量以及所属的科、属类型的差异均较小，说明上游地区的物种结构比较丰富、稳定且均衡；中游地区乔木、灌木、草本三个层次的植物物种中，草本植物物种数量达到乔木与灌木物种数量的 2～4 倍，且其所属科属类别的总数也更为丰富，这说明中游地区的草本层更为多样，而乔木、灌木层相较于草本层则略为单一；下游地区乔木、灌木、草本三个层次的植物物种中，灌木层植物物种数量极少，仅有 3 种，乔木与草本层物种数量与所属类别总量相较于上游与中游地区少，这说明下游地区的物种数量整体上比较少。另外，在物种类别的划分中，可以看出上游、中游区域的本土物种，占据物种总量的 70.00%以上，而下游区域本土物种占比则不到 70.00%；在各区域内占比仅次于本土物种的是经济物种，分别占据上、中、下游物种总量的 13.33%、10.29%、18.18%，这说明下游区域相比于上游与中游区域经济物种占比更大；外来物种与逸生种的占比在中、下游地区较上游地区均更大。整体上而言，相比于上游地区，非本土物种的植物物种类型在中、下游地区占比更大，并影响着该区段河岸缓冲带植物物种群落的组成。

表 5-3　流溪河廊道尺度不同区段植物群落分布特征

区域	类型	种数	科	属	本土物种	外来物种	经济物种	逸生种与栽培种
上游	乔木	30（5）	20（5）	29（5）	22	0	8	0
	灌木	20	11	11	17	1	2	0
	草本	40（4）	29（1）	39（3）	34	1	2	3
总计		90（9）	54（6）	79（8）	73	2	12	3
占比/%		—	—	—	81.12	2.22	13.33	3.33
中游	乔木	34	17	30	23	0	11	1
	灌木	22（1）	15（1）	19（1）	19	2	1	0
	草本	80（6）	42（3）	71（6）	58	3	2	16
总计		136（7）	61（4）	119（7）	100	5	14	17
占比/%		—	—	—	73.53	3.68	10.29	12.50
下游	乔木	12（2）	9（2）	11（2）	5	0	7	0
	灌木	3	3	3	2	1	0	0
	草本	29（1）	17	28（1）	21	2	1	5
总计		44（3）	28（2）	42（3）	28	3	8	5
占比/%		—	—	—	63.64	6.82	18.18	11.36

注：（ ）中表示未识别出的物种。

上、中、下游河岸植物物种种类与层次分布上的差异反映了其所在区段的植物物种的丰富程度的差异，也体现出不同区段河岸植物群落结构特征的不同（详情见附表 3）。上游区域植物各层次物种均较丰富，乔木、灌木、草本结构层次稳定，且多为本土物种；中游区域植物物种以草本层物种最为丰富，而乔木层与灌木层物种种类均不足草本层的一半，说明其乔木、灌木、草本结构层次不均衡，乔木、灌木层的丰富度不及草本层，且乔木、灌木层为数不多的物种中有近 30.00%的经济物种与外来物种，说明人类活动对乔木、灌木层物种的直接改造在一定程度上影响了其丰富程度；下游区域植物物种整体上的丰富程度均不如上游与中游区域，且灌木层物种丰富程度极低，乔木、灌木、草本结构层次整体严重不均衡。在上、中、下游不同区域内均存在的河岸植物物种中乔木较少，只有 2 种（蒲桃、竹）；而草本较多，有 10 种（包括淡竹叶、求米草、双盖蕨、海芋、半边旗、芒、鸭跖草、芭蕉、海金沙、藿香蓟）；没有流域上、中、下游均存在的灌木物种。这进一步反映出流溪河各区域内河岸植物物种间的巨大差异。此外，为了排除占比极少的物种类型对分析结果的干扰，根据各物种重要值的大小进行排序与分析，最终确立 50 种分布在上、中、下游各个区域的重要物种，包括了乔木 15 种，灌木 9 种与草本 25 种，用以表征各区域的代表物种类型及其区域间的差异（详情见附表 3）。整体上，上、中、下游不同区域内重要物种差异依然较大，尤其是在灌草层上差异较大，而乔木层中蒲桃与竹这两类物种在流溪河全线均存在，这可能是因为它们均为人工栽植的经济物种。

5.2.2 河流廊道植物群落多样性特征分析

5.2.2.1 分析方法

植物统计学中常用一定空间范围物种数量和分布特征来衡量植物群落在物种水平上的多样性，其包含了种的丰富度或多度、种的均匀度或平衡性与种的总多样性三个层面的含义。为了对比上、中、下游不同区段物种多样性的差异，选取 α 多样性中能有效反映群落物种特征的系列指数。学者发现同一类指数中选取两个甚至多个指数可以更加客观地表征样地多样性的差异[11, 12]。本节选取了表征物种丰富度的 Gleason 指数、Menhinick 指数、表征物种均匀度的 Pielou 指数、修正的 Hill 指数、表征物种多样性的 Shannon-Wiener 指数、Simpson 指数、Audair 和 Goff 指数，来共同表征和分析植物群落的多样性特征，突出其在流域上、中、下游的变化。

1）Gleason 指数

该指数为以种的数目表示物种丰富度的指数，其公式为

$$R_{\mathrm{G}}=\frac{S_A}{\ln A} \tag{5-1}$$

式中，A 为所研究的面积；S_A 为面积 A 内的物种数。

2）Menhinick 指数

该指数为以物种数和全部种的个体总数表示多样性的指数，又称为种丰富度指数，不考虑研究面积的大小，只是以一个群落中的种数和个体总数的关系为基础，其公式为

$$R_{\mathrm{M}}=\frac{S}{\sqrt{N}} \tag{5-2}$$

式中，S 为物种数；N 为全部种的个体总数。

3）Pielou 指数

该指数为基于总多样性指数上的均匀度指数，其公式为

$$E_P=\frac{1-\sum_{i=1}^{s}\left(\frac{N_i}{N}\right)^2}{1-\frac{1}{S}} \tag{5-3}$$

式中，S 为物种数；N 为全部种的个体总数；N_i 为种 i 的个体数。

4）修正的 Hill 指数

修正的 Hill 指数与 Pielou 指数一样都是基于总多样性指数上的均匀度指数，建立在 Hill 指数的基础上，其公式为

$$E_{\mathrm{H}}=\left[\frac{1}{D_{\mathrm{simpson}}}-1\right]\frac{1}{\mathrm{e}^{H}-1}=\frac{N_2-1}{N_1-1} \tag{5-4}$$

式中，D_{Simpson} 为 Simpson 指数；H 为 Shannon-Wiener 指数。

5）Shannon-Wiener 指数

Shannon-Wiener 指数又称信息指数，是用来反映种的个体出现的不确定程度的指数，用信息公式来表示多样性，其公式为

$$H=-\sum_{i=1}^{S}(P_i\ln P_i) \tag{5-5}$$

式中，$P_i=N_i/N$，为第 i 个种的多度比例；N 为全部种的个体总数；N_i 为种 i 的个体数。

6）Simpson 指数

该指数为综合反映群落中种的丰富度和均匀程度的指数，以物种数、全部种的个体总数以及每个种的个体数为基础，其公式为

$$D_{\mathrm{S}}=-\ln\left[\sum_{i=1}^{S}\left(\frac{N_i}{N}\right)^2\right] \tag{5-6}$$

式中，S 为物种数；N 为全部种的个体总数；N_i 为种 i 的个体数。

7）Audair 和 Goff 指数

该指数综合反映物种丰富度和均匀度，以相对密度、相对盖度、重要值或生物量等为基础，其公式为

$$D=-\sqrt{\sum P_i^2}\quad (i=1,2,\cdots,S) \tag{5-7}$$

式中，P_i 为最小的重要值；S 为物种数。

5.2.2.2 结果分析

结合河流廊道尺度 29 个样地物种群落特征的实地调查结果与上述分析结果，重点计算了各样地内植物物种 7 个代表多样性指标的大小，以表示研究区各样地植物群落分布多样性特征的变化。如图 5-5 所示，表征植物群落丰富度的 Gleason 指数与 Menhinick 指数在流溪河上游到下游整体上呈震荡下行的趋势，且这两个指标只受到群落中物种数的影响而变化，说明植物群落丰富度从上游至下游是逐渐减小的，即上游地区物种种类最为丰富，而随着往下游地区靠近物种种类数量逐渐减少，丰富程度逐步下降。如图 5-6 所示，表征植物群落均匀度的 Pielou 指数与修正的 Hill 指数在流溪河上游到下游过程中，整体上变化较小，但修正的 Hill 指数在中游地区波动较大；由于这两个指标只受群落中物种多度的分布状况影响，而不受群落中种数影响，且物种多度分布越均匀，该类指数就越大。这说明流溪河河岸植物群落均匀度在上、中、下游不同区段上没有太大差异，而在各样地间存在较大差异。如图 5-7 所示，表征植物群落多样性的 Shannon-Wiener 指数、Simpson 指数与 Audair 和 Goff 指数在流溪河上游到下游呈逐渐下行的趋势，且这三个指标受到丰富度与均匀度指标的共同影响，反映的是物种在群落中的综合作用与地位。这说明在整体上流溪

河河岸植物群落的多样性从上游至下游不断减小且减幅较小。

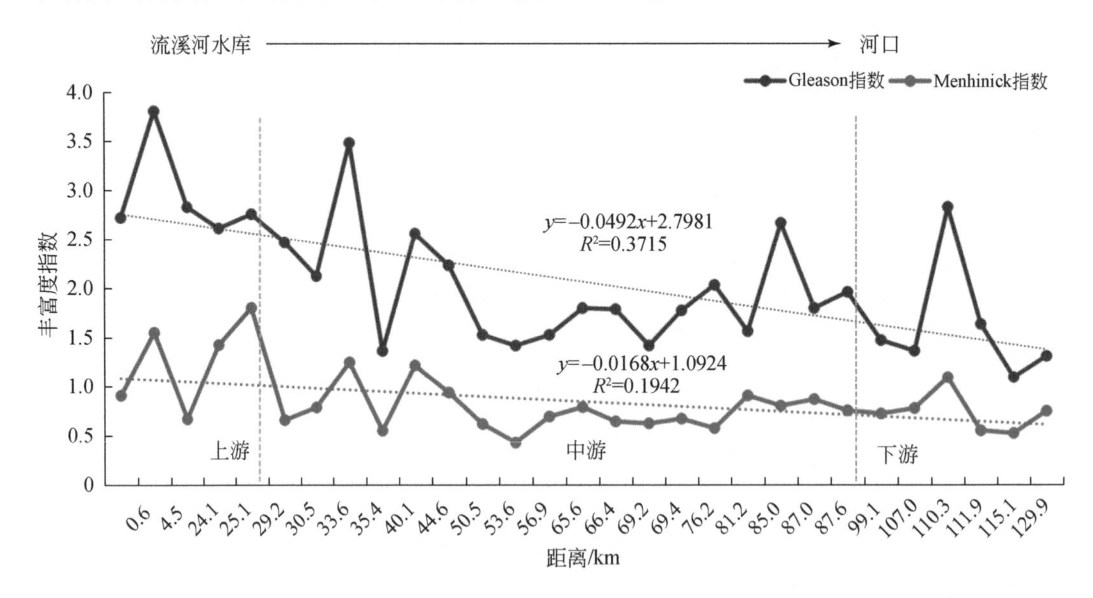

图 5-5 流溪河廊道尺度不同区段河岸植物群落丰富度指数

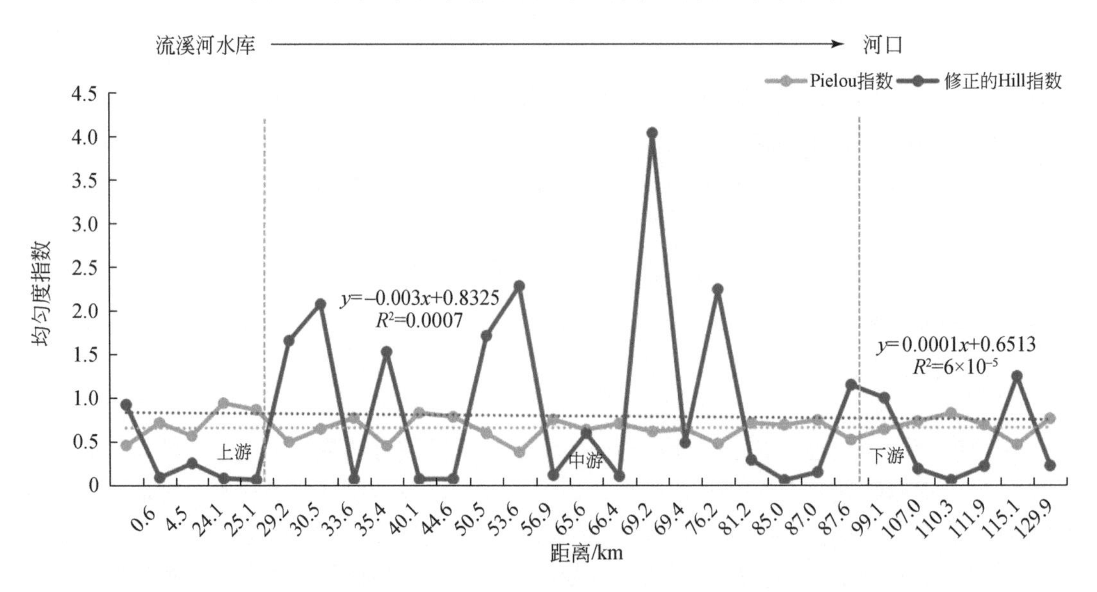

图 5-6 流溪河廊道尺度不同区段河岸植物群落均匀度指数

为有效论证上述指标在流溪河上游至下游过程中变化趋势的有效性，采用单因素方差分析法检验了各个指数在 29 个样地内变化趋势的显著性（表 5-4）。其中，丰富度指数与多样性指数 $F>F_{crit}$，均说明在 α=0.05 的情况下，各丰富度指数与多样性指数在各个样地的变化趋势是显著的；均匀度指数 $F<F_{crit}$，均说明在 α=0.05 的情况下，各均匀度指数在各个样地的变化趋势是不显著的。可以得出，各样地植物群落的丰富度指数与多样性指数在流溪河河流廊道上、中、下游不同区段呈现出逐渐减小的特征，均匀度指数则没有较为突出的变化。经 5.2.1 节分析，得到上游区段植物物种各层次类型多样且分布均匀的结论，

与此处计算的结果较符合；对中游区段而言，草本物种类型与数量为流溪河全线最多，但其丰富度与多样性指数的大小却小于上游地区，这主要是该区段各层次物种类型与数量分布不均衡所致；下游区段各层次物种类型与数量均为流溪河全线最少，与其相对应的也为此处最低的丰富度与多样性程度。总之，在流溪河廊道上河岸植物物种的分布从上游至下游丰富度逐渐减少，多样性从整体上也逐渐变弱。

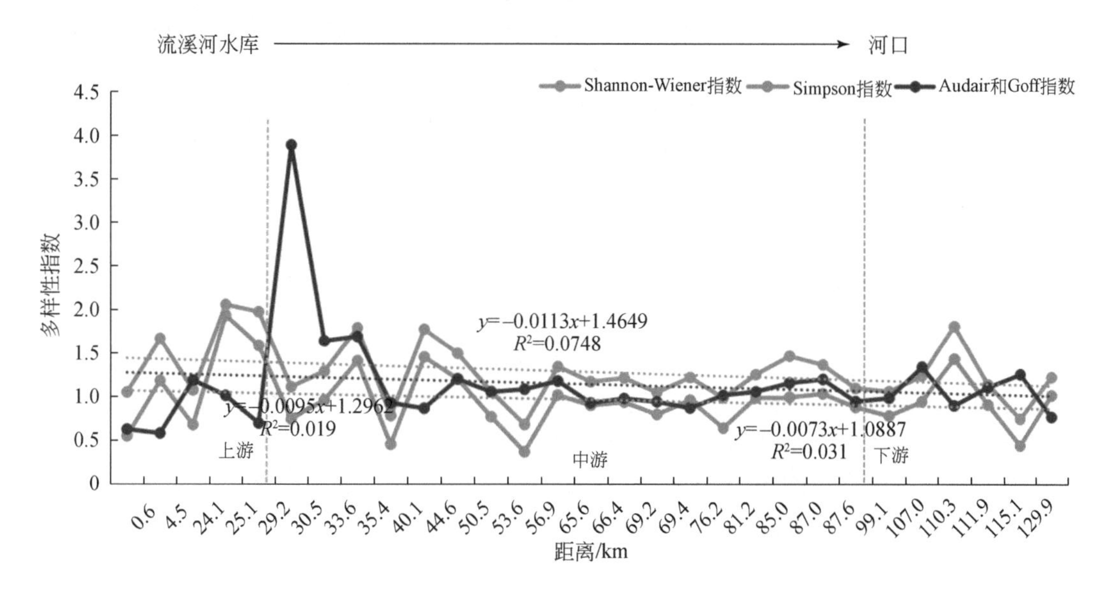

图 5-7　流溪河廊道尺度不同区段河岸植物群落多样性指数

表 5-4　流溪河廊道尺度河岸植物群落各特征指数变化趋势的显著检验

变差来源	SS	df	MS	F	P_{value}	F_{crit}
丰富度指数	21.57829	1	21.57829	74.60721	6.99×10^{-12}	4.012973
均匀度指数	0.258181	1	0.258181	0.538611	0.46607	4.012973
多样性指数	1.465949	2	0.732974	3.72793	0.028109	3.105157

注：SS 表示平方和；df 表示自由度；MS 表示均方；F 表示检验统计量；P_{value} 表示观测到的显著水平；F_{crit} 表示检验临界值。

5.3　河流廊道景观格局特征变化的生态效应

基于上述对流溪河廊道景观特征以及河岸植物物种分布及多样性特征的综合分析，发现它们均在流溪河上、中、下游不同区域上存在较大的差异。为了建立河岸植物物种分布特征在不同区域上的变化与对应区域河流廊道景观特征间的潜在关系，采用可建立物种、样地及景观环境特征因子间相互关系的排序方法对其进行分析。由于所调查到的变量组之间为非线性且符合正态分布的数据特征，最终选取了除趋势典范对应分析（DCCA）方法，将 5.1 节中所选取的河流廊道景观格局特征综合指标与植物物种分布特征、样地以及样地所在区域的高程与位置两个环境因子一起进行了排序分析，建立各变量间相互作用的关系，以反映河流廊道尺度景观格局特征变化的生态效应。

5.3.1　分析方法

除趋势典范对应分析（DCCA）方法是一种植被环境关系多元分析方法，可有效进行植被的梯度分析与环境解释力度的分析[13]。它结合了除趋势对应分析（DCA）方法与典范对应分析（CCA）方法，具有精度高、克服弓形效应的综合优点。该方法可将物种、样地与不同的环境因子信息同时表达在排序轴上，也可与分类方法结合使用，一般可使用CANOCO软件直接计算[14]。该方法需要具备两个原始数据矩阵，一个是种类组成矩阵，一个是环境特征因子矩阵，基于这两个数据矩阵进行排序分析，步骤如下[15]。

（1）选择样地排序的初始值。

（2）用加权平均计算种类排序的初始值。

（3）再用加权平均法求样地排序新值，将这一样地坐标记为 Z_j=（j=1,2,···,N）。

（4）用多元回归方法计算样地与环境特征因子之间的回归系数 b_k，用矩阵形式表示为

$$\boldsymbol{b}=(\boldsymbol{UCU}^{\mathrm{T}})^{-1}\boldsymbol{UC}(Z^{*})^{\mathrm{T}} \tag{5-8}$$

式中，$\boldsymbol{b}$ 为一列向量，$\boldsymbol{b}$=（$b_0,b_1,\cdots,b_q$）^{T}；$\boldsymbol{C}$ 为由种类×样地原始数据矩阵列和 C_j 组成的对角线矩阵；Z^*为第（3）步得到的样地排序值：$Z^*=\{Z_j^*\}=(Z_1^*,Z_2^*,\cdots,Z_N^*)$；$\boldsymbol{U}=\{U_{kj}\}$，为（$q$+1）×$N$ 维矩阵，包括环境特征因子原始数据矩阵和一行 1，用于计算 b_0；最后一次迭代所求出的 b 称为典范系数，它反映了各个环境特征因子对排序轴所起作用的大小，是一个生态学指标。

（5）计算样地新值 $Z_j\left(j=1,2,\cdots,N\right)$：

$$Z_j=\boldsymbol{Ub} \tag{5-9}$$

（6）对样地排序值进行标准化，分别计算：

$$V=\sum_{j=1}^{N}C_jZ_j/\sum_{j=1}^{N}C_j \tag{5-10}$$

$$S=\sqrt{\sum_{j=1}^{N}C_j\left(Z_j-V\right)^2/\sum_{j=1}^{N}C_j} \tag{5-11}$$

同样，最后一次迭代所求出的 S 等于特征值 λ，标准化得

$$Z_j^{(a)}=\frac{Z_j-V}{S} \tag{5-12}$$

（7）回到第（2）步，重复迭代过程，直至得到稳定的值为止。

（8）求第二排序轴时，与第一排序轴一样，进行第（1）～（5）步。在选初始值时可以选第一轴某一步的结果，以加快迭代收敛速度，到第（6）步除趋势，即将第一轴分成数个区间，在每一区间内对第二轴的排序值分别进行中心化。用经过除趋势处理的样地排序值，再进行加权平均求种类排序新值。

（9）计算环境特征因子的排序坐标值。

$$f_{km}=[\lambda_m(1-\lambda_m)]^{\frac{1}{2}}a_{km} \tag{5-13}$$

式中，f_{km} 为第 k 个环境特征因子在第 m 排序轴上的坐标值；λ_m 为第 m 排序轴的特征值；

a_{km} 为第 k 个环境特征因子与第 m 个排序轴间的相关系数。

（10）绘排序图，组成双序图。

5.3.2　结果分析

在对各样地植物物种分布特征与景观格局特征综合指标因子、样地环境因子进行除趋势对应分析前，需首先判断它们之间是否为线性相关。因此，首先对由物种重要值及样地构成的种类组成矩阵做降趋势对应分析（DCA），以判别选用单峰模型还是线性模型。得到的第一轴长度的结果乔木层为 7.84>4，灌草层为 5.91>4，说明各样地物种群落分布特征与景观格局特征综合指标因子和环境因子间呈非线性关系且符合正态分布，属于单峰模型[16]。因此，采用了除趋势典范对应分析（DCCA）方法以克服弓形效应，对种类组成矩阵与景观格局特征综合指标因子和环境因子矩阵间进行排序分析，最终得到的结果如图 5-8 与图 5-9 所示，分别为各景观格局特征综合指标因子、环境因子与各样地、物种之间的 DCCA 排序分类结果，且它们均通过了蒙特卡洛置换检验（$P<0.01$），说明分析结果均能有效反映各样地或物种与环境特征因子之间的关系。

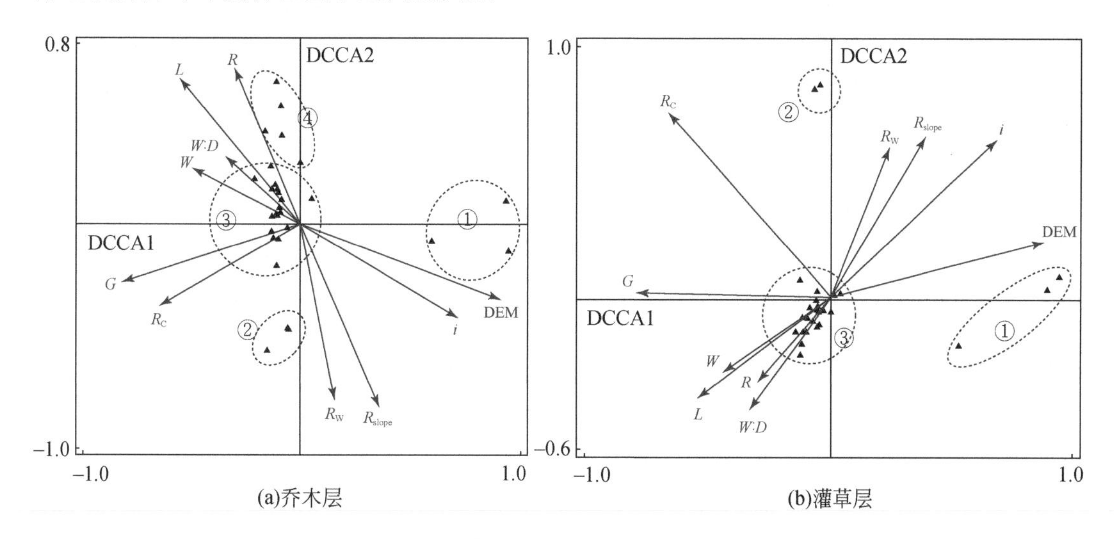

图 5-8　景观格局特征因子、环境因子和乔木层样地与灌草层样地间的排序分类图

$P_{value}<0.01$，通过显著性检验，分析结果有效；L 表示各样地所在位置，DEM 表示高程，R_{slope} 表示河岸带坡度，W 表示河道湿宽，W∶D 表示宽深比，i 表示河道纵坡比降，R_C 表示河流形态蜿蜒程度，G 表示河道纵向连通性，R_W 表示自然河岸带宽度，R 表示河岸带内建设用地的动态度；①～④为各乔木层或灌草层的样地在图中的类群编号

图 5-8 和图 5-9 均为双序图，图中用图形符号表示的为各样地或各物种处于图中的位置，任意两个样地或物种相距越近则表示两者类别越为接近，被划分为因环境因子改变而变化的同一类群；景观格局特征综合指标因子与环境因子均用带有箭头的矢量线段表示，两个箭头之间的夹角代表各景观格局特征与环境因子间相关性的大小，夹角越小相关性越大，反之则越小或无相关性；箭头的长度则代表某景观综合指标特征因子、环境因子与样地或物种分布特征的相关程度的大小，箭头越长表示各景观格局特征与环境因子对样地或物种分布的解释力度越大，反之则越小；图中表征各样地或各物种的图形符号到各箭头的垂直距离表示它们与各环境因子之间相关关系的大小，距离越近则表明该样地或物种受该

环境因子的影响越大，反之则越小或者无影响。

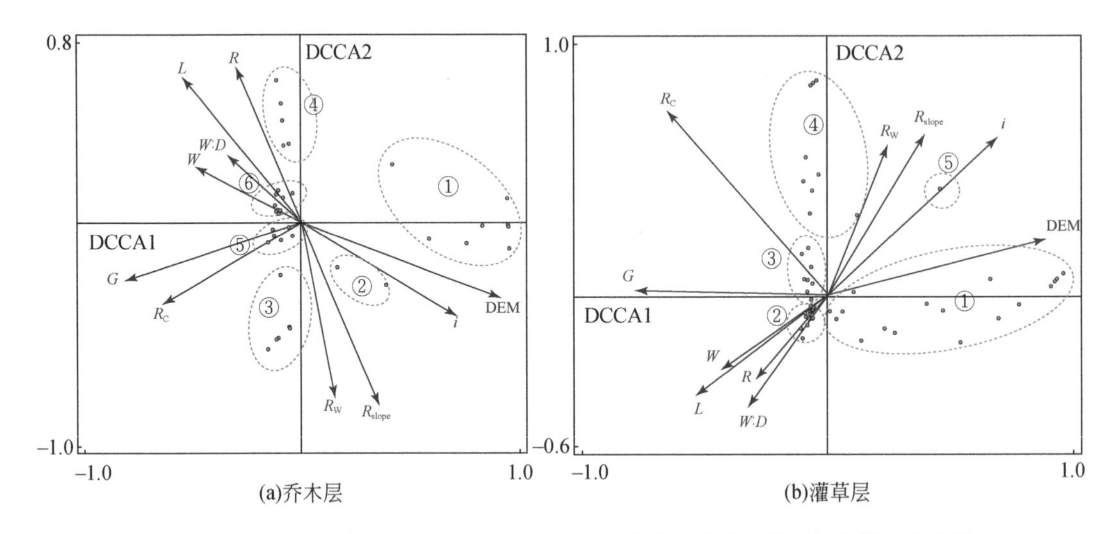

图 5-9 景观格局特征因子、环境因子和乔木层物种与灌草层物种间的排序分类图

P_{value}<0.01，通过显著性检验，分析结果有效；L 表示各样地所在位置，DEM 表示高程，R_{slope} 表示河岸带坡度，W 表示河道湿宽，W：D 表示宽深比，i 表示河道纵坡比降，R_C 表示河流形态蜿蜒程度，G 表示河道纵向连通性，R_W 表示自然河岸带宽度，R 表示河岸带内建设用地的动态度；①～⑥为各乔木层或灌草层的物种在图中的类群编号

1）各影响因子的 DCCA 排序结果

分析图 5-8 与图 5-9，均显示了 8 个景观综合指标特征因子与 2 个环境因子在 DCCA 第 1、第 2 排序轴上的分布特征。其箭头的长度表征了各影响因子对排序轴的贡献程度，箭头与排序轴的夹角则反映了各影响因子与排序轴间的关系。分析图 5-8（a）与图 5-9（a）可以看出，10 个影响因子在乔木层可以分为五组：DCCA1 轴分别与高程（DEM）、河道纵坡比降（i）呈正相关，因为高程大的区域，河流常蜿蜒在两山之间，且流经之处高程相差较大，带来了较大的河道纵坡比降，两者的增加将带来相同的环境效应；河道纵向连通性（G）、河流形态蜿蜒程度（R_C）、河道湿宽（W）均与 DCCA1 轴呈负相关关系，表明三者的增加具有相反的环境效应，如河道纵向连通性越低的区域受水利梯级开发影响越大，河道被分割为多个河段，各河段具有蓄滞洪水与泄洪排涝的需求，人为的改造使得河段的蜿蜒度大幅降低，且因防洪排涝的需求，该河段的河宽也被加大以增加过水截面面积；DCCA2 轴与自然河岸带宽度（R_W）、河岸带坡度（R_{slope}）均呈负相关关系，说明两者的增加具有相反的环境效应，因为河岸带的坡度由河岸带的宽度与河岸带的高差的比值转换而来，河岸带越宽的区域，在高差不变的情况下河岸带坡度越小；河岸带内建设用地的动态度（R）与样地所在位置（L）均与 DCCA2 轴呈正相关关系，表明两者的增加会产生相同的环境效应，不同区域的建设用地动态度均不同，随着样地的位置由上游区段向下游区段移动，河岸带内建设用地的动态度不断增大。

分析图 5-8（b）与图 5-9（b），10 个影响因子在灌木层可以划分为五组：DCCA1 轴分别与高程（DEM）和河道纵坡比降（i）呈正相关关系，与河道纵向连通性（G）呈负相关关系，说明高程与河道纵坡比降的增加和河道纵向连通性的增加之间具有相反的环境效应，随着高程的增加，河道纵坡比降也一起增加，河道纵向连通性则降低，这与研究区内上游与中游区段地形的起伏以及水利梯级的密集开发息息相关；河道湿宽（*W*）、宽深比（*W*∶*D*）、建设用地动态度（*R*）与样地所在位置（*L*）均分别与 DCCA2 轴呈负相关关系，说明三者均具有相同的环境效应，即河道湿宽越宽、宽深比越大，样地越来越靠近河口区域，建设用地的动态度也越来越大。

综上，10 个影响因子在乔木层与灌木层的作用均存在较大的差异，但高程、自然河岸带宽度与河道纵向连通性在两者中都与 DCCA 排序轴显著相关，说明高程的大小、自然河岸带宽度与河道纵向连通性均对河流廊道尺度植物物种采样地与物种类型的分布有直接作用。其中，高程大小在流溪河内对采样地及各层次植物物种分布特征起决定性作用，而自然河岸带的宽度与纵向连通性的大小则反映了水利工程建设对采样地与各层次植物物种分布特征的重要影响。

2）各样地的 DCCA 排序结果

对 29 个采样地进行排序分析，可将乔木层划分为四大类，将灌草层划分为三大类，且各层次均具有一组相同的和两组相似的样地划分类别。如表 5-5 所示，S1、S2、S3 三个样地在乔木层与灌草层中均单独成为一个类别（类别 1），且均受到高程因子的显著影响，与其他因子间的相关关系均不显著。这一结果与实地调查的情况相符，三个样地均位于流溪河水库上游靠近水源地所在片区，高程大小远远大于其他样地。类别 2 中乔木层较灌草层多了样地 S8，这主要是样地 S8 的特殊性造成的。该样地位于碧水湾郊野公园内，采样样方的选取与 S4、S5 一样均位于陡坡地上，其乔木物种的类型与平原地区不同，而灌草层则与其他相邻样地较为相似，使得在灌草层分类中被划分在类别 3；乔木层与灌草层的第 2 类样地的分布均与自然河岸带宽度、坡度以及河流形态蜿蜒度存在相关关系；这主要是 S4、S5 样地均设置在坡地上，且均在流溪河水库至良口坝之间，自然河岸带宽度均较大、坡度均较陡，其河流形态蜿蜒度未受拦河坝建设的影响，仍具有较高的蜿蜒度所致。中游区段的 19 个样地在乔木层与灌木层中均划分在第 3 类中，且它们与各类影响因子间均存在较显著的相关关系，这主要是中游区段在景观格局特征与环境特征上的特殊性造成的。该区段地形、河道内外物理结构特征与水文特征受水利梯级开发的影响与其他区段存在较大的差异；该区段的建设用地动态度也较高，受人类活动对河岸带土地利用的改造影响也很大，因而使得该区段所在样地与其他区段存在较大差异。在乔木层中，将下游区段的五个样地单独划为一个类群，而灌草层则与中游区段合并为一个类群；乔木层中的五个样地主要与建设用地的动态度之间存在显著的相关关系，说明造成这一差异的原因与人类活动对土地利用的改造分不开。结合 5.2.1 节的分析可以判断出其与下游区段乔木层包含了大量人工栽植的经济树种有关。总之，流溪河河流廊道内 29 个采样地间的差异与样地的景观格局特征、环境条件以及人类对土地利用的改造活动均息息相关，与灌草层相比，乔木层受人类活动的直接与间接影响较大，而灌草层主要受到景观格局特征与环境条件的变化影响。

3）各物种的 DCCA 排序结果

根据图 5-9 中对以上 10 个影响因子分别和乔木层 66 个物种与灌草层 189 个物种的排序分析结果，可将乔木层的物种划分为 6 类，灌草层的物种划分为 5 类。

表 5-5　不同植被层次所在样地的聚类结果

类别	乔木层	灌草层
1	S1、S2、S3	S1、S2、S3
2	S4、S5、S8	S4、S5
3	S6、S7、S9、S10、S11、S12、S13、S14、S15、S16、S17、S18、S19、S20、S21、S22、S23、S24	S6、S7、S8、S9、S10、S11、S12、S13、S14、S15、S16、S17、S18、S19、S20、S21、S22、S23、S24、S25、S26、S27、S28、S29
4	S25、S26、S27、S28、S29	—

乔木层物种类群的 6 类划分如表 5-6 所示，通过对附表 1～附表 3 的查阅发现，类群 1 的乔木物种主要位于上游样地内，以蒲桃构成的喜湿植物群落为特征，与水文特征因子与河道内外物理结构特征因子的相关性均较强，这离不开该类群中物种的喜湿特性，也与部分山地物种如马尾松的生活习性息息相关。类群 2 的乔木物种主要分布在上游与中游区段的样地内，其在上游区段以枫香树构成的植物群落为主，在中游区段以鹅掌柴构成的植物群落为主，与水文特征因子、河道内外物理结构特征因子均相关，这主要是因为枫香树与鹅掌柴均为喜湿且不耐涝的植物物种，在河岸带上的分布均距离河道较远。类群 3 中乔木物种也主要分布在上游与中游区段的样地内，上游以松树构成的植物群落为主，中游以盐肤木构成的植物群落为主，其主要受到河流形态蜿蜒度、河岸带宽度、坡度以及土地利用变化特征因子的影响，这与群落内分布有大量的耐旱性山地物种息息相关，也与该群落中分布的少量经济物种有关。类群 4 中乔木物种主要分布在下游样地内，以黄皮构成的喜湿人工栽植植物群落为主，河岸带土地利用变化特征因子是影响其分布的关键作用因子。类群 5 中乔木植物物种主要分布在中游区段的样地内，以光荚含羞草构成的喜湿耐涝的护岸堤植物群落为特征，主要受水文特征因子与河道内外物理结构特征因子影响，这主要受到该类群对湿度的需求以及其护岸护堤的功能特性影响。类群 6 中乔木物种主要分布在中游与下游区段的样地内，以荔枝、龙眼、竹、芭蕉等经济作物构成的植物群落与蒲桃、海芋等喜湿植物构成的群落为主，且离不开 10 个影响因子的共同作用，这与人工栽植的经济物种在该类群的分布息息相关，也受该类群中喜湿植物对水分的需求影响。

表 5-6　乔木层物种聚类结果

类群	物种	群落类型	特点	主要影响因子
1	乔木：水杉、女贞、红豆杉、粉单竹、冬青、樟、SP1、SP2、山茶、柿、马尾松、木荷、SP3、SP4、滇刺枣 灌木：杜鹃	以蒲桃构成的喜湿植物群落为主	分布在上游样地内	水文特征因子与河道内外物理结构特征因子
2	乔木：枫香树、鹅掌柴	上游与中游样地分别以枫香树与鹅掌柴构成的喜湿不耐水涝的植物群落为主	分布在上游与中游样地内	水文特征因子与河道内外物理结构特征因子
3	乔木：猴欢喜、岭南山竹子、杜英、苹婆、羊蹄甲、银合欢、檵木、萝芙木、柯、土蜜树、松树、梅、盐肤木、天竺桂、梭罗树、山油柑、三桠苦、锥 灌木：银柴、齿叶冬青、破布叶	上游与中游样地分别以松树与盐肤木构成的耐旱性山地物种群落为主	分布在上游与中游样地内	河流形态蜿蜒度、河岸带宽度、坡度以及土地利用变化特征因子

续表

类群	物种	群落类型	特点	主要影响因子
4	乔木：水同木、黄皮、杉木、楠树、朴树、SP8、SP9	以黄皮构成的喜湿的人工栽植植物群落为主	分布在下游样地内	河岸带土地利用变化特征因子
5	乔木：光荚含羞草、SP5、山石榴、构树、枇杷、山桃	以光荚含羞草构成的喜湿耐涝的护岸堤植物群落为主	除构树外主要分布在中游样地内	水文特征因子与河道内外物理结构特征因子
6	乔木：蒲桃、竹、龙眼、对叶榕、荔枝、山黄麻、黄连木、杧果、栾树、桉、菜豆树 大型草本：芭蕉、海芋	以荔枝、龙眼、竹、芭蕉等经济作物构成的植物群落与蒲桃、海芋等喜湿植物构成的群落为主	分布在中游与下游样地内	水文特征因子、河道内外物理结构特征因子、河岸带土地利用变化特征因子

注：表格内灌木与草本物种主要是乔木层样地内高度＞2m 或胸径＞5cm 的灌木物种与大型草本植物物种。

灌草层物种类群的划分如表 5-7 所示，查阅附表 1～附表 3 发现，类群 1 的灌木、草本物种主要位于上游的三个样地内，以草珊瑚-淡竹叶构成的坡地植物群落为特征，且与各影响因子中的高程因子相关性最强。类群 2 的灌木、草本物种主要分布在中游与下游区段的各样地中，极少量草本物种分布在上游 S3、S4、S6 号样地内，该群落以马缨丹-马唐构成的喜湿植物群落为特征，与 10 个影响因子均存在较强的相关性；与其他类群相比，该类群与水文生境特征指标间的相关性极高，这主要是该类群具有丰富的喜湿植物物种，且其主要分布在中、下游样地内邻近河道的样方当中，水文生境特征指标的变化直接影响着其生境条件的改变。类群 3 的灌木、草本物种广泛分布于流溪河各个区段内，属于各区段的主要共有物种，该群落以海芋构成的湿生植物群落为特征，广泛分布于流溪河廊道河岸带全线水分充足的区域；且与各影响因子中的水文特征因子和河道内外物理结构特征因子均有较强的相关性，两者共同组成了植物群落生存的生境条件，同时与河岸带建设用地的动态度变化也有紧密的相关性，这主要与中、下游地区建设用地对自然河岸带的侵占与人工栽植植物物种的改造息息相关。类群 4 的灌木、草本物种主要分布于上游区域所在样地内，以中南鱼藤构成的坡地植物群落为特征，且与各影响因子中的河道内外物理结构特征因子紧密相关；这主要是因为该类群所在样地位于流溪河上游水源区的山林间，其自然河岸带宽阔且坡度陡峭、河道纵坡比降大、河流形态蜿蜒度高。类群 5 的灌木、草本物种单一，仅有山蒟这一个喜湿性的攀援物种，其分布在样地 S3、S4 与 S10 中；S3 与 S4 号样地均设置在山坡坡脚上，S11 号样地中山蒟所在的样方位于坡度＞60°的陡坡地上，该类群与河道内外物理结构特征因子与水文特征因子紧密相关，这主要是山蒟这一类植物物种的攀援及喜湿习性所决定的。

综上，各影响因子对流溪河河岸带内植物物种群落分布特征的作用在不同层次结构上以及河流不同区段内均不同。对乔木层而言，河岸带土地利用变化特征因子在中、下游区段影响着经济作物物种的分布，而水文特征因子与河道内外物理结构特征因子则影响着乔木层中坡地植物群落与喜湿植物群落在河流全线的分布；对灌草层而言，河岸带土地利用变化特征因子的影响较小，主要是由水文特征因子与河道内外物理结构特征因子影响着灌草层内坡地植物群落与喜湿植物群落在流溪河全线的分布。

表 5-7　灌草层物种聚类结果

类群	所有物种	群落类型	位置	主要影响因子
1	灌木：草珊瑚、香花鸡血藤、马甲菝葜、南烛、土茯苓、山血丹、酸藤子、白背叶 草本：金毛狗脊、芒萁、乌毛蕨、扇叶铁线蕨、淡竹叶、海金沙、地胆草、兰科未定种、细圆藤、鳞毛蕨未定种、扁竹兰、禾本科未定种、蕨类未定种、东方香蒲、芭蕉、三叶崖爬藤、金线吊乌龟、长鬃蓼、淡竹叶、葛、求米草	以草珊瑚-淡竹叶构成的群落为特征	分布在上游样地内	高程因子
2	灌木：刺果藤、假鹰爪、毛稔、胡枝子、印度野牡丹、马缨丹、悬钩子、一叶萩、菝葜、白花灯笼、大青、木姜子、茅莓、南天竹、刺蒴麻、SP6 草本：双盖蕨、剑叶凤尾蕨、微甘菊、蓼、短叶水蜈蚣、鬼针草、茅未定种、华南毛蕨、马唐、蚕茧草、夜香牛、金星蕨、草胡椒、蟛蜞菊、SP10、丁香蓼、毛草龙、翼茎阔苞菊、香茅、香膏萼距花、鳞盖蕨、荩草、马爬儿、雾水葛、蒲公英、叶下珠、艳山姜、地桃花、软荚豆、华南凤尾蕨、水茄、朱槿、清风藤、矮慈姑、凤梨、络石、含羞草、阔叶丰花草、风龙、糯米团、牛皮消、三裂叶野葛、两型豆、头状穗莎草、五爪金龙、沿阶草、毛蕨、芋、狗肝菜、篱栏网、王瓜、火炭母、铁苋菜、商陆、野木瓜、紫苏、犁头尖、弓果黍、杠板归、白车轴草、扁担藤、落花生、兰、艾、巨芒穗米草、喜旱莲子草、刺苋、金丝草、虮子草、打碗花、假臭草、伞房花耳草、碎米莎草、灯心草、假蒟、合果芋	以马缨丹-马唐构成的喜湿植物群落为特征	主要分布在中游与下游区段，少量分布在上游 S3、S4、S6 号样地中	所有因子，且与水文特征因子高度相关
3	草本：海芋、半边旗、芒、藿香蓟、鸭跖草、香附子	以海芋构成的湿生植物群落为特征	各层均有，为喜湿物种	水文特征因子、河道内外物理结构特征因子
4	灌木：苎麻、鸡矢藤、光荚含羞草、箬竹、山麻杆、中南鱼藤、翼核果、天香藤、吴茱萸五加、银柴 草本：锡叶藤、薯蓣、伏石蕨、萝、橙黄玉凤花、龙须藤、风藤、半夏、地锦草、田麻、青江藤、一点红、小蓬草、塞内加尔水苋菜、菖蒲	以中南鱼藤构成的坡地植物群落为特征	为上游与中游具备的灌木与草本	河道内外物理结构特征因子
5	草本：山蒟	仅有山蒟这个攀援类喜湿坡地物种	上游与中游均有的草本植物，喜湿物种	水文特征因子、河道内外物理结构特征因子

4）各影响因子对样地与物种分布影响的整体性分析

从图 5-8 与图 5-9 中可知，对乔木层而言，10 个影响因子的箭头长度排序依次为 DEM>R_{slope}>L>G>R>i>R_{W}>R_{C}>W>$W:D$，这表明对乔木层样地与物种分布特征影响最大的是高程因子与河岸带坡度因子以及样地所在位置，即采样地的地形与所处区段是乔木层样地与物种分布特征的主要影响因素，这与上游乔木层中含有大量坡地植物物种群落有关；河道纵向连通性程度与土地利用变化特征因子为仅次于地形因子和位置的影响因素，这说明水利梯级的开发与人类活动对土地利用的改造均对乔木层样地与物种的分布特征存在一定程度的影响；同时，河道蜿蜒度、湿宽与宽深比等因子对乔木层物种的分布影响较小，这与乔木层中丰富的人工栽植的经济树种息息相关。与之不同的是，灌草层中，河流形态的蜿蜒度为对其物种分布影响最大的因素，且河道纵坡比降、高程、河岸带坡度因子也是灌草层物种分布的重要影响因素，其次是河道纵向连通性程度以及其他因子，土地利用变化特征因子对灌草层物种的分布影响极小。这说明与乔木层不同的是灌草层的物种分布主要受到河道内外物理结构特征指标与环境因子的影响，而人类活动对土地利用的改造与水利梯级开发对水文特征的改变对灌草层物种的分布影响均较小。

整体上，河流廊道尺度景观格局特征的变化与河岸植物群落的分布存在着紧密的关联，且对不同层次、不同区段、不同类型的植物群落分布特征的影响均存在着较大差异。其中，在不同层次上，乔木层相较于灌草层受河岸带土地利用变化特征指标的影响较为突出，尤其是在河流中、下游区段，栽植有大量的人工经济物种；灌草层受河岸带土地利用变化的影响较小，与该层次大量的原生物种的特征分不开。河道内外物理结构特征因子与水文特征因子对于乔木层与灌草层内对水分条件与河岸带环境特征有特殊需求的植物物种的分布具有决定性作用，如坡地植物物种、喜湿植物物种等。总之，对于上、中、下游不同区段而言，河道内外物理结构特征对全区段的植物分布特征均存在较大的影响，而河岸带土地利用变化特征只与中、下游区段人工种植的植物物种的分布存在较大关联，水文生境特征指标因子则与上、中、下游区段喜湿植物物种的分布紧密相关。

5.4　小　　结

本章对流溪河河流廊道尺度景观变化特征展开了系统分析，确立了流溪河廊道景观综合特征的变化规律；分析了河流廊道植物群落的分布及其多样性特征，并采用除趋势典范对应分析方法建立了流溪河廊道景观综合特征的变化与河岸带植物群落分布特征间的关系，以突出河流廊道尺度景观格局特征变化带来的生态效应。

（1）1980～2015 年间，流溪河不同宽度河流廊道缓冲带上，土地利用类型的变化特征差异较小，均表现出中、下游地区建设用地侵占河流廊道内耕地景观的特征，这与流域尺度的变化特征相一致，也进一步说明了土地利用变化的整体特征在同一区域不同空间尺度上的相似性。其中，建设用地与耕地在宽 300m 的河流廊道上的动态度分别为 2.43%与 −0.52%，均远大于其他土地利用类型在此期间的动态度变化。

（2）流溪河廊道尺度景观综合特征存在着突出的空间差异。上游河段建设用地动态度最低，不足 2.00，且自然河岸带宽阔、陡峭，最宽可达近千米，坡度平均高达近 40°，河道湿宽窄（平均不足 32.00m）且宽深比小（平均不足 1.70），纵坡比降高，高达 1.17%。整个河段蜿蜒度高且超过中、下游区段的 2 倍，河道纵向连通性为 0.01，优于中、下游河段。在中、下游河段，其建设用地动态度较高，均接近 3.00；自然河岸带宽度均远小于上游河段，平均不足 175.00m，且坡度较小，不足 20°；河道内湿宽更宽、宽深比相应更大，湿宽均大于 100.00m，宽深比接近 3.00，均超过了上游河段的 1.6 倍；河道纵坡受地形影响更为平缓，纵坡比降均不足 0.15%；两个河段相比于上游河段河道平面形态更加顺直化，蜿蜒度均不足 1.40。中游与下游河段在河岸带建设用地动态度、河道内外物理结构形态特征、河道湿宽与宽深比上具有较大的相似度，但中游区段河道纵向连通性较差，这与中游河段密集梯级拦河坝建设有关。基于对流溪河廊道尺度景观综合特征的计算与分析，以及对现状调查的数据信息的整理，对流溪河廊道全线景观格局特征的图解共形成了四大类 26 种基本的图式化结构语言。该语言体系的形成及其对上、中、下游各河段廊道尺度景观格局特征的空间差异的表征，系统地突出了兼具上、下游河段景观格局特征与自身梯级景观特色的中游河段的特殊性。

（3）对流溪河廊道全线河岸植物物种调查分析的结果表明，河岸植物群落的分布在物种数量与类型方面从上游至下游存在较大的空间差异。在全线 225 种植物物种中，近 70% 的物种分布在流域中游区段。中游区段为流溪河全线物种类型与数量上最丰富的区域，也是人工栽植的经济物种主要分布的区段之一。该区段是连接上游与下游区段的纽带，也是各区段中拥有最多共有物种的区段。整体上，从流溪河上游至下游，物种的丰富度与多样性呈逐渐下降的趋势，这主要是中游区段物种分布不均匀且集中于灌草层，而下游区段物种数量与类型整体均较低所致。

（4）通过对各景观格局特征综合指标与植物群落分布特征间相互作用关系的分析，确立了不同景观格局特征因子在不同层次、不同区段与不同类型的植物群落分布上的重要作用。河岸带土地利用变化特征指标主要作用在乔木层以及人工栽植的经济物种中，其对灌草层中原生植物类群的影响较小；河道内外物理结构特征因子与水文特征因子的作用在流溪河全线均能体现，尤其是在生长于特殊环境中的植物物种上作用极为强烈。整体上，河流廊道尺度各景观格局特征综合指标的生态效应体现在不同河岸植物物种分布的巨大差异上。

参 考 文 献

[1] Behren C V，Dietrich A，Yeakley J A. Riparian vegetation assemblages and associated landscape factors across an urbanizing metropolitan area [J]. Coence，2013，20（4）：373-382.

[2] 杨树青，白玉川，徐海珏，等. 河岸植被覆盖影响下的河流演化动力特性分析 [J]. 水利学报，2018，49（8）：995-1006.

[3] 朱强，俞孔坚，李迪华. 景观规划中的生态廊道宽度 [J]. 生态学报，2005，（9）：2406-2412.

[4] 刘庆. 流溪河流域景观特征对河流水质的影响及河岸带对氮的削减效应 [D]. 广州：中国科学院研究生院（广州地球化学研究所），2016.

[5] 张明阳，王克林，刘会玉，等. 喀斯特生态脆弱区桂西北土地变化特征 [J]. 生态学报，2009，29（6）：3105-3116.

[6] Miller J R，Ritter J B. An examination of the Rosgen classification of natural rivers [J]. Catena，1996，27（3-4）：295-299.

[7] 蒙小英. 基于图示的景观图式语言表达 [J]. 中国园林，2016，32（2）：18-24.

[8] 王云才. 景观生态化设计与生态设计语言的初步探讨 [J]. 中国园林，2011，27（9）：52-55.

[9] 王云才，韩丽莹，徐进. 水体生境设计的图式语言及应用 [J]. 中国园林，2012，28（11）：56-61.

[10] 王云才，张英，韩丽莹. 中小尺度生态界面的图式语言及应用 [J]. 中国园林，2014，30（9）：46-50.

[11] 郭水良，于晶，陈国奇. 生态学数据分析：方法，程序与软件 [M]. 北京：科学出版社，2015.

[12] Annee M，张峰. 生物多样性测度 [M]. 北京：科学出版社，2011.

[13] 索安宁，王兮之，胡玉喆，等. DCCA 在黄土高原流域径流环境解释中的应用 [J]. 地理科学，2006，26（2）：205-210.

[14] Daniel B，Francois G，Pierre. 数量生态学 [M]. 北京：高等教育出版社，2014.

[15] Legendre P. Numerical Ecology [M]. Oxford：Elsevier，2019.

[16] 张静，邱俊文，陈春亮，等. 广东大鹏湾北部海域春秋季鱼类群落结构及其与环境因子关系 [J]. 广东海洋大学学报，2020，40（6）：43-52.

第 6 章　河段尺度景观格局变化及其生态水文效应

本章重点分析河段尺度中、微观尺度景观格局变化带来的生态水文特征。该尺度更适合针对某一典型问题展开深入分析，也能突出局部河段景观、水文与生态要素的变化特征。首先，确立了水利工程建设带来的河段尺度景观格局的变化，并结合图式化分类分析的方法，构建表征中游河段景观格局变化特征的图式化景观单元，以更为直观的方式突出水利工程建设对河段景观格局特征带来的影响；其次，运用 Mike 系列模型展开局部河段水动力与水质条件的多维数值模拟，分析水利工程建设对中游河段水生生态系统与河岸植物群落分布特征的影响。以水利工程建设带来的上述变化的分析为基础，建立中游河段景观格局特征、水生生态系统与河岸植物群落分布特征演变间的相互作用关系，系统反映流溪河中游河段水利工程建设带来的景观格局特征及生态水文特征的响应变化。

6.1　水利工程建设对河段尺度景观格局的影响

6.1.1　中游河段景观格局特征的分析

第 5 章中对河流廊道景观格局特征的分析将研究区在河流廊道尺度上划分成了上、中、下游三个典型片区，且各片区的景观格局特征与植物群落分布均存在突出差异。与上、下游区段相比，中游区段作为连接上、下游两个区段的纽带，具备着这两个区段特征的同时，还具备着自身所在区段的特点。中游河段在景观格局特征上与上、下游区段相比，具备着较低的河道纵向连通性，且以密集的水利梯级建设工程开发与人工防洪堤的建设为特色。在全区段不到 60km 的长度范围内分布有 8 个梯级拦河坝，意味着平均不足 8km 便在该区段内设有一个人工拦河坝，这成为控制中游区段水文水动力条件的重要因素，也是造成拦河坝上、下河道内外物理结构特征巨大差异形成的基础。该区段河岸两侧人工防洪堤的设置为流溪河全线最为完整且人工化程度最高的。全线河岸带被人工防洪堤覆盖，堤顶高程与河道内河岸带高程相差较大，限定了堤防内河岸带宽度的同时，也改造了堤防内河岸带的自然结构，使该区段具备了其独有的特色景观格局。此外，通过对中游河段河岸带植物物种分布特征的调查分析，进一步明确了该区段在植物群落构成方面的典型特征。与上、下游河段相比，中游河段具备着流溪河河流廊道全线最为丰富的草本物种，共计 81 种，是上游与下游河段的 2～3 倍，而其乔木层与灌木层物种相对上游河段较稀少。这与该河段堤防内河岸带人工栽植的大片果园息息相关，约占该河段 300m 宽河岸带土地利用面积的 10.00%，仅次于该河段范围内建设用地面积的占比。这表明除了水利工程的建设外，人类活动对该河段河岸带土地利用的改造也是影响其物种组成的因素之一。

对于中游河段而言，其河岸带内土地利用改造活动、密集的水利工程梯级建设以及完整的人工堤防设置均是该区段特殊梯级景观形成的关键。因此，本章重点选取了大坳坝、牛心岭坝、李溪坝三个典型梯级拦河坝上、下 3km 范围内受梯级水利开发影响的区段，从其景观物理结构、水文生境特色以及土地覆被特征出发，解构该河段拦河坝坝上至坝下、人工防洪堤范围内河岸带至河道内的梯级景观格局特色，作为分析其带来的生态水文效应的基础(图 6-1)。可以发现，相较于拦河坝坝下，坝上河岸缓冲带较窄(最窄区段不足 15m)、层次结构较为简单（最多划分为 2 个台级）；由于拦河坝对该区段坝上水位与下泄流量的调控，使得坝上水域常年被人工控制在一个较为稳定的防洪水位区间内，水位的波动较小且其河道两侧河岸缓冲带长期处于一个较为稳定的水文生境条件下。与之相反，坝下河段河岸缓冲带较宽阔（最宽区段高达 300m 以上）、层次结构更加复杂（至少被划分为 2 个台级）；由于拦河坝对坝上水位与流量的调控，坝下水域除了受到季节性洪、枯水期的影响外，还受到了拦河坝人工调控的影响，其水文水动力条件年内波动巨大，这使得坝下河段河道两侧河岸缓冲带在枯水期和洪水期之间形成了较为宽阔的季节性河漫滩地；该滩地内

图 6-1　牛心岭坝与大坳坝上、下河段现状图

时而干涸至裸露出沙洲，时而淹没至被水域全部覆盖，导致坝下河岸缓冲带季节性淹没区间呈现出复杂多变的水文生境变化环境。与坝上河段相比，坝下河段河道内外物理结构特征复杂多样，水文生境条件受自然水文周期与人工调控剧烈变化，河岸缓冲带内生境条件复杂，存在宽阔的季节性河漫滩地，时而被淹没、时而长时间干涸。上述分析说明，拦河坝坝上与坝下无论是河流廊道缓冲带宽度、层次结构、河道纵向结构，还是水文生境特征与土地利用覆盖特征均存在较突出的差异。

结合现状调查的定性分析并不能全面解析梯级拦河坝的建设引起的坝体上、下景观物理结构特征与生态水文条件的差异变化，需要在现状测量与计算结果的基础上，结合动态模拟分析的量化方法分析梯级景观格局特征要素的变化。本章以河道内外断面结构特征，河岸带植被覆盖特征，大坝上、下河道纵向结构特征与水文生境动态变化特征这四大类特征要素为主体，采用图式化分类分析的方法将其拆解为不同的断面、平面以及纵剖面形态，并绘制坝体上、下景观带表征图。河道内外断面结构特征主要是指从河床到河岸带整体物理形态结构特征，如河道的类 U 形或类 W 形的变形、单一台层式或多台层复式河岸带等；河岸带植被覆盖特征则包括植被结构层次、植被类型等；河道纵向结构特征则是以临坝体上、下剖面结构的分析对比为主；水文生境动态变化特征则以水深、流速、湿周等水动力特征的动态变化来表征，具体见 6.3 节。

6.1.2　中游河段景观格局特征的图示化分析

6.1.1 节分析中明确了河段尺度景观特征组成要素与水文生境条件的动态变化特征，本节重点利用其多维度的变化过程，凝练出符合拦河坝上、下河段景观特征的表征图式，可直观地反映出土地利用的改造与水利梯级工程的开发建设对其造成的重要影响。主要采用 5.1 节中所述的图式化分析方法，从河流廊道景观的四维结构（包括纵向、横向、垂向和时间上的特征）出发，将拦河坝上、下 3km 范围内河段景观格局特征拆解为不同景观要素的“字”“词”“句”单元，具体包括河道内外断面结构、河岸带植被覆盖特征和大坝上下河道纵向结构特征三大类。结合河流廊道景观格局特征的四维“句法”结构绘制出拦河坝上、下梯级景观格局的表征图，反映出中游河段梯级景观带特色的同时可更有效地对比拦河坝上、下河段景观格局特征的差异。

6.1.2.1　河道断面结构分析

对中游区段各拦河坝上、下 3km 范围内河段的河道断面结构特征的综合分析与归纳凝练，将其依据断面的位置、结构层次与人类活动改造程度的差异将河道内外断面结构划分为五大类（图 6-2）。

第一类为断面结构图式 A 型，即人工二级台层式结构，主要位于坝上坝前段约 1km 内河段或坝下 100m 左右范围内河段，为人工砌筑的混凝土驳岸，主要是为了满足坝前河段水利调控时较大的水流冲刷影响所设，也是与拦河坝坝体稳定性紧密相关的河段，其功能与位置上的特殊性决定了该类河段高度人工化且结构简单的典型特征；第二类为断面结构图示 B 型，即自然与人工混合二级台层，其主要位于坝上距坝体＞1km 的河段，其一级台层为自然台地，而二级台层与防洪堤相结合常为人工砌筑的混凝土驳岸，该类型的形成

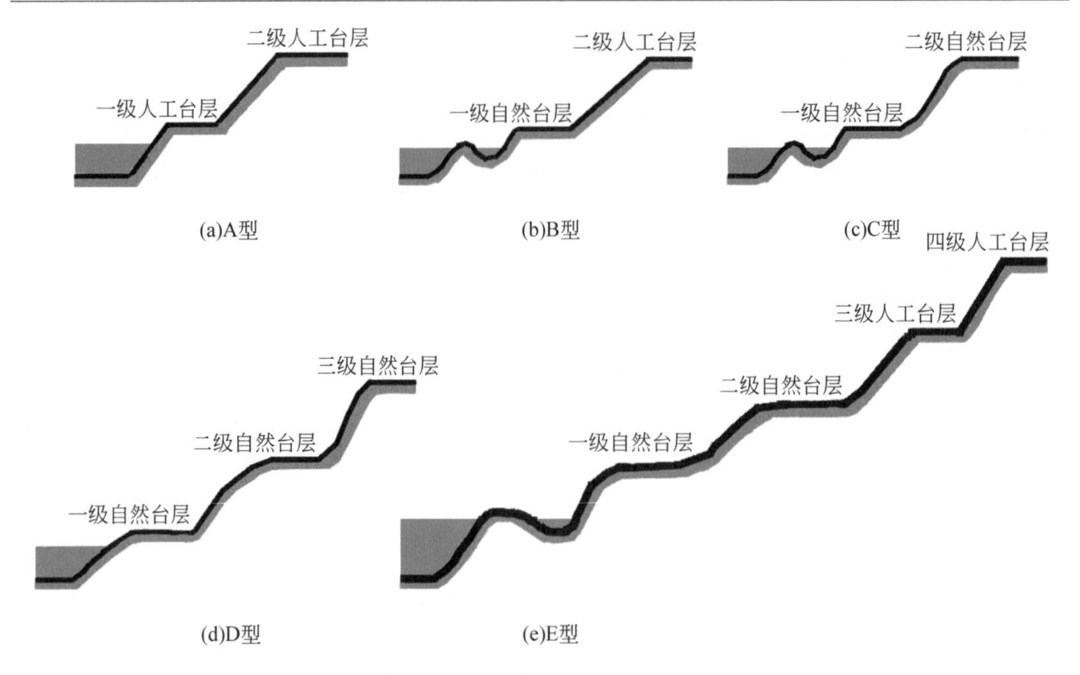

图 6-2 河道内外断面结构分类

既离不开对其防洪功能的需求，也离不开其所处坝上区段的自然环境条件；第三类为断面结构图示 C 型，即自然二级台层，其主要位于坝上离坝体较远且因自身地形条件特殊形成了天然防洪台层的区段，此类区段在流溪河中游全线较少出现，这与中游区段地形条件与人类活动的开发息息相关，中游区段的地形主要呈现出中间低四周高的形态，其河道两岸自然丘陵地较少，平原地较多，形成 C 型台层的区域较少；第四类为断面结构图示 D 型，即自然多级台层，其与 C 型台层一样均需要地形条件塑造，但不同的是该类型常分布在坝下区段，由自然水文生境条件的特殊性而塑造了层次丰富的自然多级台层断面结构；第五类为断面结构图示 E 型，即自然与人工混合多级台层，主要分布在坝下 1～3km 范围内，近水侧为自然台层，为河道内与河岸高程的差异形成的天然河岸。近岸侧则由人工台层构成与防洪堤相连接，其上由人工砌筑的混凝土驳岸构成。

五类河道内外断面结构在拦河坝上、下河段常搭配出现，可组合为多种形式，坝上常以 AA 型、AB 型、BB 型、BC 型交替出现，且 AA 型与 AB 型常在紧邻坝体的河段出现，BB 型则较为常见，BC 型在地形条件与建设用地开发强度低的区域出现且频次较低。坝下则常以 EE 型为主，近坝体有少量区段为 AA 型或 AB 型或 BB 型，也有部分河岸坡度较陡且自然条件好、建设用地开发强度低，具有天然的防洪坡，存在 D 型与其本身或其他形态搭配的断面形态。

6.1.2.2 河岸带植被覆盖特征分析

在调查到的中游区段范围内，河岸带的植被覆盖特征整体可划分为自然植被带与人工绿化带两大类，分布于河岸带各台层与坡面。在拦河坝上、下因其特殊的河道内外断面特征，又可将河岸带植被覆盖类型细分为以下六大类（图 6-3）。在岸坡上，包含人工植草岸坡与自然植被群落岸坡两类，前者常位于河岸带衔接防洪堤顶与其下各台层的人工砌筑混凝土坡面上，后者则常位于河岸带自然台层之间相互衔接的自然坡地上。各台层上，包含河岸人工绿化带、河岸农作物种植带、河岸经济林种植带以及河岸自然植被带四大类，且因河岸带土地利用类型的不同而变化，靠近城市建设用地的区段以河岸人工绿化带为主，被耕地占用的河岸带则以河岸农作物种植带、河岸经济林种植带为主，部分原生林保护较好或划定在河岸带保护范围的河段则以河岸自然植被带为主。

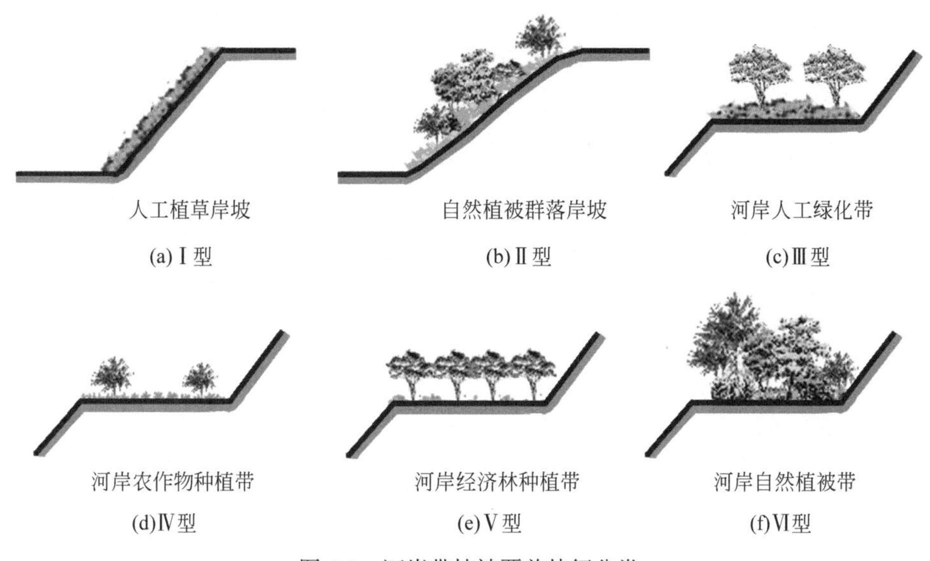

图 6-3　河岸带植被覆盖特征分类

六类表征河岸带植被覆盖特征的典型图式可自由组合为多种形式，在梯级拦河坝上、坝下常常以多种类型组合出现，以大坳坝为例，其坝上河岸带植被覆盖特征常以Ⅰ型搭配Ⅲ型或Ⅳ型或Ⅴ、Ⅵ型而因河岸带功能的不同在不同区段分别出现。也有以Ⅱ型搭配Ⅵ型出现在自然基底条件较好，受人类活动改造影响较小的河段。对坝下而言，其河岸带植被覆盖特征综合了以上 6 种形态，且可在同一个断面上搭配多个类型，如由河岸防洪堤至河岸临水可形成Ⅰ型-Ⅲ型-Ⅴ型-Ⅵ型-Ⅱ型-Ⅳ型的植被覆盖带，其构成特点是临岸处以人工植被覆盖带为主，临水处则以自然植被带为主，部分河滩因为季节性裸露的特点且离河道近、取水方便，被当地居民改造为临时的菜地。

6.1.2.3　坝上、坝下河道纵向结构分析

对多个拦河坝所在河段河道纵向结构的分析可将其划分为坝上与坝下两大类（图 6-4），坝上因长时间的蓄水围堤的影响在枯水期与平水期流速缓慢，于坝前主河槽形成了轻微的河床冲淤趋势，且近坝前区段河床因堤坝修建被人为抬高，整体上呈现出坝上河床高程较坝下高、被防洪堤坝固定出稳定宽度的河床，且坝前位置轻微淤积的特征，以图 6-4 中的①型为典型；与之相对应，坝下河床则受多次的洪水下泄或大坝的季节性调蓄影响，在坝前河段河床受反复的水力冲刷而下切严重，一段距离之后又恢复正常，从而呈现出坝下起伏变化较大的纵向结构特征，以图 6-4 中的②型为典型。这两种典型的河床形态及其随大坝水力调控与季节性水文条件变化的影响共同构成了梯级拦河坝由坝上至坝下的河道纵向结构特征。

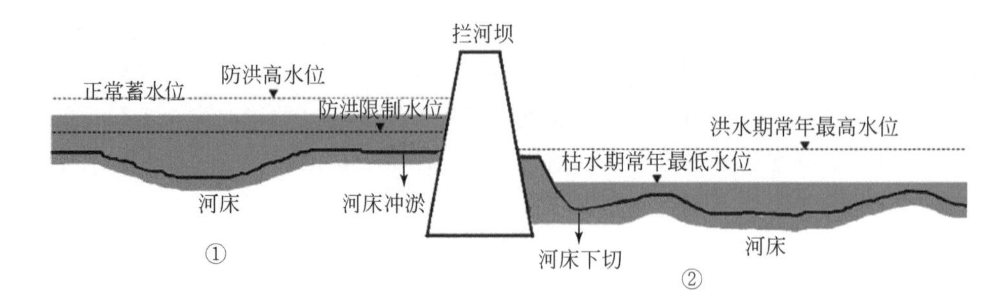

图 6-4 拦河坝上、下河道纵向结构特征分类

通过上述对中游区段拦河坝梯级景观带的图示化分类分析，共得到了 13 个字词单元，可对其进行有条件地自由组合，形成表征梯级拦河坝上、下河段景观综合特征变化的图式化“句法”。以大坳坝为典型绘制了如图 6-5 所示的坝上、坝下河段典型断面景观格局特征图式。

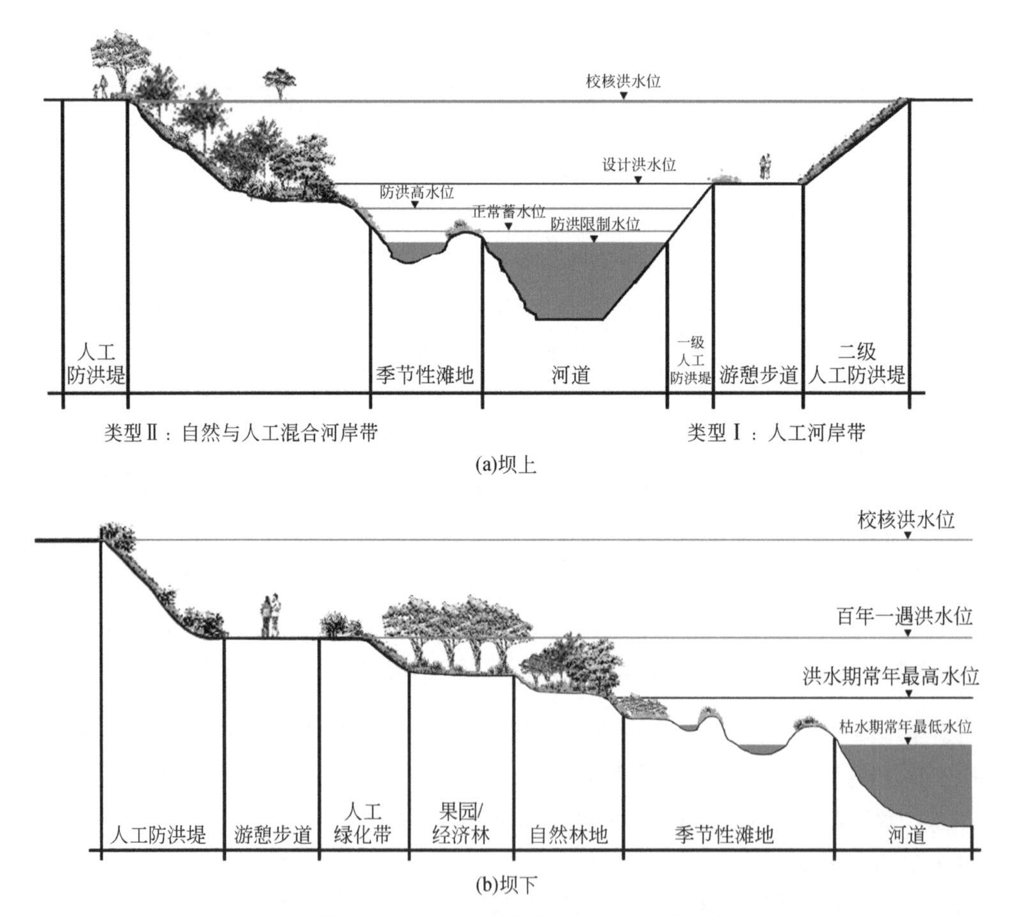

图 6-5 大坳坝坝上与坝下河段典型断面景观格局特征图式

图 6-5（a）所示河段为大坳坝坝上典型断面的图式结构，可以看出该断面是由“AB-ⅠⅡⅢⅣ-①”组合而成的，河道内外断面结构简单，主要划分为两级台层，植被覆盖既有人工植草岸坡，又有自然与人工植被群落混合带，河道内水深常年变化幅度较小，

为①型，河道内外水文生境条件变化较小且相对稳定。图 6-5（b）所示河段为大坳坝坝下典型断面的图式结构，可以看出该断面是由“E-ⅥⅤⅢⅠ-②”联合组合而成的，河道内外断面结构复杂，主要划分为 4 级台层，植被覆盖类型丰富，既有自然植被带又有人工绿化带，以及河岸经济林种植带与人工植草岸坡，且河道水深年内变化幅度较大，为②型，河道内外水文生境条件变化较大且复杂多变。坝上、坝下典型断面图式结构较为系统地表征了大坳坝所在河段坝上、坝下梯级景观格局的横向与垂向结构的动态变化特征，形成了该河段断面景观格局特征的空间“句法”。以此类推可组合出多种代表坝上、坝下河段景观格局特征的形式，直观地反映坝上、坝下河段的景观格局特征的多维特征变化与时空差异。

综上，流溪河流域中游受水利工程建设剧烈影响的区段呈现出较为典型的梯级景观格局，表现在拦河坝上、下河道内外断面结构，河岸带植被覆盖特征和河道纵向结构特征突出的时空差异上。其中，坝下景观结构与植被覆盖复杂多样，水文生境条件变化突出；坝上景观结构简单，水文生境条件变化幅度小。这一复杂且差异化显著的自然与人工结合的景观格局特征可能造成了拦河坝上、下物种分布差异的形成，本书在 6.3 节和 6.4 节中以河岸植物物种为例展开了深入的探索。

6.2 河段尺度水利工程建设对水生生态系统的影响

水利工程建设对流溪河流域生境系统产生了不可忽视的影响，但由于流域内电站的建设时间早，早期数据匮乏，仅通过现有数据无法明确其对流域水生生态系统的影响程度，且原型观测存在成本高、耗时长、不全面等缺陷，与之相比，数值模型运用灵活、成本低，在原型观测的基础上运用，以便更全面地了解河流状况。Mike 水动力学模型是近年来最常用的数值模型之一，其发展和运用已经较为成熟，对实测资料需求较小，可用于流溪河流域的数值模拟。因此，以实测资料为基础，基于 Mike 水动力学模型构建流溪河中游河段水动力与水质耦合模型，模拟水利工程建设前后流溪河水动力过程及水质特性的变化规律，为后续流溪河梯级开发的生态水文效应分析提供数据基础。

6.2.1 模型基本原理

Mike 11 是丹麦 DHI（Danish Hydraulic Institute）公司开发的 Mike 软件中模拟河渠水流、水质、泥沙等的一维模型，其基础是水动力模块（HD），核心理论是采用 6 点中心隐式差分格式离散化圣维南方程组，并基于双扫描法求解离散方程。此外，模型还包含对流扩散模块（AD）、水质生态模块（ECO Lab）、降雨径流模块（RR）、洪水预报模块（FF）等多个模块。

6.2.1.1 Mike 11 一维水动力模型

Mike 11 一维水动力模型以圣维南方程组为控制方程组［式（6-1)］，采用六点中心隐式差分格式离散圣维南方程组计算河道断面、水位点和流量等水文要素，对于单一河道而言只需要已知上、下游的水位或流量边界即可用高斯消元法求解方程组得到河道任意网格节点的水位或流量[1]。

1）控制方程

控制方程主要包括连续方程（质量守恒定律）和动量方程（牛顿第二定律）：

$$\begin{cases} \dfrac{\partial A}{\partial t} + \dfrac{\partial Q}{\partial x} = q \\ \dfrac{\partial Q}{\partial t} + \dfrac{\partial}{\partial t}\left(\alpha \dfrac{Q^2}{A}\right) + gA\dfrac{\partial h}{\partial x} + \dfrac{gQ|Q|}{C^2 AR} = 0 \end{cases} \tag{6-1}$$

式中，Q 为流量，m^3/s；q 为侧向入流，m^3/s；A 为过水面积，m^2；h 为水位，m；R 为水力半径，m；C 为谢才系数；α 为动量修正系数。

2）方程离散

通过 Abbott-Ionescu 六点中心有限差分格式法计算网格内流量点（Q）和水位点（h）的间隔组成，在同一时间步长下分别计算，有限差分格式如图 6-6 所示。

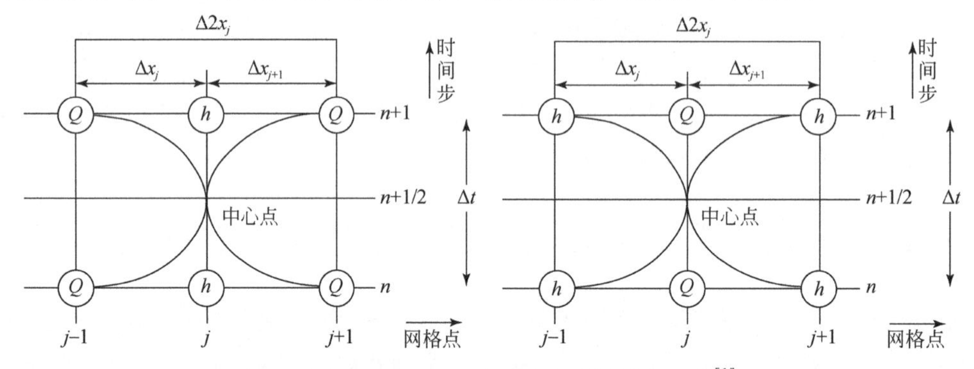

图 6-6　Abbott-Ionescu 六点中心有限差分格式[1]

连续方程以 h 点为中心，离散格式为

$$\alpha_j Q_{j-1}^{n+1} + \beta_j h_j^{n+1} + \gamma_j Q_{j+1}^{n+1} = \delta_j \tag{6-2}$$

式中，α、β、γ 为 b 和 δ 的函数，其值决定于 h 点在时间 n 处及 Q 点在时间 n+1/2 处的值。

动量方程集中在 Q 点，离散后可表达为

$$\alpha_j h_{j-1}^{n+1} + \beta_j Q_j^{n+1} + \gamma_j h_{j+1}^{n+1} = \delta_j \tag{6-3}$$

其中

$$\alpha_j = f(A)$$

$$\beta_j = f(Q_j^n, \Delta t, \Delta x, C, A, R)$$

$$\gamma_j = f(A)$$

$$\delta_j = f(A, \Delta x, \Delta t, \alpha, q, v, \theta, h_{j-1}^n, Q_{j-1}^{n+1/2}, Q_j^n, h_{j+1}^n, Q_{j+1}^{n+1/2})$$

3）方程求解

对于河道方程，根据式（6-3）、式（6-4）可将河道内任一网格水力变量 Z_j（水位 h_j 或流量 Q_j）与相邻差分格点水力参数关系表示为

$$\alpha_j Z_{j-1}^{n+1} + \beta_j Z_j^{n+1} + \gamma_j Z_{j+1}^{n+1} = \delta_j \tag{6-4}$$

河道 n 个差分格点离散化后可得到由 n 个式（6-5）组成的方程组，对于单一河道，只要给出上下游水位边界，即可用消元法求解方程组。对于河网，可将水力变量 Z_j 表示为上下游节点的水位函数：

$$Z_j^{n+1}=c_j+\alpha_j H_{us}^{n+1}-b_j H_{ds}^{n+1} \tag{6-5}$$

相连节点间水位线性函数可表示为

$$\begin{aligned}\frac{H^{n+1}-H^n}{\Delta t}A_n=&\frac{1}{2}(Q_A^n+Q_B^n+Q_C^n)+\frac{1}{2}(c_{A,n-1}-a_{A,n-1}H_{A,us}^{n+1}-b_{A,n-1}H^{n+1})+c_{B,n-1}\\&-a_{B,n-1}H_{B,us}^{n+1}-b_{B,n-1}H^{n+1}+c_{C,2}-a_{C,2}H^{n+1}-b_{C,2}H_{C,ds}^{n+1}\end{aligned} \tag{6-6}$$

式中，H 为该节点的水位；$H_{A,us}$、$H_{B,us}$ 分别为支流 A、B 上游端网格点水位；$H_{C,ds}$ 为支流 C 下游端网格点水位。

在边界水位或流量已知的情况下，利用高斯消元法即可求解得到各节点水位值，之后便可应用式（6-5）求解任一河段、任意网格点水位或流量。

6.2.1.2 Mike 21 二维水动力模型

Mike 21 模型是 Mike 软件中的二维数值模型[2]，可模拟因各种力引起的水位和水流变化及忽略垂向分量的二维自由表面流。Mike 21 考虑了横向上水的流动，与一维模型相比，模拟精度及准确度更高，且模拟结果更为直观，但计算时间长，不适用于长距离河段的模拟计算[3, 4]。

1）控制方程

模型的控制方程是二维不可压缩流体雷诺平均应力方程，其连续性方程、X 和 Y 方向上的动量方程分别为

$$\frac{\partial h}{\partial t}+\frac{\partial h\bar{u}}{\partial x}+\frac{\partial h\bar{v}}{\partial y}=hS \tag{6-7}$$

$$\begin{aligned}\frac{\partial h\bar{u}}{\partial t}+\frac{\partial h\bar{v}\bar{u}}{\partial y}+\frac{\partial h\bar{u}^2}{\partial x}=&f\bar{v}h-gh\frac{\partial\eta}{\partial x}-\frac{h}{\rho_0}\frac{\partial\rho_{\mathrm{a}}}{\partial x}-\frac{gh^2}{2\rho_0}\frac{\partial\rho}{\partial x}+\frac{\tau_{sx}}{\rho_0}-\frac{\tau_{bx}}{\rho_0}\\&-\frac{1}{\rho_0}\left(\frac{\partial S_{xx}}{\partial x}+\frac{\partial S_{xy}}{\partial y}\right)+\frac{\partial}{\partial x}(hT_{xx})+\frac{\partial}{\partial y}(hT_{xy})+hu_sS\end{aligned} \tag{6-8}$$

$$\begin{aligned}\frac{\partial h\bar{v}}{\partial t}+\frac{\partial h\bar{v}\bar{u}}{\partial x}+\frac{\partial h\bar{v}^2}{\partial y}=&f\bar{u}h-gh\frac{\partial\eta}{\partial x}-\frac{h}{\rho_0}\frac{\partial\rho_{\mathrm{a}}}{\partial y}-\frac{gh^2}{2\rho_0}\frac{\partial\rho}{\partial y}+\frac{\tau_{sy}}{\rho_0}-\frac{\tau_{by}}{\rho_0}\\&-\frac{1}{\rho_0}\left(\frac{\partial S_{yx}}{\partial x}+\frac{\partial S_{yy}}{\partial y}\right)+\frac{\partial}{\partial x}(hT_{xy})+\frac{\partial}{\partial y}(hT_{yy})+hv_sS\end{aligned} \tag{6-9}$$

$$h\bar{u}=\int_{-d}^{\eta}u\mathrm{d}z,\quad h\bar{v}=\int_{-d}^{\eta}v\mathrm{d}z \tag{6-10}$$

式中，t 为时间；x、y、z 为笛卡儿坐标；η 为河底高程，d 为静水深，$h=\eta+d$ 为总水深；u、v 分别为 x、y 方向的速度分量；g 为重力加速度；ρ 为水的密度；T_{yy}、S_{xy}、S_{yx} 和 S_{yy} 为辐射应力的分量；ρ_{a} 为大气压强；ρ_0 为水的相对密度；$f=2\Omega\sin\phi$ 为柯氏力参数；$f\bar{v}$、$f\bar{u}$ 为地球自转所致的加速度；T_{xx}、T_{xy} 和 T_{yy} 为侧向黏滞应力项，$T_{xx}=2A\frac{\partial\bar{u}}{\partial x}$，$T_{xy}=A\left(\frac{\partial\bar{u}}{\partial y}+\frac{\partial\bar{v}}{\partial x}\right)$，$T_{yy}=2A\frac{\partial\bar{v}}{\partial y}$；$S$ 为源项；u_s、v_s 为源汇项水源的流速。

2）方程求解

模型采用有限体积法离散求解，将连续统一体细分成不重叠的单元，浅水方程组通用形式为

$$\frac{\partial U}{\partial t}+\nabla\cdot F(U)=S(U) \tag{6-11}$$

式中，U 为守恒型物理矢量；F 为通量矢量；S 为源项。

对连续方程积分可得

$$\int_{A_i}\frac{\partial U}{\partial t}\mathrm{d}\Omega+\int_{r_i}\left[F(U)\cdot n\right]\mathrm{d}s=\int_{A_i}S(U)\mathrm{d}\Omega \tag{6-12}$$

式中，A_i 为单元 Ω_i 的面积；F 为单元的边界。

模型的时间积分可采用低阶显式欧拉方法：

$$U_{n+1}=U_n+\Delta tG(U_n) \tag{6-13}$$

3）对流扩散模块

对流扩散模块是简单的水质模型，它在 Mike 一维水动力模块的基础上，模拟污染物质在水体中对流扩散和线性降解的过程，其基本方程为

$$\frac{\partial AC}{\partial t}+\frac{\partial QC}{\partial x}-\frac{\partial}{\partial x}\left(AD\frac{\partial C}{\partial \mathrm{x}}\right)=-AKC+C_2q \tag{6-14}$$

式中，A 为断面面积，m^2；Q 为流量，m^3/s；C 为污染物浓度，mg/L；D 为扩散系数，m^2/s；K 为衰减系数，d^{-1}；C_2 为污染物源汇项浓度，mg/L；q 为源汇项流量，m^3/s。

该方程采用基于时间和空间为中心的有限差分格式离散，离散后的方程为

$$\frac{V_j^{n+1/2}c_j^{n+1}}{\Delta t}-\frac{V_j^{n+1/2}c_j^{n}}{\Delta t}+T_{j-1/2}^{n+1/2}-T_{j+1/2}^{n+1/2}=q^{n+1/2}C^{n+1/2}-V_j^{n+1/2}KC_j^n \tag{6-15}$$

其中

$$T_{j+1/2}^{n+1/2}=Q_{j+1/2}^{n+1/2}C_{j+1/2}^{*}-A_{j+1/2}^{n+1/2}D\frac{C_{j+1/2}^{n+1/2}-C_j^{n+1/2}}{\Delta x} \tag{6-16}$$

$$C_{j+1/2}^{*}=\frac{1}{4}(C_{j+1}^{n+1}+C_j^{n+1}+C_j^n)-\min\left[\frac{1}{6}\left(1+\frac{\sigma^2}{2}\right),\frac{1}{4\sigma}\right](C_{j+1}^n-2C_j^n+C_{j-1}^n) \tag{6-17}$$

式中，V 为体积；T 为污染物通过河段的输运量；j 为节点编号；n 为时间步数；$C_{j+1/2}^{*}$ 为上游内插浓度；σ为库朗数。

因此，可获得三个邻近节点在任意时刻的表达式：

$$\alpha_jC_{j-1}^{n+1}-\beta_jC_j^{n+1}+\gamma_jC_{j-1}^{n+1}=\delta_j \tag{6-18}$$

节点质量和动量守恒为

$$\sum_{i=1}^{\mathrm{NL}}(QC)_{i,j}=C_j\left(\frac{\mathrm{d}z}{\mathrm{d}t}\right)_j \tag{6-19}$$

6.2.2　水动力模型构建

6.2.2.1　模型范围

本章构建的 Mike 11 一维水动力模型中，主要模拟了流溪河干流河段良口坝至李溪坝

之间的梯级密集开发区段（图 6-7）。以流溪河水库入库逐日流量过程为上边界，以李溪坝下水位与流量关系曲线为下边界作为模型的边界条件。

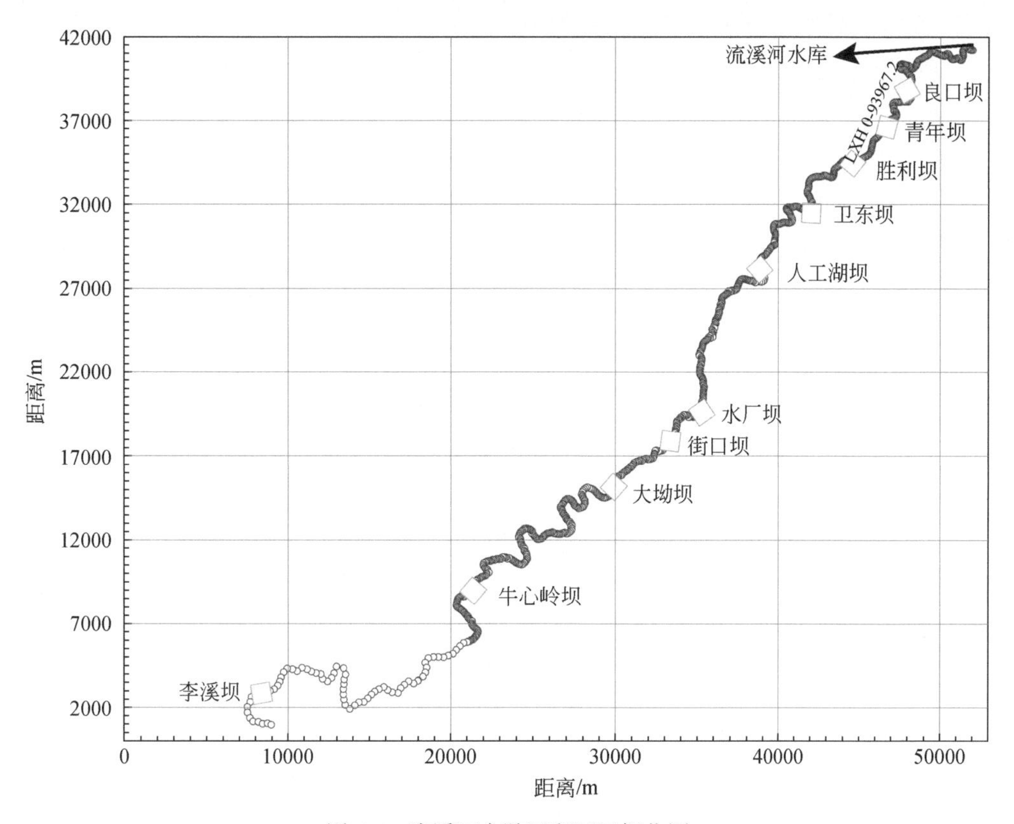

图 6-7　流溪河中游河段河网概化图

6.2.2.2　模型输入条件

1）地形边界

模型用河道断面文件作为地形边界输入，河道断面采用 2008 年实测数据，地形受河底挖沙、联围筑闸、自然冲淤等多种因素的联合影响发生变化，进而改变河道水位、流场等的分布情况，河道下切会加快自上而下水流的传播，使得河道水位下降而流速增加。因此采用了 2017 年的相关规划报告对地形断面进行复核校正，最终在流溪河中上游河段得到 226 个断面数据，绘制得到河道深泓线如图 6-8 所示。

2）初始条件和上下游边界

研究河段内最末一级电站——牛心岭电站于 2009 年建成运行。因此，模型以 2010～2017 年为模拟时段，2009 年为预热期，模拟所得水位流速作为模拟的初始条件。模型根据流溪河水库 2010～2017 年流量及水库调度图确定上边界（图 6-9），下边界采用太平场水位-流量关系确定（图 6-10）。

3）区间入流边界

研究河段沿程集水面积在 50km^2 以上的支流有汾田水、牛路水、鸭洞水、龙潭河、小海河、大坑水和沙溪水。本章利用 Mike 11 RR 模型中的集中型概念模型——降雨径流模型（NAM）计算各支流的径流过程，作为水动力模型的区间入流边界。NAM 采用从化站 2010～2017 年日均降雨量和蒸发量作为输入数据，调节各参数使径流模拟结果接近实际流量过程，表 6-1 列出了 NAM 的主要率定参数。

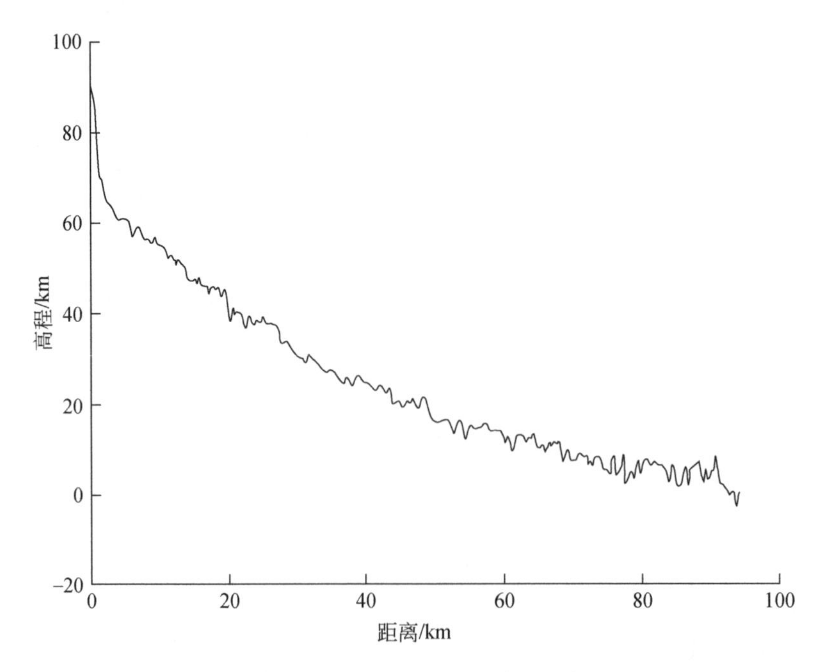

图 6-8　流溪河中上游河道深泓线

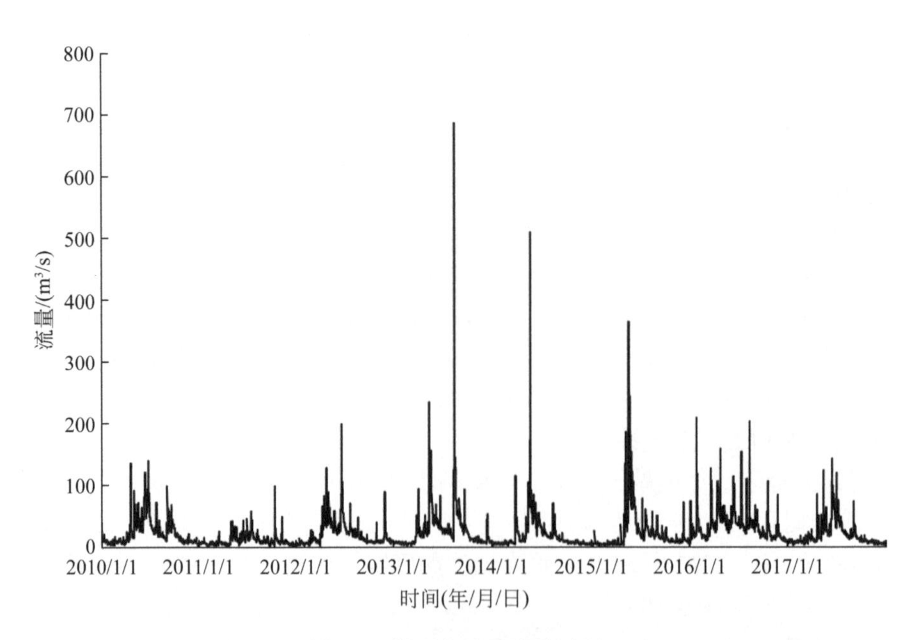

图 6-9　模型上边界流量过程

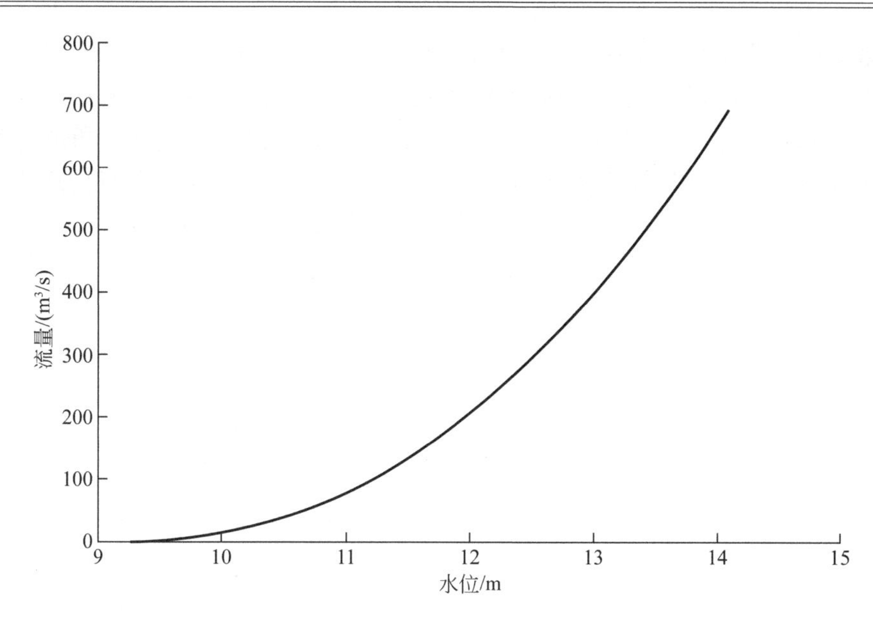

图 6-10　太平场水位-流量关系

表 6-1　NAM 主要率定参数

参数	描述	一般取值范围	参数最佳值
U_{max}	地表储水层最大含水量	10～25 mm	10.10
L_{max}	土壤层/根区最大含水量	50～250mm	106.00
C_{QOF}	坡面流系数	0～1	0.54
C_{KIF}	壤中流排水时间常数	500～1000h	274.40
TOF	坡面流临界值	0～1	0.03
TIF	壤中流临界值	0～1	0.08
TG	地下水补给临界值	0～1	0.01
CK_{12}	坡面流和壤中流时间常量	3～48h	25.60
CK_{BF}	基流时间常量	500～5000h	1360

6.2.2.3　模型参数确定

1）降雨径流模型（NAM）

由于缺少直接对支流的径流监测资料，利用流溪河水库 2008～2017 年逐日气象和流量资料对 NAM 进行率定验证，并将计算所得流域参数应用到流溪河流域其他区域，以推求各支流的径流过程。其中，2008 年为预热期，2009～2013 年为率定期，2014～2017 年为验证期，通过 NAM 的自动率定程序，基于水量平衡、流量过程线形状相近、高低流量模拟最佳 4 个基本目标，率定流溪河流域的 NAM 参数，各参数率定结果如表 6-2 所示。

表 6-2　NAM 参数率定结果

参数	U_{max}	L_{max}	C_{QOF}	C_{KIF}	TOF	TIF	TG	CK_{12}	CK_{BF}
率定值	10.1	106	0.543	274.4	0.0262	0.0795	0.0144	25.6	1360

由图 6-11、图 6-12 可以看出，NAM 对流溪河水库流量的峰值模拟稍有偏差，但能够较好地模拟体现流量过程的涨落变化情况。Nash-Sutcliffe 效率系数（E）和确定性系数（R^2）可用于评价流溪河流域 NAM 模拟的适用性程度。对流溪河水库入库流量模拟率定的结果中 R^2和 E_{NS} 这两个指标在率定期和验证期均分别大于 0.90 和 0.70，说明模拟的精度均较高，该模型的模拟结果可运用在流溪河水库至李溪坝河段的径流过程模拟中。

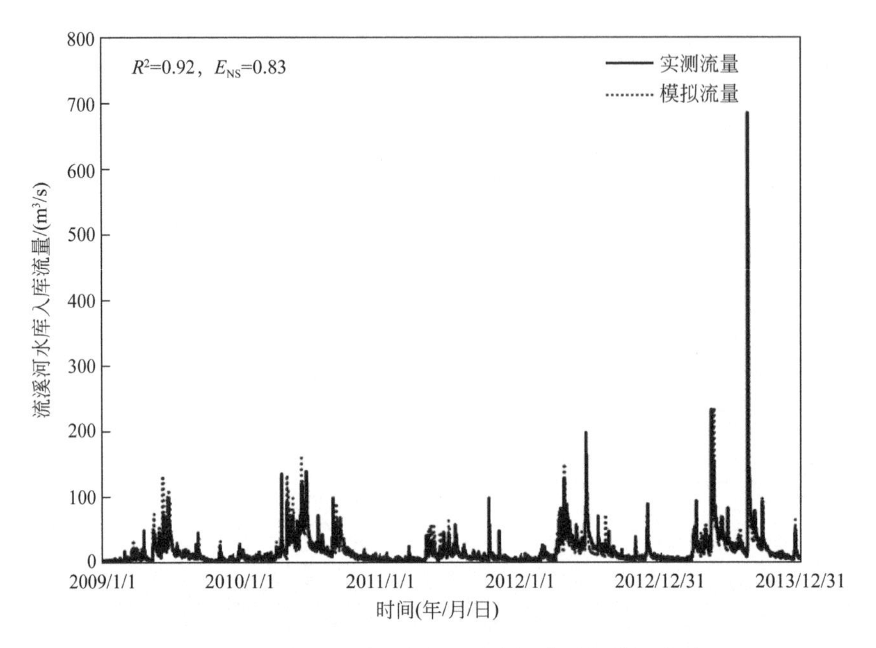

图 6-11　率定期流溪河水库入库实测流量与模拟流量

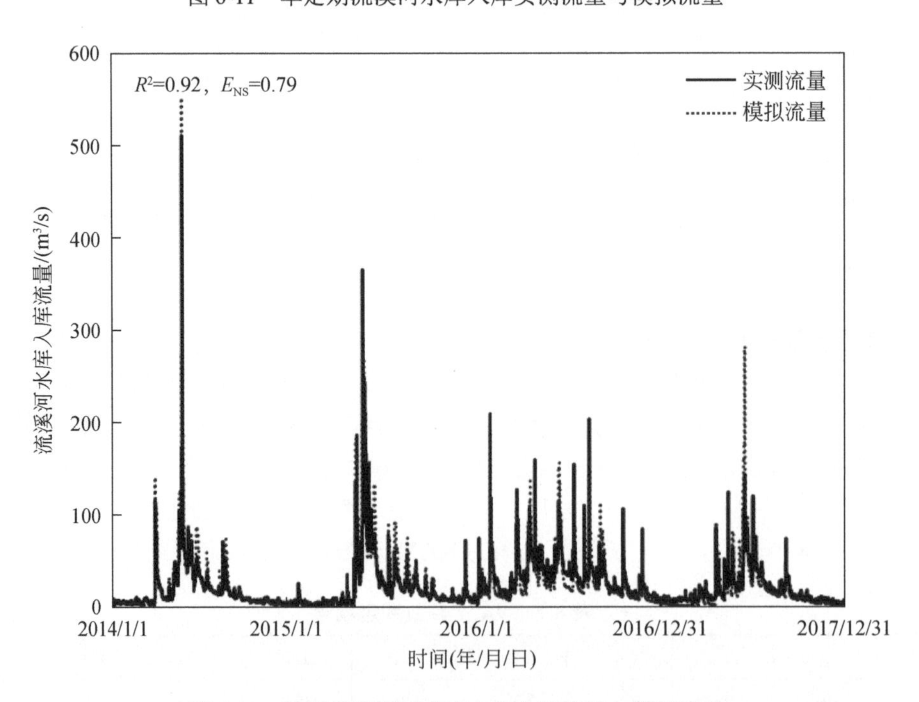

图 6-12　验证期流溪河水库入库实测流量与模拟流量

2）水动力模型（HD）

对水动力模型中河道的糙率也进行了模拟，通过对比流溪河干流百年一遇和五十年一遇的设计洪水水面线分布进行河道糙率的率定与验证，各断面设计洪水如表 6-3 所示，主要参考《广州市流溪河综合整治规划报告》（2000 年）与《流溪河堤防安全评价报告》（2017 年，内部资料）中多次计算复核的结果。最后确立了糙率为 0.034 时，百年一遇与五十年一遇的设计洪水模拟结果的绝对平均误差、均方根误差以及相对误差均较小（图 6-13、图 6-14），模拟结果较为可靠，可用于该河段的水动力过程模拟。

表 6-3　流溪河干流主要断面设计洪水

断面名称	设计洪水/（m^3/s）		断面名称	设计洪水/（m^3/s）	
	P=1%	P=2%		P=1%	P=2%
良口坝	1734	1535	龙潭河口	2076	1838
青年坝	1757	1555	小海河口	2258	1998
胜利坝	1822	1613	大坳坝	2261	2001
卫东坝	1873	1658	牛心岭坝	2350	2080
人工湖坝	1907	1688	太平场坝	2365	2093
水厂坝	1935	1713	李溪坝	2560	2266
街口坝	1946	1722	—	—	—

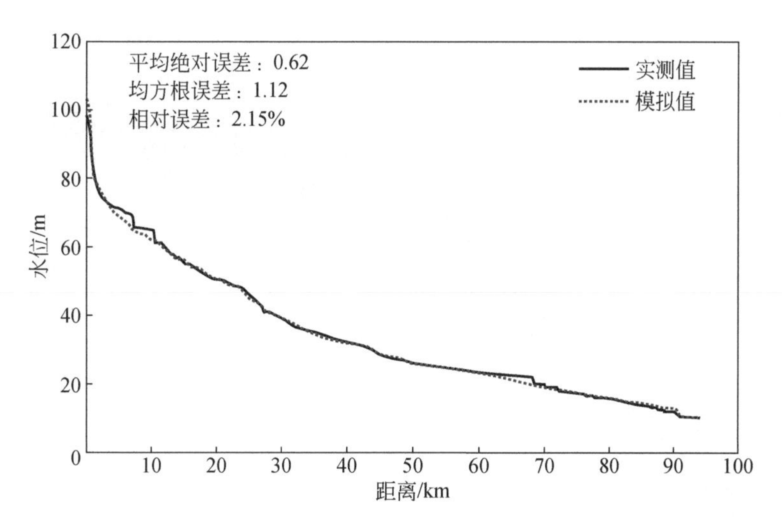

图 6-13　百年一遇（P=1%）设计洪水模拟结果与实测水面线对比

基于上述 Mike 11 模型对流溪河中游河段水动力特征的模拟结果，将其作为边界条件输入 Mike 21 模型中，以大坳坝、牛心岭坝、李溪坝坝上及坝下 3km 范围内的河段为例，模拟其水动力条件的变化特征，以表征水利梯级开发对河段尺度水文水动力过程的动态影响。图 6-15 为以大坳坝为例的采用非结构化三角网格拟合的坝上、坝下河道地形。

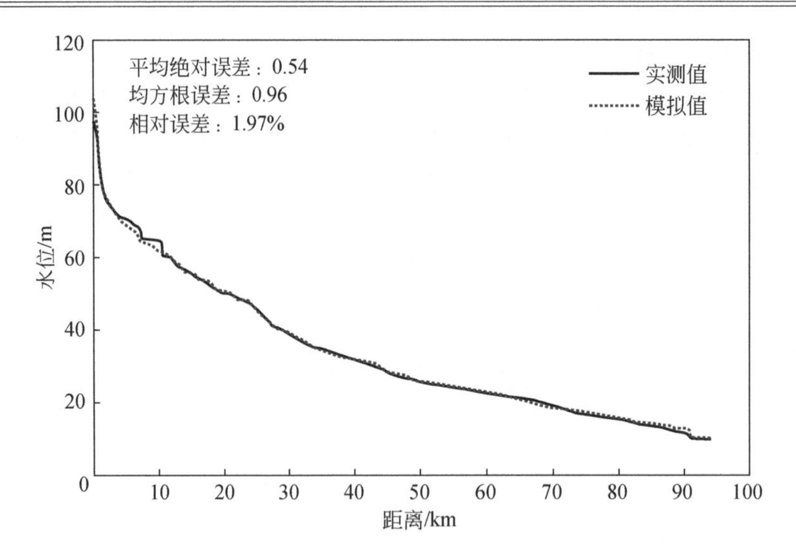

图 6-14　五十年一遇设计洪水模拟结果与实测水面线对比

模型上游恒定流量边界以一维水动力提供的流量过程确定，设定丰、平、枯 3 种模拟情景，分别以 2011～2017 年月均流量的最大值、平均值、最小值作为模拟流量，并采用对应水位数据作为模型下边界，具体如表 6-4 所示。为确保河段模拟结果达到恒定，模型时间设定为 72h，计算时间步长取 30s，河道的糙率采用一维水动力模型参数率定结果 0.034。

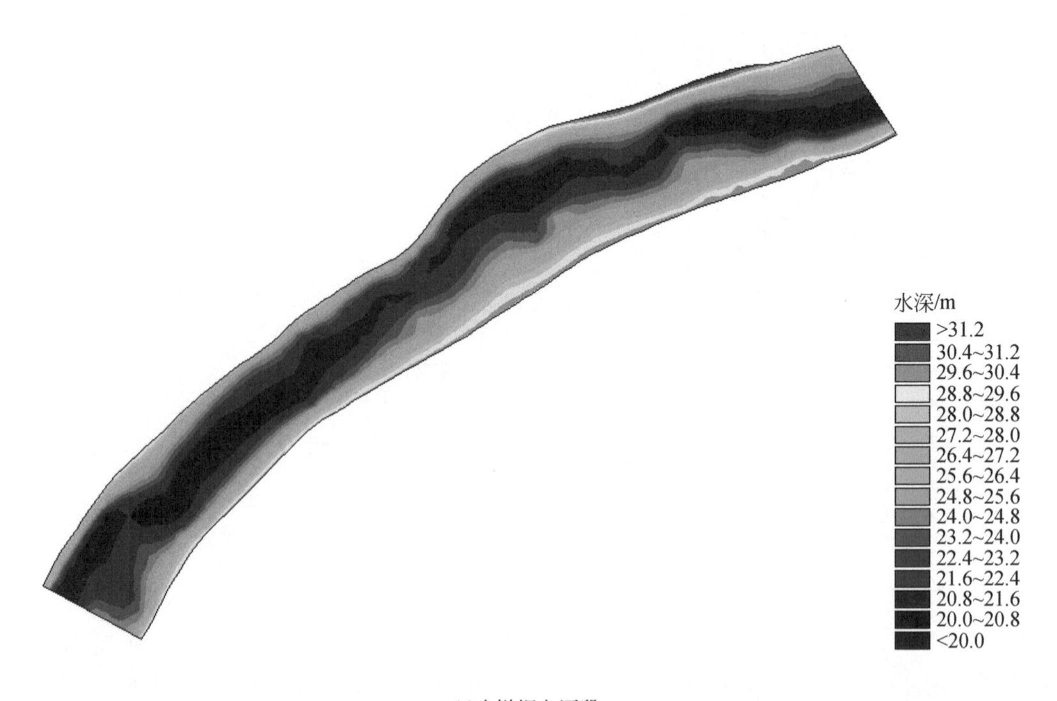

(a)大坳坝上河段

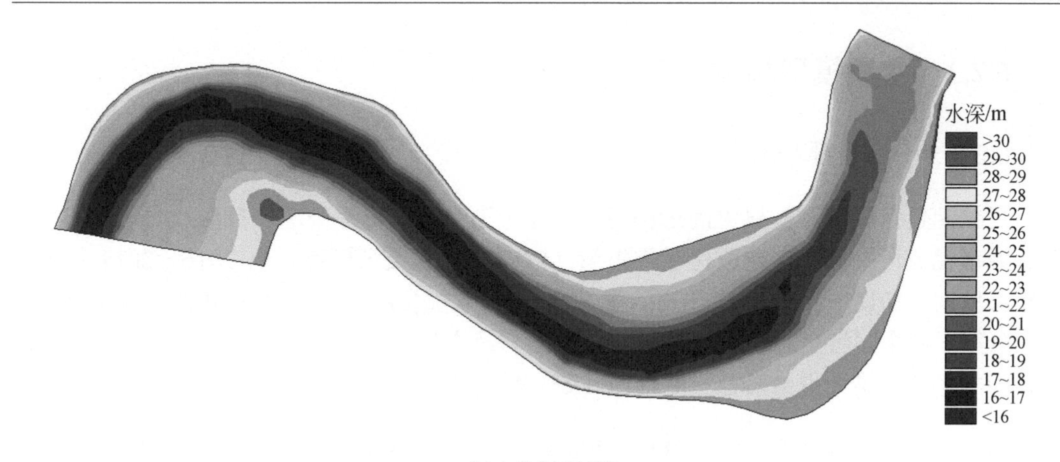

(b)大坳坝下河段

图 6-15　大坳坝河道地形拟合结果

表 6-4　模型上、下边界流量输入条件

河段	模拟情景	上边界流量/（m³/s）	下边界水位/m
大坳坝上	丰水期	236.15	24.07
	平水期	59.30	23.94
	枯水期	7.15	23.44
大坳坝下	丰水期	237.66	19.90
	平水期	59.84	18.45
	枯水期	7.17	17.80
牛心岭坝坝上	丰水期	255.70	17.61
	平水期	64.52	17.41
	枯水期	7.30	16.79
牛心岭坝坝下	丰水期	258.05	13.11
	平水期	65.16	11.34
	枯水期	7.32	9.97
李溪坝坝上	丰水期	191.97	10.37
	平水期	61.53	10.16
	枯水期	8.41	10.11
李溪坝坝下	丰水期	192.91	3.17
	平水期	61.56	2.21
	枯水期	8.41	1.4

6.2.3 水质模型构建

6.2.3.1 污染源概化

污染源包括城镇及农村生活污染源、工业污染源、农田污染源、畜禽及水产养殖污染源、城市径流污染源等，选取化学需氧量（COD）为主要污染物，以 2016～2017 年为水平年，依据《2016～2017 年广州市水资源公报》（内部资料）、《2016～2017 年从化统计年鉴》、《第一次全国污染源普查产排污系数手册》及广州污水处理厂报告等材料估算从化区各镇街的各类污染源重铬酸盐指数（CODcr）平均排放量，如表 6-5 所示。

表 6-5　2016～2017 年从化区各镇街 CODcr 平均排放量　（单位：t/a）

行政区	城镇生活	农村生活	工业	农田	畜禽养殖	水产养殖	城市径流	合计
从化区	8320.09	6292.80	1990.66	2053.91	8725.03	175.35	144.90	27702.74
鳌头镇	2197.80	1736.47	55.00	1032.56	4834.24	53.03	26.42	9935.52
城郊街	780.83	727.59	1042.90	418.60	1070.96	45.49	19.40	4105.77
江埔街	868.90	786.34	202.13	74.10	343.17	16.71	21.59	2312.94
街口街	1310.31	462.81	20.23	21.16	29.19	0.79	32.56	1877.05
良口镇	693.44	527.12	9.98	101.57	37.89	4.59	9.64	1384.23
吕田镇	505.19	353.64	44.45	137.73	115.99	1.90	6.07	1164.97
太平镇	1153.10	1091.16	515.55	145.47	2130.52	41.63	19.09	5096.52
温泉镇	810.51	607.67	100.42	122.72	163.08	11.21	10.11	1825.72

根据《全国水环境容量核定技术指南》，点源污染可依据污水排放口入河距离 L 确定入河系数，从化区各镇街范围较小，污水排放口入河距离 L 基本在 1～10km 之间，故点源污染入河系数取 0.9；《太湖流域主要入湖河流水环境综合整治规划编制技术规范》划定了面源污染入河系数范围，考虑到流溪河流域降水充沛，面源污染入河系数取其中较大值，即农田污染源入河系数 0.3，畜禽养殖 0.8，水产养殖 1.0，城市径流 1.0，农村生活 0.2，各镇街 CODcr 平均入河量如表 6-6 所示。

表 6-6　2016～2017 年从化区各镇街 CODcr 平均入河量　（单位：t/a）

行政区	城镇生活	农村生活	工业	农田	畜禽养殖	水产养殖	城市径流	合计
从化区	7488.08	1258.56	1791.59	616.17	6980.02	175.35	144.90	18454.67
鳌头镇	1978.02	347.29	49.50	309.77	3867.39	53.03	26.42	6631.42
城郊街	702.75	145.52	938.61	125.58	856.77	45.49	19.40	2834.12
江埔街	782.01	157.27	181.92	22.23	274.54	16.71	21.59	1456.27
街口街	1179.28	92.56	18.21	6.35	23.35	0.79	32.56	1353.10
良口镇	624.10	105.42	8.99	30.47	30.31	4.59	9.64	813.52
吕田镇	454.67	70.73	40.00	41.32	92.80	1.90	6.07	707.49
太平镇	1037.79	218.23	464.00	43.64	1704.41	41.63	19.09	3528.79
温泉镇	729.46	121.53	90.38	36.82	130.46	11.21	10.11	1129.97

为了简化计算，可将污染源概化为以集中点形式汇入河流，将污染源概化至 7 条集水面积 $50km^2$ 以上的一级支流，假设污染物质经过一级支流汇合后进入流溪河干流，计算各一级支流的污染物浓度。由于污染源估算中污染负荷均采用 CODcr 表示，而地表水水质监测中一般采用高锰酸盐指数环境标准样（CODmn）为统一标准，将计算所得的 CODcr 转换为 CODmn，转换系数为 3.3 [5]。各一级支流 CODmn 入河情况如表 6-7 所示，需要说明的是，由于以下 7 条一级支流的污染物入河总量包含了其他未计入支流集水范围的污染物，计算所得支流 CODmn 浓度要高于实际平均浓度。

表 6-7　一级支流 CODmn 入河情况

一级支流	CODmn 入河总量/（t/a）	年径流量/亿 m^3	CODmn 浓度/（mg/L）
汾田水	185.35	1.39	0.403
牛路水	172.52	1.23	0.423
鸭洞水	527.75	0.85	1.871
龙潭河	3988.25	2.40	5.035
小海河	3191.47	3.67	2.633
大坑水	1864.73	0.77	7.379
沙溪水	1630.10	0.79	6.257

6.2.3.2　模型输入条件

水质模型建立于水动力模型基础之上，模型上边界采用吕田断面 2016～2017 年各月所测 CODmn 浓度（图 6-16），内部边界采用固定值格式，输入 6.2.3.1 节概化而得的 7 条一级支流 CODmn 浓度。模型以 2016 年 1 月水质浓度为初始浓度，并将 2015 年 12 月作为预热时段，减小初始条件设置引起的误差。

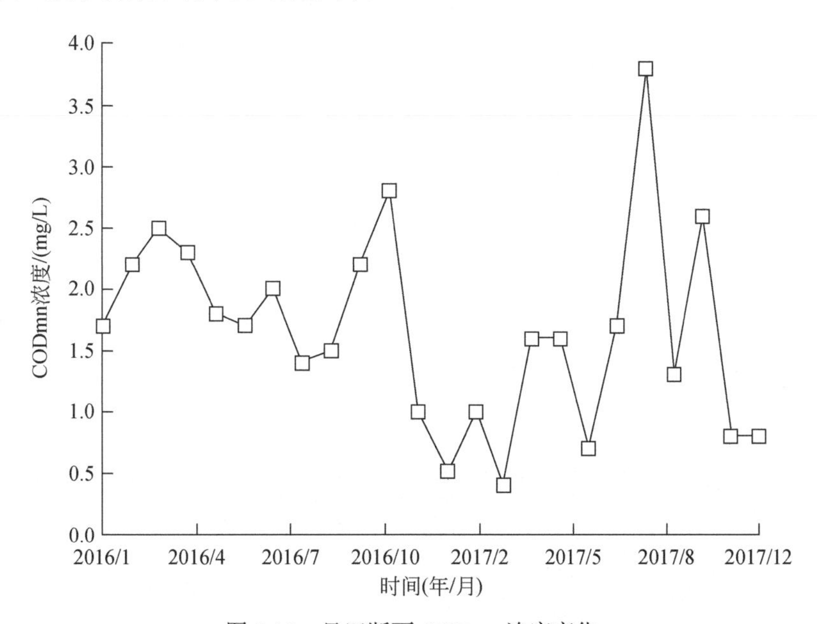

图 6-16　吕田断面 CODmn 浓度变化

6.2.3.3　模型参数确定

1）纵向扩散系数

纵向扩散系数是污染物在河道中纵向混合特性的体现，其值可以采用理论公式法、经验公式法和示踪试验法确定，采用简单易用的 Fischer 经验公式估算河道的纵向扩散系数：

$$D=0.011\frac{u^2B^2}{Hu_*} \tag{6-20}$$

式中，D 为纵向扩散系数，m^2/s；u 为平均流速，m/s；B 为平均水面宽，m；H 为平均水深，m；u_* 为摩阻流速，$u_*=\sqrt{gHJ}$，J 为水力坡降。

经计算，在无梯级影响下流溪河河道纵向扩散系数为 $80.08m^2/s$，在梯级开发影响下流溪河河道纵向扩散系数为 $30.09m^2/s$。

2）衰减系数

河道中的污染物质随水流运动而降解，河流流速、河道形态、流量等因素均会对其降解速率产生影响，在水质模型中通常将其综合为一个参数，即衰减系数 K，常根据经验公式法、分析借用法和实测法确定。实测法是水质模型中应用最多的方法，它基于实测断面水质情况，不断调整衰减系数，通过对比污染物浓度模拟值和实测值确定河道中污染物的衰减系数。采用实测法，基于 2016～2017 年各月街口断面和太平场断面的实测 CODmn 浓度，率定梯级开发情景下流溪河的 CODmn 衰减系数，得到街口以上河段衰减系数为 $0.0144d^{-1}$、街口以下河段衰减系数为 $0.048d^{-1}$，街口以上河段衰减系数较其下游小，这是由于中上游 9 座电站当中，7 座位于街口以上河段，导致水流速度相较街口以下河段更为缓慢，污染物降解速率随之减弱。

街口断面和太平场断面的 CODmn 模拟值与实测值对比如图 6-17 所示，街口断面 CODmn 平均模拟误差为 26.20%，误差范围 1.71%～54.90%，太平场断面平均模拟误差为 27.95%，误差范围 3.30%～78.78%。部分月份模拟误差高于预期范围，主要原因是将 7 条集水面积超过 $50km^2$ 的一级支流概化为污染源入流点，且其 CODmn 浓度不随时间发生变化，以至于部分月份模拟结果出现较大误差，太平场断面位于街口断面之下，受支流污染物汇入影响大于街口断面，因此模拟误差也高于街口断面；实测水质数据监测频率为每月一次，可能受污染物排放时间、位置等偶然因素影响，致使模拟精度下降。但由图 6-17 可

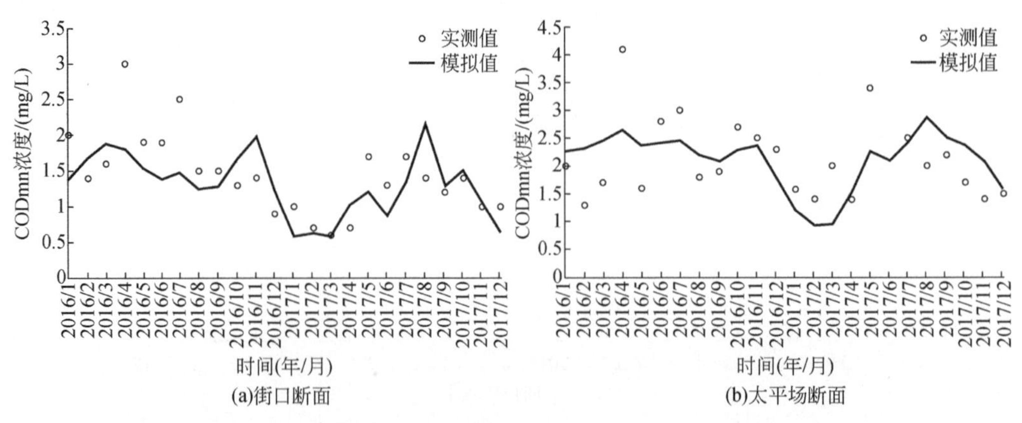

图 6-17　街口断面和太平场断面的 CODmn 模拟值与实测值对比

以看出，水质模型模拟得到的 CODmn 浓度变化趋势与实测 CODmn 变化趋势较为贴合，基本能够描述流溪河流域 CODmn 的变化情况，由此认为构建的水质模型可以用于模拟流溪河流域梯级开发后的 CODmn 情况。

由于流溪河梯级电站建设时间较早，无法获取梯级开发之前的实测水质数据，《全国水环境容量核定技术指南》认为河流 COD 衰减系数一般为 0.20～0.25d^{-1}，因此取中间值 0.23d^{-1} 作为流溪河流域梯级开发前的 COD 衰减系数。

6.2.4　水利工程建设对水生生态系统的影响

流溪河流域中游河段建设有 9 座梯级电站，使得中游干流河道被改造为数个库区，水文生境条件发生了剧烈变化，进而影响流溪河水质条件与水生生物生存的生境条件。

6.2.4.1　水文生境条件动态变化特征

1）水深变化特征

图 6-18 为截取的各拦河坝上、下河段典型断面上水深随时间的变化特征。图 6-19 为流溪河大坳坝、牛心岭坝、李溪坝坝上与坝下水深在枯水期、平水期、丰水期的空间变化特征的二维模拟结果。

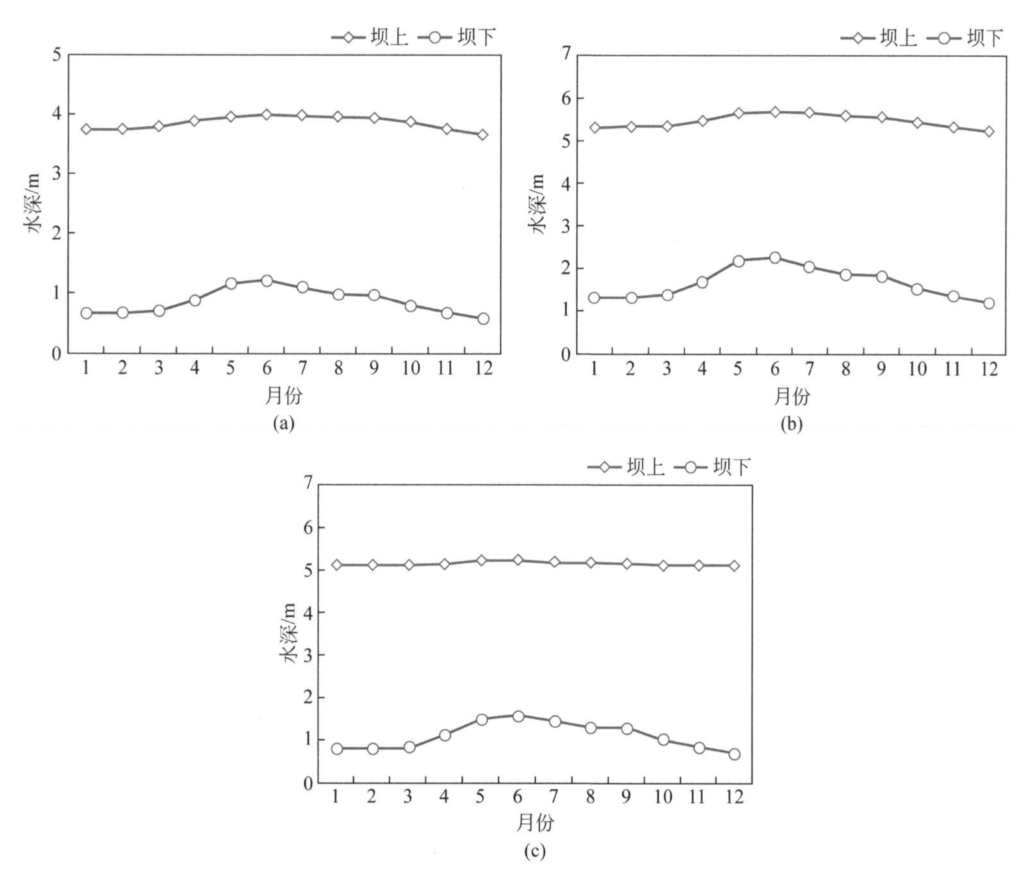

图 6-18　拦河坝上、下断面水深变化范围

（a）大坳坝；（b）牛心岭坝；（c）李溪坝

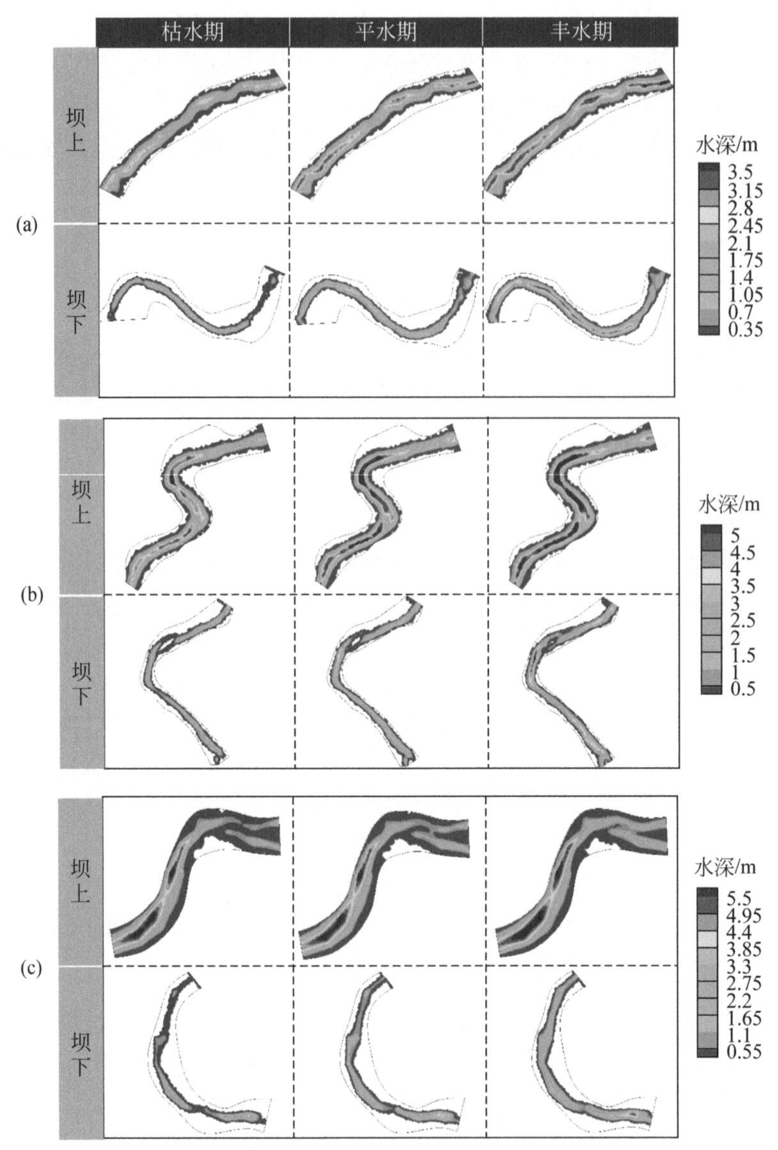

图 6-19　三个典型拦河坝坝上、下 3km 河段内水深变化空间分布图

（a）大坳坝；（b）牛心岭坝；（c）李溪坝

可以发现，在时间维度上，大坳坝坝上河段在枯水期、平水期、丰水期的平均水深分别为 3.78m、3.87m、3.97m，其水深波动大小在 0～0.33m 范围内；坝下河段在这 3 种情景下平均水深分别为 0.70m、0.89m、1.07m，其水深波动大小在 0～0.64m 范围内，约为坝上的 2 倍；且坝上、下河段平均水深的差值在这 3 种情景下分别为 3.08m、2.98m、2.89m，且以枯水期的差值最大。牛心岭坝坝上河段在枯水期、平水期、丰水期的平均水深分别为 5.33m、5.47m、5.61m，其水深的波动大小在 0～0.45m 范围内；坝下河段在这 3 种情景下平均水深分别为 1.37m、1.68m、2.00m，其水深的波动大小在 0～1.07m 范围内，为坝上的 2 倍多；且坝上、坝下河段平均水深的差值在 3 种情景下分别为 3.96m、3.78m、3.61m，且以枯水期的差值最大。李溪坝坝上河段在枯水期、平水期、丰水期的平均水深分别为

5.10m、5.14m、5.18m，其水深波动大小在 0～0.14m 范围内；坝下河段在这 3 种情景下平均水深分别为 0.83m、1.10m、1.37m，其水深波动大小在 0～0.87m 范围内，为坝上的 6 倍多；且坝上、坝下河段平均水深的差值在 3 种情景下分别为 4.26m、4.04m、3.81m，且仍以枯水期的差值最大。在空间维度上，这三个拦河坝均表现出坝上河段较坝下河段水更深的特点，且在河道中央越靠近拦河坝越突出；坝下河段的水流淹没范围与湿宽在不同时期变化明显，甚至在河道中央出现了季节性河漫滩地；在坝上河段水流淹没范围与湿宽在不同时期间几乎无变化，河道中央水极深，并无季节性滩地出现。

在上述三个典型拦河坝所在河段，枯水期、平水期、丰水期水深的时空变化特征在拦河坝上、下河段均存在较大的时空差异。与坝上相比，坝下河段对应着较浅、波动幅度较大的水深，且这一差距在枯水期尤为突出，主要与拦河坝的修建及调控活动有关。一方面，拦河坝的修建人为抬高了坝上的水位，进而使得坝上的水深相较于坝下大幅抬高、水量增大，使得坝下水量大幅减少，水深远低于坝上。尤其在枯水期，坝下较少的水量无法充盈整个河道，进而为季节性河漫滩与江心洲的形成提供了基础水文条件。另一方面，为了维持拦河坝全年正常蓄水位，需要在洪水期排水，枯水期蓄水；而在枯水期本身河流水量较少的情况下，坝上的蓄水将进一步减少坝下的水量，加剧坝下与坝上水深的差距，同时也加剧了枯水期与丰水期坝下与坝上水深的差距。此外，结合现状调查与河道地形的空间拟合结果，可以发现受到河道两侧人工堤防建设的影响，在河道外河岸带上设置了多个与自然台地结合的人工与自然混合的防洪台层。这使得在水流来临之时，各级台层逐渐被淹没，并形成了河道中央水位深、两侧水位浅的空间分布格局。这一水深分布的空间特征因坝上河段的水量与水位的人为调控而更为突出，坝下河段则在非洪水期常处于水量不足、水流较浅的状态，因而易在枯水期有江心洲出现。

2）湿周变化特征

拦河坝所在河段水深在枯水期、平水期、丰水期的时空动态变化也带来了其湿周的季节性差异变化。如图 6-20 所示，在大坳坝所在河段，坝上月均湿周在这 3 个时期分别为 112.15m、114.17m、116.19m，而在坝下则分别为 42.39m、52.25m、62.10m；其中，坝上湿周波动大小在 0～7.09m 范围内，坝下月均湿周波动大小则在 0～34.62m 范围内，为坝上的近 5 倍；且坝上与坝下月均湿周的差值在 3 个时期分别为 69.76m、61.92m、54.09m，属枯水期的差值最大。在牛心岭坝所在河段，坝上月均湿周在 3 个时期分别为 121.21m、122.30m、123.38m，而在坝下则分别为 43.55m、48.94m、54.34m；其中，坝上湿周波动

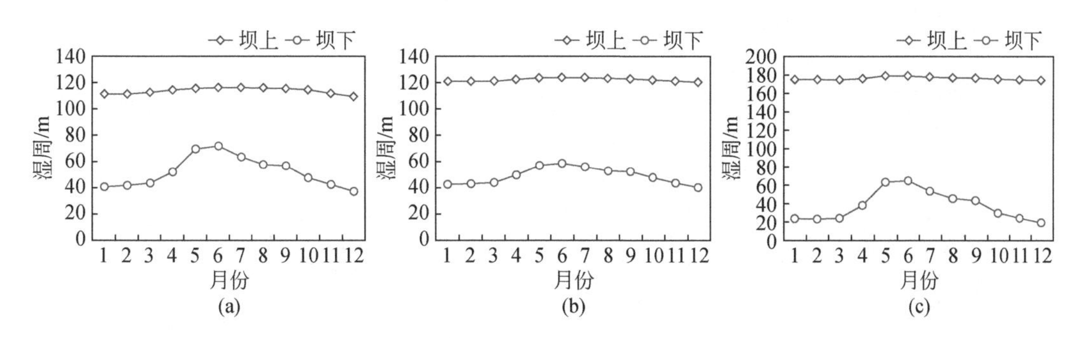

图 6-20　拦河坝上、下断面湿周变化范围

（a）大坳坝；（b）牛心岭坝；（c）李溪坝

大小在 0～3.58m 范围内，而坝下则在 0～18.13m 范围内波动，高达坝上的近 5 倍；且坝上与坝下月均湿周的差值在这 3 个时期分别为 77.67m、73.35m、69.04m，属枯水期的差值最大。在李溪坝所在河段，坝上月均湿周在 3 个时期分别为 175.35m、176.65m、177.95m，坝下则分别为 23.80m、37.56m、51.33m；其中，坝上湿周波动大小在 0～4.56m 范围内，而坝下则在 0～46.03m 范围内波动，高达坝上的 10 倍多；且坝上与坝下月均湿周的差值在这 3 个时期分别为 151.55m、139.09m、126.63m，仍属枯水期的差值最大。

在这三个典型拦河坝中，坝下河段枯水期、平水期、丰水期断面湿周的变化幅度远超坝上河段；并且坝上与坝下河段在不同时期的断面湿周间的差值表现出在枯水期更大的特点，这离不开水深在坝上、坝下河段不同时期的变化特征。湿周季节性变化更加突出了拦河坝上、下水文生境条件的巨大差异，也进一步反映出了枯水期这一差异更加突出的特点。如图 6-21 所示，本书结合对拦河坝上、下河段的现状调查以及对其水深在不同时期空间分布的分析，绘制了坝上、坝下季节性河漫滩地的变化范围。可以发现，由于上述水文条件在不同时期的波动变化与空间差异，相较于坝上，拦河坝坝下形成了更大范围的季节性河漫滩地。这类季节性河漫滩地在枯水期或平水期因水位低、流量小、水流淹没范围小，裸露出大量的砂石滩地甚至包括江心洲；而在洪水期流量大、水位不断增高、水流淹没范围扩大，裸露的砂石滩地与江心洲逐渐被水流覆盖甚至淹没，尤其是在较大洪水发生时，原本长时间干燥的部分低台层的河岸带也会被淹没。与之相反，坝上河段由于水深的动态变化幅度较小，且受拦河坝人为蓄水与放水调控的影响，其季节性河漫滩地面积相对较小且较为稳定。

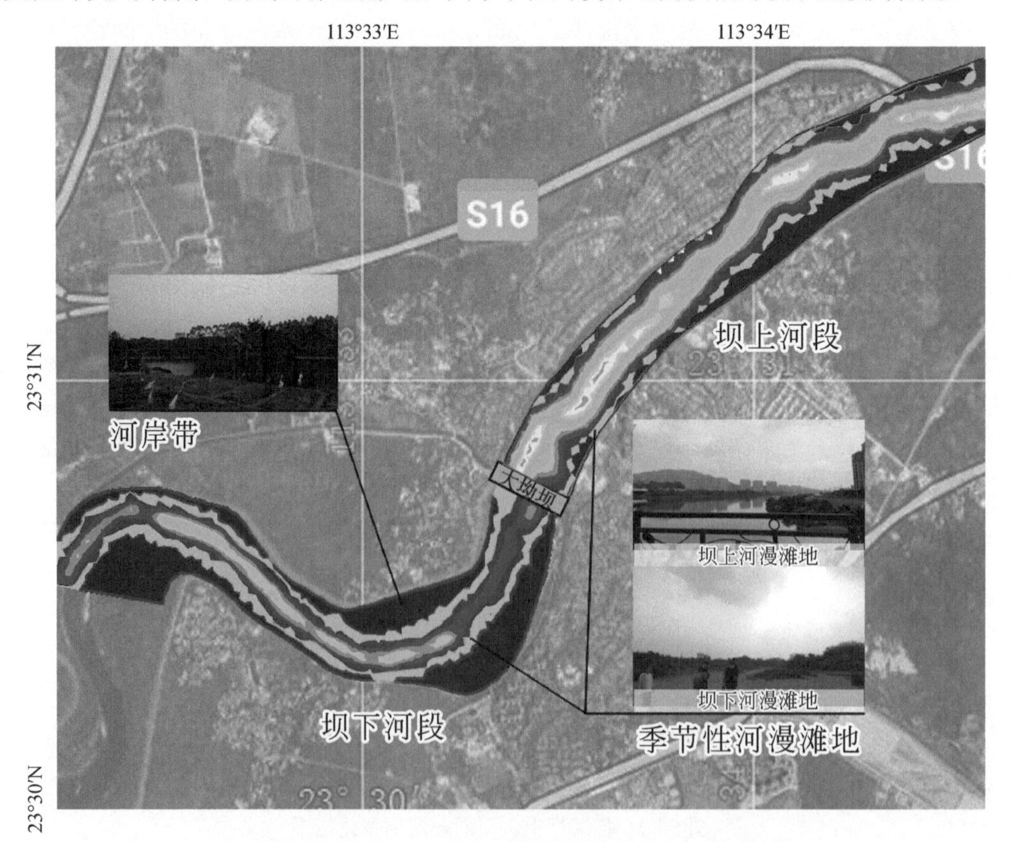

图 6-21　大坳坝坝上、坝下季节性河漫滩地变化范围示意图

3）流速变化特征

图 6-22 为截取的拦河坝上、下河段典型断面上流速大小随时间的变化特征。时间尺度上大坳坝坝上河段在枯水期、平水期、丰水期的平均流速分别为 0.16m/s、0.28m/s、0.40m/s，其波动大小在 0～0.42m/s 范围内；坝下河段在这 3 种情景下平均流速分别为 0.54m/s、0.67m/s、0.80m/s，其波动大小在 0.44m/s 范围内；且坝上、坝下河段平均流速间差值在 3 种情景下分别为-0.38m/s、-0.39m/s、-0.40m/s。牛心岭坝坝上河段在枯水期、平水期、丰水期的平均流速分别为 0.07m/s、0.11m/s、0.16m/s，其波动大小在 0～0.16m/s 范围内；坝下河段在这 3 种情景下平均流速分别为 0.67m/s、0.82m/s、0.97m/s，其波动大小在 0～0.52m/s 范围内；且坝上、坝下河段平均流速间的差值在这 3 种情景下分别为-0.60m/s、-0.71m/s、-0.81m/s。李溪坝坝上河段在枯水期、平水期、丰水期的平均流速分别为 0.07m/s、0.13m/s、0.19m/s，其波动大小在 0～0.20m/s 范围内；坝下河段在这 3 种情景下平均流速分别为 0.92m/s、1.18m/s、1.44m/s，其波动大小在 0～0.84m/s 范围内；且坝上、坝下河段平均流速间的差值在 3 种情景下分别为-0.86m/s、-1.05m/s、-1.25m/s。

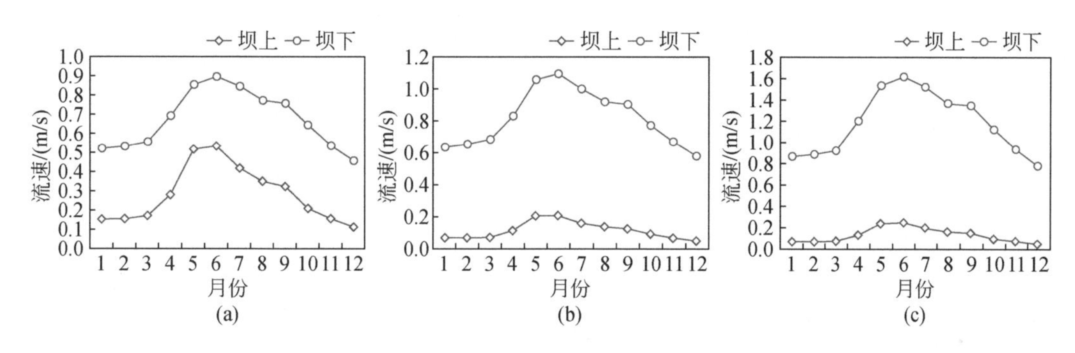

图 6-22　拦河坝上、下断面流速变化范围

（a）大坳坝；（b）牛心岭坝；（c）李溪坝

图 6-23 为流溪河大坳坝、牛心岭坝、李溪坝坝上与坝下流速在枯水期、平水期、丰水期空间变化特征的二维模拟结果。在空间维度上，这三个拦河坝均表现出坝上河段较坝下河段流速更小的特点，尤其是在靠近拦河坝近坝区段，流速极小，在枯水期和平水期更甚。这主要是拦河坝对坝上河段的蓄水调节引起的，使得水流流向坝体后被阻挡，并在坝前累积引起河床冲淤，水流的流速在此处进一步减小。此外，在坝下河段近坝区段流速相较于远坝区段更大，尤其是在丰水期。这主要是因为在大坝放水泄洪调蓄坝上水位时，坝下的瞬时流速迅猛提升，水流下泄的强烈冲刷带来坝下坝前河段的河床下切，这也是导致坝下近坝前河段河道中央水深较坝下其他河段要深的重要原因之一。同时，坝下流速在丰水期的提升也会进一步增强坝下河道底床的演替变化，使得坝下河床相较于坝上更加复杂。在河道边缘，坝下流速变化较坝上也更突出，流速更大，水流对坝下河岸的冲刷相应更大，使得坝下河道形态更加蜿蜒。

4）水文生境条件动态变化特征图示化分析

结合 6.2.2 节中对梯级拦河坝上、下水文水动力演变特征的数值模拟分析，可将拦河坝调控引起的大坝上、下水文生境条件的变化归为两大类，如图 6-24 中所示，水深整体变幅较小的坝上区段可被归为（i）型，而水深整体变幅较大的坝下区段可被归为（ii）型。

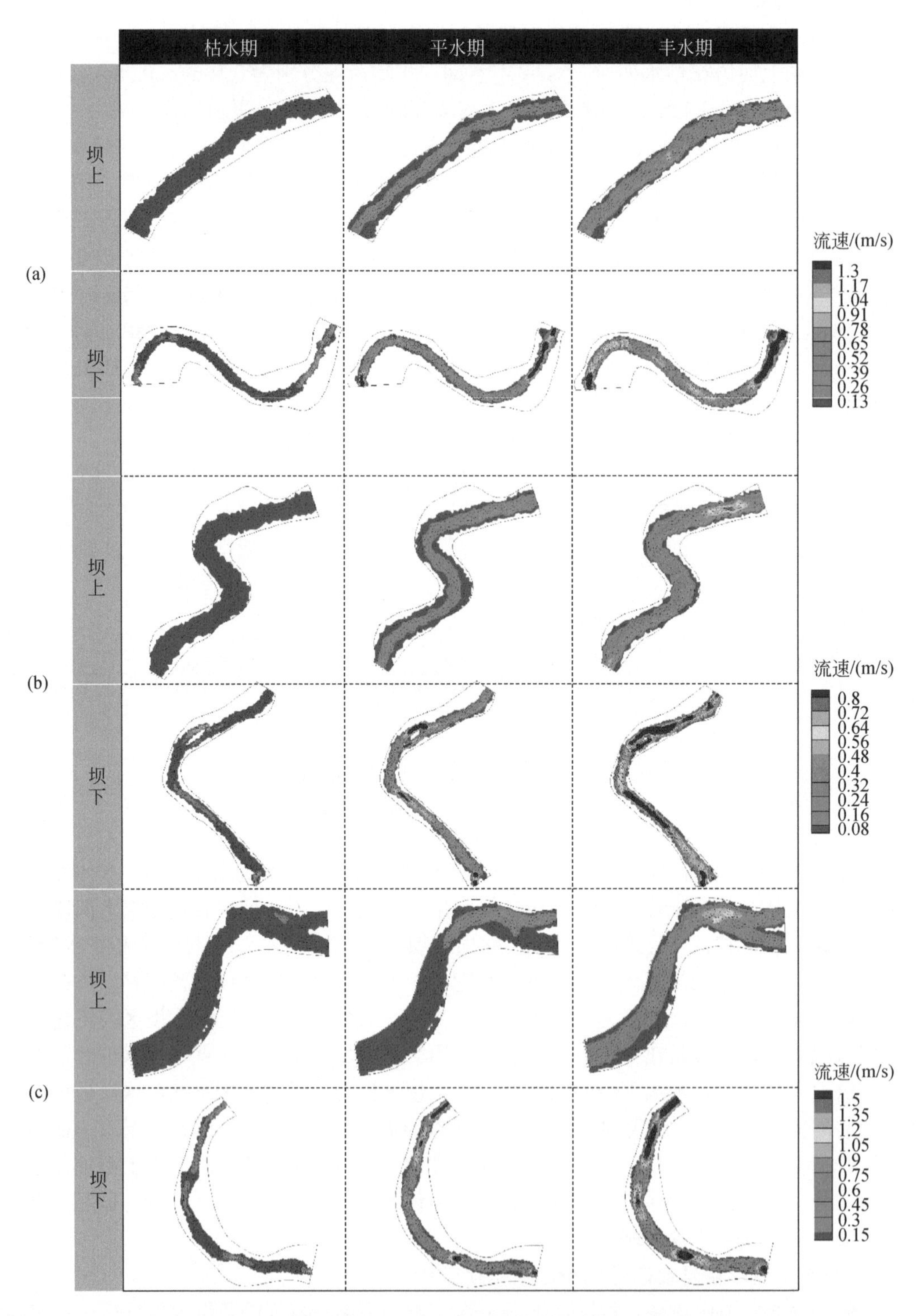

图 6-23 三个典型拦河坝上、下 3km 河段内流速变化空间分布图

（a）大坳坝；（b）牛心岭坝；（c）李溪坝

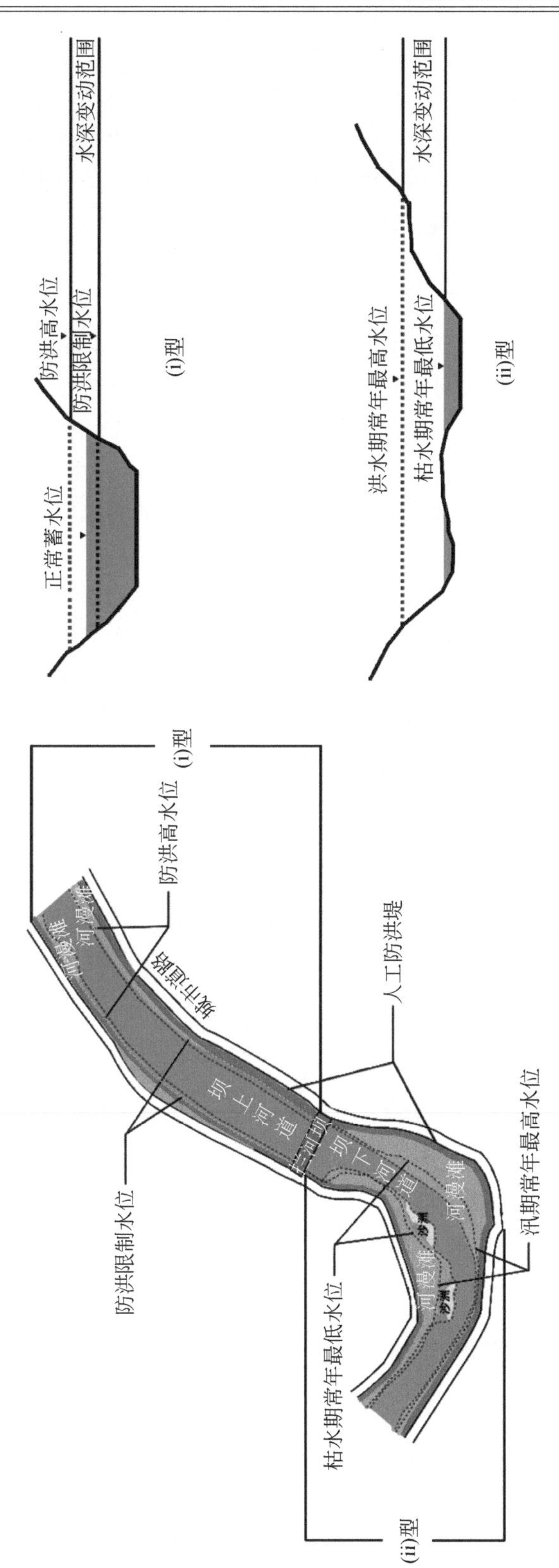

图6-24　水文生境动态变化特征分类

前者水深、湿周与流速波动小，使得坝上水文生境条件较为稳定，季节性的水文水动力条件的变化对河道两侧河岸带影响较小，所形成的季节性河漫滩地范围较小且多位于距离坝体 1km 以上的河段；后者水深、湿周与流速波动大，使得坝下水文生境条件复杂多变，季节性的水文水动力条件的变化对河道两侧河岸带影响较大，大片季节性河漫滩地因此而产生，甚至有裸露的沙洲在枯水期出现在坝下河段。

6.2.4.2　水质条件动态变化特征

天然条件下，2016～2017 年流溪河中游 CODmn 平均浓度 1.44mg/L，街口以上河段基本位于良口镇和温泉镇，污染物入河量小，汾田水、牛路水等支流水质较好，河段 CODmn 平均浓度由入流时的 1.67mg/L 沿程下降到街口断面的 1.13mg/L；街口到太平河段多位于从化中心城区和太平镇，污染物入河量大，龙潭河、小海河等支流水质变差，导致 CODmn 浓度在入流处出现瞬间增加，之后逐渐降解，河段 CODmn 平均浓度在太平场断面增加到 1.78mg/L。

水电梯级开发导致河流污染物输移特性发生变化，对水质的影响包含两个层面：一是由于大坝阻碍了水体流动，河道流速减缓，污染物降解速率随之降低，使得水体污染物浓度增加；二是由于水体滞留较久，污染物降解时间延长，又将减小水体污染物浓度。受水电梯级开发两方面的综合作用影响，流溪河中上游河段 CODmn 平均浓度增加到 1.60mg/L，表明流速减缓对 CODmn 的影响大于滞留时间增加的影响。街口以上河段已建成良口、青年等 7 级电站，河道基本库区化，水流速度缓慢，污染物降解速率减小，街口断面 CODmn 平均浓度增加到 1.32mg/L，较梯级开发前增加 0.19mg/L；街口到太平河段建有大坳、牛心岭 2 级电站，水流流速有所减小，河道 CODmn 降解速率随之减小，到太平场断面，CODmn 平均浓度增加到 2.11mg/L，较梯级开发前增加 0.33mg/L。梯级开发前后 CODmn 浓度沿程变化情况如图 6-25 所示。

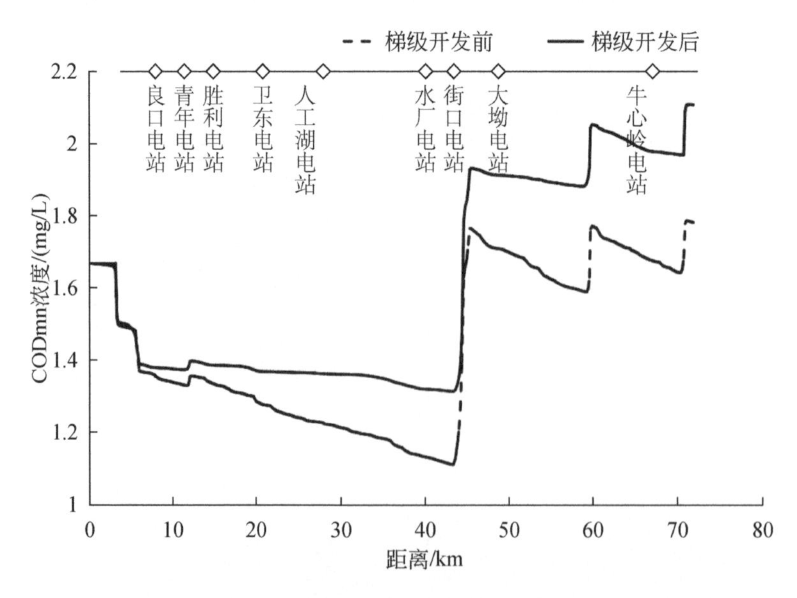

图 6-25　流溪河中游梯级开发前后 CODmn 浓度沿程变化

一般而言，梯级电站会对水质产生累积作用，随着梯级数量的增多，梯级开发前后 CODmn 浓度差异会逐渐增加。对大坳、牛心岭电站 2016～2017 年月均下泄 CODmn 浓度变化情况具体分析如下。

1）大坳电站

梯级开发后，大坳电站平均下泄 CODmn 浓度较天然状态增加了 0.20mg/L，其中丰水期下泄 CODmn 浓度由天然条件下的 1.89mg/L 增加到 2.06mg/L，平均增加了 0.17mg/L；枯水期下泄 CODmn 浓度由天然条件下的 1.52mg/L 增加到 1.76mg/L，平均增加了 0.24mg/L，其中 11 月增加 0.33mg/L。大坳电站下泄 CODmn 浓度平均变化幅度较其上一级街口电站仅增加 0.01mg/L，一方面是由于电站本身调控能力较弱，对河道污染物输移影响较小；另一方面是由于街口-大坳段有龙潭河、小海河两条径流量较大、COD 含量较高的支流汇入，稀释了上游梯级电站对污染物的累积作用。大坳电站梯级开发前后下泄 CODmn 浓度变化情况如图 6-26 所示。

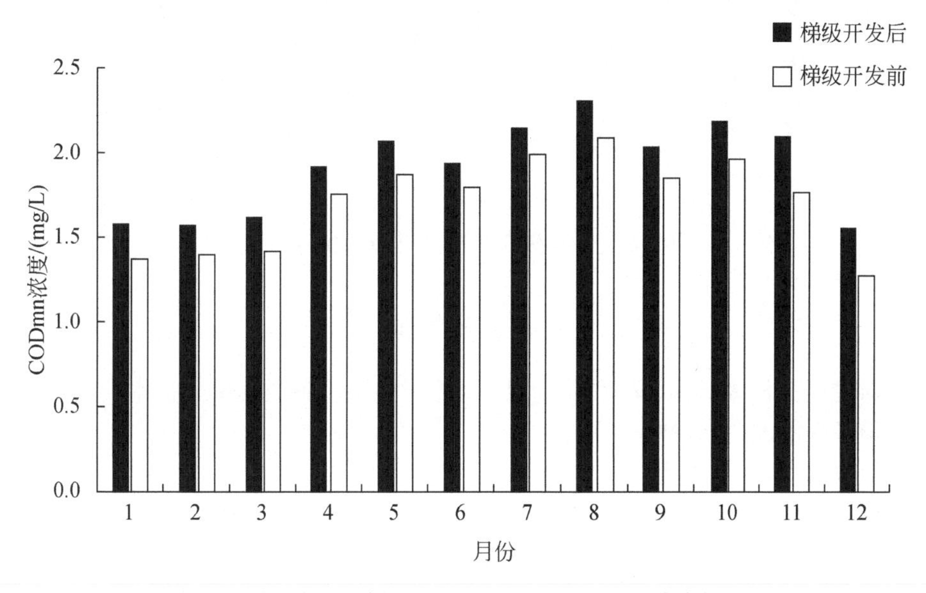

图 6-26　大坳电站梯级开发前后下泄 CODmn 浓度变化情况

2）牛心岭电站

图 6-27 显示了梯级开发前后牛心岭电站下泄 CODmn 浓度变化情况。梯级开发后，牛心岭电站丰水期下泄 CODmn 浓度由天然状态下的 1.71～2.07mg/L 增加到 1.97～2.40mg/L，平均增加 0.27mg/L；枯水期下泄 CODmn 浓度由 1.17～1.87mg/L 增加到 1.54～2.20mg/L，平均增加 0.33mg/L，最大增幅 0.45mg/L。牛心岭电站下泄 CODmn 浓度平均变化幅度较其上一级大坳电站增加 0.10mg/L。

由以上分析可以发现，各电站梯级开发后的下泄 CODmn 浓度比梯级开发前的均有所增加，且增加幅度由上游至下游依次递增，表明梯级电站对水质产生了累积效应，使得梯级开发前后的 CODmn 浓度差异沿程增大。为了更直观地说明梯级开发对水质的累积作用，以流溪河中上游出口断面太平场为研究对象，对比梯级开发前、中度梯级开发和高度梯级开发 3 种情景下太平场的 CODmn 浓度变化情况。流溪河中上游最早于 1958 年建成大坳电站，1972～1981年为梯级电站集中建设期，建成了良口、青年、胜利、卫东、人工湖5座电站，因此将1981年之前建成的6座梯级电站设置为中度梯级开发情景，根据式(6-20)计算纵向扩散系数，取46.20，在未受电站影响河段取梯级开发前的衰减系数，为$0.23d^{-1}$，在受电站影响河段取梯级开发后的衰减系数，为$0.0144～0.048d^{-1}$。

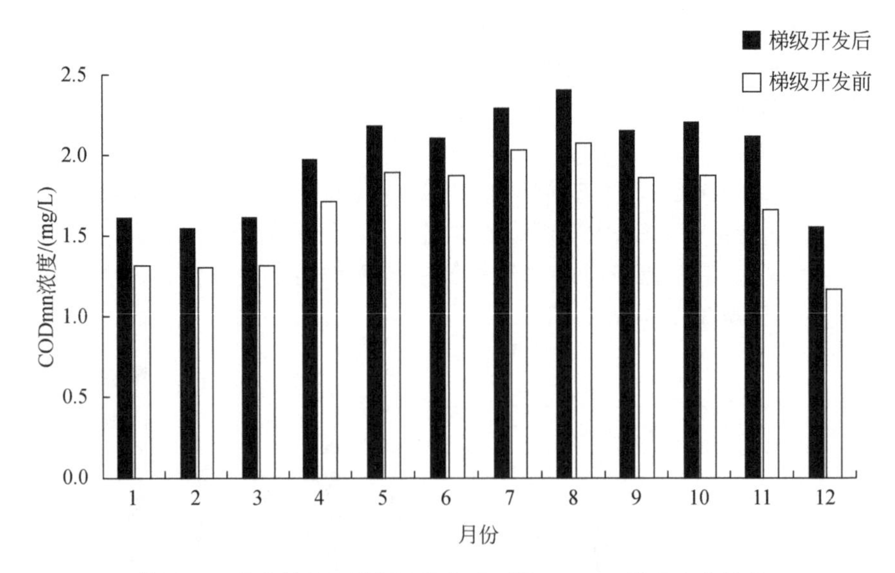

图6-27　牛心岭电站梯级开发前后下泄CODmn浓度变化情况

6.2.4.3　水生生物生境条件动态变化特征

鱼类对生境变化敏感程度高且易于观测，本章主要以鱼类为例分析水利工程建设对水生生物生境条件的改变与影响。

1）梯级电站的阻隔作用

流溪河干流多座大坝建成后，破坏了河道纵向连续性，鱼类洄游通道受阻。图6-28为流溪河流域从上至下7个采样点不同迁徙习性鱼类的捕获比例，流溪河下游江高河段捕获的半洄游性鱼类数量较多，占该河段总捕获数量的36.67%，温泉、街口、太平、人和等中下游河段捕获半洄游性鱼类占比5.26%～8.37%，较江高河段大幅减少，吕田、良口等中上游河段未捕获到洄游性、半洄游性鱼类；捕获到的半洄游性鱼类主要为赤眼鳟（4.65%）、广东鲂（2.33%）、黄尾鲴（1.74%）、鲢（1.45%）等，种类数量较少，流域原有的四大家鱼（青鱼、草鱼、鲢、鳙）、日本鳗鲡等已十分少见。可见流溪河流域高密度梯级电站开发很大程度上妨碍了鱼类的洄游行为。在调查中发现，洄游性鱼类七丝鲚出现在温泉、街口河段，表明流溪河尚保留有一定的纵向连通性，这与流域梯级电站均为低水头闸坝有关。

2）水深改变的影响

对于产漂流性卵鱼类，梯级电站的壅水作用使得流溪河中上游河段水位抬高，部分电站回水距离达到上级电站的坝下位置，卵漂流孵化的距离大幅缩短，造成鱼卵下沉、孵化率降低；对于产黏性卵鱼类，河道水深增加、水域面积扩大，产卵场被淹没，鱼卵附着基质不能生长，原有产卵场功能削弱或丧失。目前流溪河鱼类产卵场散布在各区域，流域已无集中固定的大型产卵场，给鱼类保护带来一定困难。

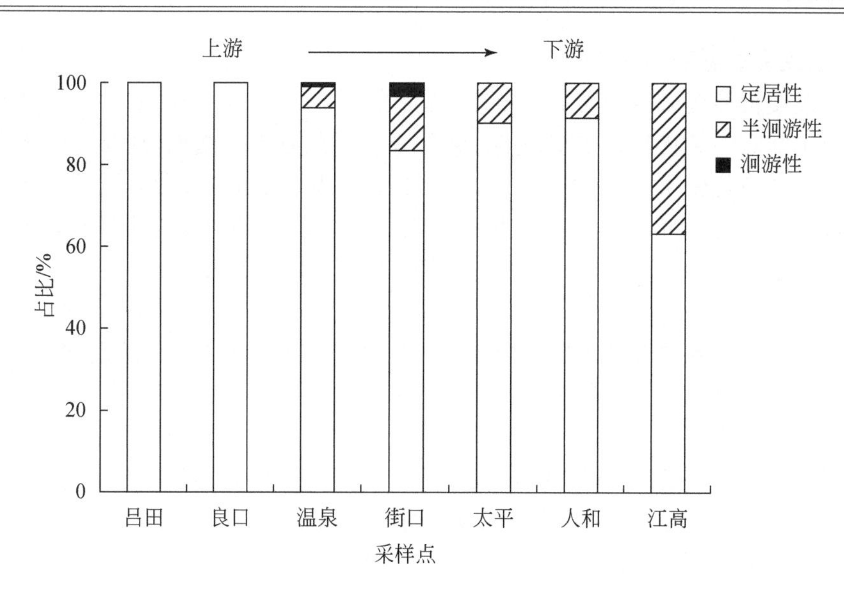

图 6-28　流溪河不同迁徙习性鱼类捕获比例

3）流场改变的影响

梯级电站建设运行后，流溪河中上游河段流速由 0.62m/s 减小到 0.39m/s，各电站库区河段流速为 0.02～1.42m/s，坝前断面平均流速仅 0.10m/s，流水生境大幅萎缩，库区河段适应流水环境的鱼类向库尾及河段转移，种群数量明显减少，适应于缓流或静水环境的鱼类逐渐成为库区优势鱼类。表 6-8 列出了流溪河各采样点捕获的优势种，吕田河段位于流溪河水库上游，受人为影响较小，水生生境维持溪流浅滩型，适宜于条纹刺鲃、马口鱼等流水型鱼类生存；良口河段平均流速由建坝前的 1.14m/s 减小到 0.74m/s，流溪河水库至良口电站库尾位置保留有流水生境，能够为流水型鱼类提供栖息场所，在该河段采集到的鱼类有 78.8%为流水型鱼类宽鳍鱲；温泉、街口河段平均流速分别由建坝前的 0.63m/s、0.51m/s 减小到 0.46m/s、0.22m/s，河段水流速度较小，适应缓流或静水环境的海南红鲌和鰲在两个河段鱼类采集数量中占比分别达到 89.4%、77.2%；太平场、人和、江高河段位于流溪河中下游，地势相对平缓，逐渐进入缓流深水型生境，加上李溪、人和电站的影响，河道优势种主要是鰲、鲮等适应缓流或静水生境的鱼类。从 7 个采样点的鱼类采集比例分析，缓流或静水型鱼类在流溪河流域占据极大优势，而流水型鱼类仅在上游河段分布数量较多。可见，流溪河河道流速的减小使得不同生境类型鱼类在空间上重分布，流水型鱼类生存空间受挤压，种群数量显著减少。

表 6-8　流溪河各采样点鱼类采集情况

采样点	优势种
吕田	食蚊鱼（32%）、条纹刺鲃（23%）、马口鱼（12%）
良口	宽鳍鱲（78.8%）、半鰲（10.6%）
温泉	海南红鲌（44%）、鰲（43%）
街口	鰲（53.2%）、海南红鲌（24%）
太平	鰲（17.9%）、鲤（15%）、尼罗罗非鱼（13%）、鲮（12.2%）
人和	鰲（52.2%）、鲮（18.2%）
江高	赤眼鳟（26%）、鲮（14.9%）、尼罗罗非鱼（13%）

4）水质改变的影响

梯级开发使得河道流速减缓、污染物衰减系数降低，导致污染物浓度高于梯级开发前，且由于梯级电站对污染物具有累积效应，越往下游污染物浓度增加幅度越大。同时，流域中下游的快速城市化带来大量污染物质，导致流溪河水质越加恶化，尤其下游河段污染物浓度常年超标，影响鱼类正常生长繁殖，调查中发现人和河段存在鱼类畸形现象，卢丽锋[6]也在良口、街口、太平、蚌湖大桥等多个河段发现异常鱼类。

5）外来鱼类入侵

流溪河的梯级开发改变了水生生境条件，打破了水生生态系统的相对平衡，为外来鱼类提供了生态位和良好的生存环境。并且，外来鱼类本身极强的适应能力和繁殖能力，导致外来鱼类种群数量逐渐增加，进而加剧对该流域生态系统平衡的破坏，危害本土鱼类生长繁殖，从而降低鱼类多样性。由图 6-29 可见，除街口河段外，其余 6 个河段均采集到外来鱼类，主要为尼罗罗非鱼、下口鲶、麦瑞加拉鲮、食蚊鱼等典型入侵鱼类，其中尼罗罗非鱼、食蚊鱼已成为部分河段的优势物种（表 6-8）。

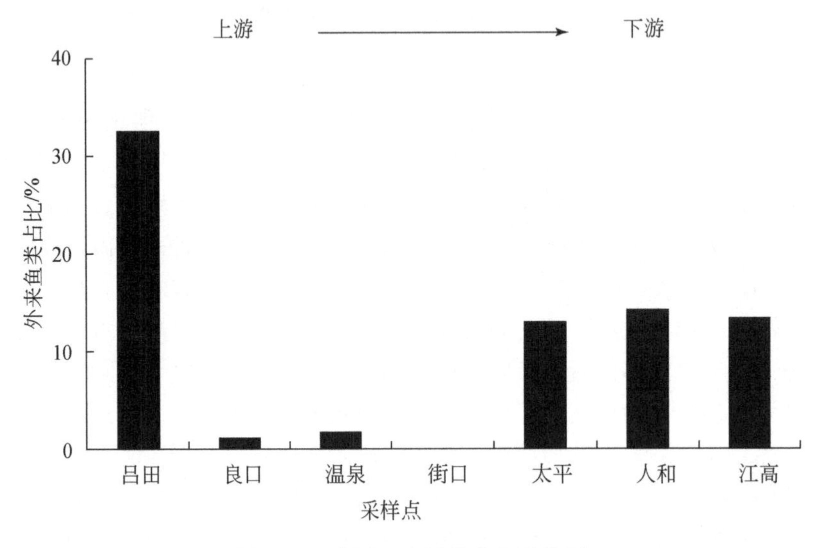

图 6-29　流溪河流域外来鱼类比例

6.3　河段尺度水利工程建设对河岸植物物种分布的影响

6.3.1　坝上、坝下河段河岸植物物种分布特征

通过对大坳坝、牛心岭坝与李溪坝三个典型拦河坝所在河段坝上、坝下河岸缓冲带内 10 个不同的植物采样地物种分布统计结果的归纳与分析，发现坝上与坝下乔木层、灌木层、草本层不同层次物种类型分布与丰富度存在较大差异，尤其是在草本层上，草本层物种种数高达 57 种，而乔木层物种种数仅为 18 种，灌木层更少，仅为 12 种。并且，草本层与灌木层多为原生物种，而乔木层则有一半多的物种为人工种植的果树或经济作物，如竹、荔枝、龙眼、土蜜树、枇杷、杧果、黄皮等，与第 4 章中对流溪河中游区段河岸植物物种

的分布特征相一致。这充分说明了梯级拦河坝的建设对不足 10km 范围内河段河岸植物物种分布带来的影响。

具体如表 6-9 所示，在统计到的物种中，大坳坝、牛心岭坝以及李溪坝的坝上乔木层与灌木层植物物种类型和数量相较于坝下的差异较小，而坝上草本层植物的物种类型和数量则明显少于坝下。同时，除了牛心岭坝外，大坳坝与李溪坝坝下样点内草本层植物物种数量占比均超过坝上近 20.00%。牛心岭坝坝上、坝下草本层植物物种占比均较高，但坝下草本层植物物种数量依旧多于坝上，形成这一占比差异的原因主要是牛心岭坝上乔木层与灌木层植物物种太少。整体上，各拦河坝坝下的特色物种相较于坝上也较多，最多可达坝上的约 6 倍，最少也有坝上的 1.5 倍，且主要为物种丰富的草本层植物。

表 6-9　三个典型拦河坝坝上、坝下河岸缓冲带植物物种分类

位置		类型	种数	占总种数比例/%	科	属	特色物种
大坳坝	坝上	乔木	11	32.35	8	9	18
		灌木	4	11.76	9	10	
		草本	19	55.88	10	14	
	小计		34	100	—	—	
	坝下	乔木	4	11.11	7	8	27
		灌木	4	11.11	5	6	
		草本	28	77.78	21	26	
	小计		36	100	—	—	
牛心岭坝	坝上	乔木	1	3.70	1	1	10
		灌木	3	11.11	2	2	
		草本	23	85.19	14	20	
	小计		27	100	—	—	
	坝下	乔木	4	10.81	4	5	26
		灌木	4	10.81	6	7	
		草本	29	78.38	16	24	
	小计		37	100	—	—	
李溪坝	坝上	乔木	3	21.43	2	2	4
		灌木	3	21.43	4	4	
		草本	8	57.14	5	8	
	小计		14	100	—	—	
	坝下	乔木	8	23.53	4	5	22
		灌木	1	2.94	4	4	
		草本	25	73.53	13	22	
	小计		34	100	—	—	

6.3.2　坝上、坝下河段河岸植物物种耐湿能力分析

基于上述河段尺度三个典型梯级拦河坝上、下植物群落分布特征的调查与分析，明确了植物物种在拦河坝上、下分布特征的突出空间差异。为了进一步建立拦河坝上、下植物物种分布差异与其对应河段景观格局特征和水文生境条件演变的关系，采取了对植物物种与采样样地水文特性的计量与分类方法，对比其在拦河坝上、下分布特征的差异，以反映其对坝上、坝下典型景观格局特征变化的响应。

6.3.2.1　耐湿等级划分标准

采用美国农业部 USDA Plants 数据库中对于湿地指示物种耐湿能力划分的标准[7]与我国植物对水的适应性生态类型划分标准一起将样地内调查到的植物物种按照耐湿能力划分为五大类：陆生型植物（UPL）、中生型植物（FACU）、湿中生型或两栖型植物（FAC）、湿生型植物（FACW）、水湿生型植物（OBL）。其中，陆生型植物（UPL）耐水湿能力最弱，计为Ⅰ级，属专一旱生物种，只能在陆地上生存，且土壤不能过于湿润；中生型植物（FACU），计为Ⅱ级，指脱离水淹环境可以生存，一般生在湿润环境中但不耐水涝的陆生物种；湿中生型植物（FAC），又称两栖型植物，计为Ⅲ级，一般在中生环境中生长，但也能适应湿生环境，有一定的耐水湿能力，若遇水淹，能忍耐 3～10d 不致死亡，但水淹不能全株没入水下；湿生型植物（FACW），计为Ⅳ级，指在水淹没根部或全株在湿度极大的条件下生长，不能忍受较长时间的水分不足；水湿生型植物（OBL），计为Ⅴ级，指可在水中生长，生境全年潮湿，挺水植物为该类植物的典型。

在对植物物种耐湿能力划分的基础上，采用张金屯[8]提出的样方湿度等级的计算方法，对各采样样方的湿度等级进行计算分析。其中，样方湿度等级等于样方中各植物物种的株数乘以各自的湿度适应值的加权平均，具体计算公式如下：

$$\mathrm{WI}=\frac{\sum(N_1W_1+\cdots+N_iW_i)}{N_1+\cdots+N_i} \tag{6-21}$$

式中，WI 为样方的湿度指标；N_i 为物种 i 的数量；W_i 为物种 i 的湿度适应值。将植物物种的 5 级耐湿能力：水湿生、湿生、湿中生、中生、陆生，分别用 0、1、2、3、4 数值依次表示，以反映物种的湿度适应值。

6.3.2.2　耐湿能力分析结果

选取上述三个典型拦河坝所在河段，对其内调查到的所有河岸植物物种的耐湿能力划分结果进行分析。整体上而言，在这三个拦河坝上、下的 10 个样点中，共有陆生型植物 19 种、中生型植物 27 种、湿中生型或两栖型植物 22 种、湿生型植物 14 种、水湿生型植物 0 种，且以中生与湿中生型物种最为丰富。重要的是，这些耐湿植物物种在不同拦河坝上、下的类型分布与数量存在较大差异（表 6-10、附表 4）。

表 6-10　部分坝上、坝下植物物种耐湿类型分布特征归类表

区域		层次	耐湿类型				
			UPL	FACU	FAC	FACW	OBL
大坳坝	坝上	乔木	0	3	2	0	0
		灌木	2	1	1	0	0
		草本	2	3	4	6	0
	坝下	乔木	0	3	2	0	0
		灌木	2	0	1	0	0
		草本	6	6	10	7	0
牛心岭坝	坝上	乔木	0	1	0	0	0
		灌木	0	1	0	0	0
		草本	1	5	6	9	0
	坝下	乔木	0	4	1	0	0
		灌木	1	3	0	0	0
		草本	8	3	9	9	0
李溪坝	坝上	乔木	0	2	1	0	0
		灌木	1	1	1	0	0
		草本	1	3	2	2	0
	坝下	乔木	0	5	1	0	0
		灌木	1	0	1	0	0
		草本	5	6	7	6	0

在这三个典型的拦河坝中，陆生型植物、湿中生型植物与湿生型植物物种在坝下比坝上物种数量与类型更为丰富，主要体现在草本层植物种。一方面，这离不开中游河段河岸植物中乔木层物种单一、多为人工栽植经济物种、灌木层物种稀缺的特点；另一方面，也与这三类耐湿类型的物种对生存环境的特殊要求有关。中生型植物物种在坝上与坝下的差距较小，可能是因为其适应性比较高，在陆生与湿生环境中均可生存。受人工筑堤的影响，中游河段全线河岸带的临岸部分被人工抬高，使得临岸部分坝上与坝下土壤水分含量差别不大。因此，适宜中生型物种甚至陆生物种的生存（详情见附表 5）。

与此同时，本书运用梯度分析法描述了中游河段内位于 11 座拦河坝上、坝下的多个样地的湿度等级随样地距河岸距离的变化梯度。如图 6-30 所示，样地湿度等级的大小并未随样地距河岸距离的增大而增大，但其大小在拦河坝上、坝下分布的分散程度却存在明显的差异。其中，在拦河坝坝下河段样地的湿度等级大小分布与坝上相比更加分散，这说明坝下河段样地内植物物种耐湿能力与其在各样地内分布特征的差异较坝上河段大。

结合 6.1 节中对拦河坝上、下景观格局特征变化差异的分析，可以发现相较于坝上，坝下河段对应的不仅是更为复杂的景观格局特征，其植物物种的类型与结构更为丰富，耐湿能力分布的梯度变化更突出。这两者间可能存在一定的联系，仍需要进一步的验证与量化分析。

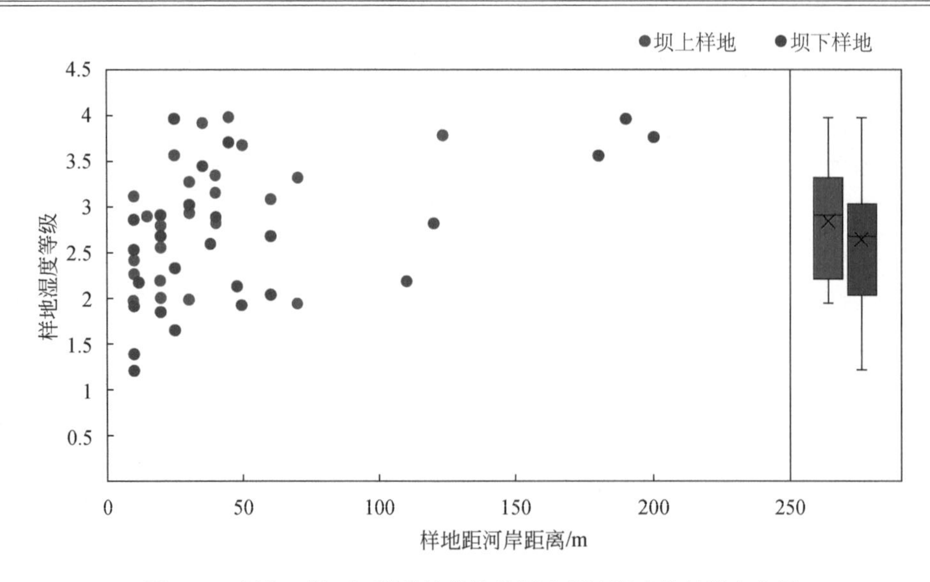

图 6-30　坝上、坝下河岸带植物物种调查样地湿度等级梯度分析

图中箱型图表示坝上、坝下样地湿度等级大小的分散程度。另外，坝上、坝下样地距河岸距离的差异与样地本身在坝上、坝下所处的河段景观格局特征的差异息息相关，坝下拥有较坝上更为宽阔与生境更为复杂的河岸带，这使得坝下河岸带内植物群落调查样点的分布和河岸距离与坝上相比更大

6.4　河段尺度景观格局特征变化的生态水文效应

基于上述对拦河坝上、下河段河岸带植物物种耐湿能力与所在样地耐湿等级存在的巨大差异的分析，本书进一步探讨了它们与可能引起这一差异的拦河坝上、下河段景观格局特征变化间的作用关系。在便于量化的前提下，基于 6.2.4.1 节中所分析的拦河坝上、下河段景观格局特征，确立了以水深、流速、湿周为代表的 3 个受拦河坝建设与调控影响的水文生境指标，以自然河岸带宽度、河道断面结构层次（根据 6.1.2.1 节中所描述的可能存在的 5 种河道断面结构的类型进行划分）、河岸带植被覆盖人工化程度（根据 6.1.2.2 节中所描述的 6 种类型，结合对采样地的实际调查与测量结果进行划分）为代表的 3 个受土地利用变化、堤防建设等人类活动影响的河岸带景观结构与覆被特征指标，以及以位置、高程为代表的 2 个表征采样样地位置的环境指标作为进一步分析的主要影响因素。本书选取了灌草层的植物物种为代表，这主要是因为所分析的中游河段乔木层物种相较于灌草层更加单一，且人工栽植的物种（如荔枝、龙眼、竹等）数量占比较大，受该河段景观与水文生境特征等环境因子的影响较小。

结合 5.3 节中对河流廊道尺度各样地内植物物种分布的影响因素分析方法的选取经验，首先对由物种耐湿能力与样地构成的种类组成矩阵做了降趋势对应分析（DCA），以判别选用单峰模型还是线性模型。得到的第一轴长度的结果为 6.4＞4，所以应选用单峰模型，即选用除趋势典范对应分析方法（DCCA），最终得到的结果如图 6-31 所示各影响因子大小与各灌草层物种耐湿能力值间的 DCCA 排序分类结果，且其蒙特卡洛置换检验结果（P=0.01＜0.05）通过了显著性检验，说明分析结果均能有效反映各物种耐湿能力与环境、景观与水文生境因子之间的关系。

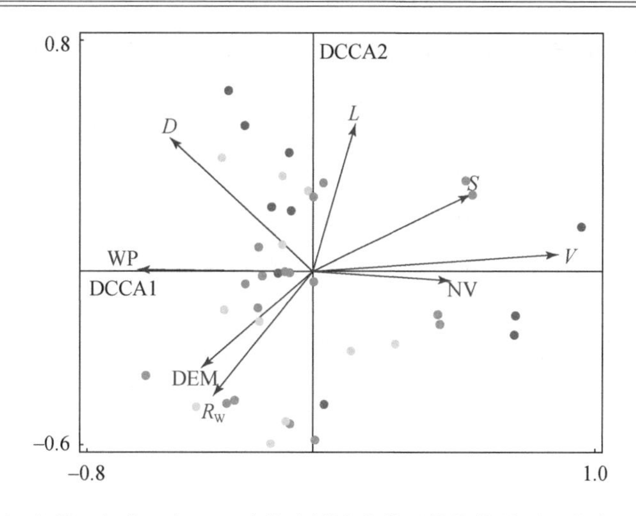

图 6-31　流溪河中游河段拦河坝上、坝下河岸带内样地灌草层植物物种耐湿能力及其与环境因子、景观和水文生境特征因子间的排序分类图

P_{value}<0.05，通过显著性检验，分析结果有效；*L* 表示各样地所在位置，DEM 表示高程，*D* 表示水深，*V* 表示流速，WP 表示湿周，R_W 表示自然河岸带宽度，*S* 表示河道断面结构人工化程度，NV 表示河岸带植被覆盖人工化程度；不同颜色的圆点代表灌草层各类植物物种，其中蓝色与浅蓝色圆点分别表示湿生型植物与湿中生型植物，绿色表示中生型植物，橘黄色则表示陆生型植物

1）各影响因子的 DCCA 排序结果

图 6-31 中显示了 8 个影响因子在 DCCA1、DCCA2 轴上的分布特征。其箭头的长度表征了各影响因子对排序轴的贡献程度，箭头与排序轴的夹角则反映了各影响因子与排序轴间的关系。可以看出，8 个影响因子可以分为四组：DCCA1 轴分别与流速（*V*）、河道断面结构人工化程度（*S*）、河岸带植被覆盖人工化程度（NV）呈正相关，说明流速越大的河段，河道断面结构层次越多，河岸植被覆盖的人工化程度也更高。这与受人工顺直化、阶梯化与人工植被覆盖的河段防洪等级要求更高有关，相应地，此类河段在洪水期受水流冲刷的影响也更大；水深（*D*）、湿周（WP）、高程（DEM）与 DCCA1 轴呈负相关关系，这表明水深越深的河段，湿周也越大，高程值也越高。在整个中游河段河道湿宽差距不大的情况下，随着水深的加深，水位抬高，湿周也对应加大，两侧裸露的河岸带也相应抬高，高程也相应较高。样地所在位置（*L*）与自然河岸带宽度（R_W）分别与 DCCA2 轴呈正、负相关关系。

2）各影响因子对植物物种耐湿能力大小分布的影响

对各影响因子在图 6-31 中的箭头长度排序依次为 $V>D>$WP$>S>R_W>L>$DEM$>$NV。其中，对植物物种耐湿能力大小分布影响最大的是水文生境指标（包括水深、流速、湿周），这离不开样地内占比较大、耐湿能力等级高的湿生植物、湿中生型植物物种对生长环境湿度的高要求，以及陆生型植物物种在过高湿度的环境下无法生存的现状。此外，受人类活动影响的河岸带景观结构和覆被特征指标（包括河道断面结构层次、河岸带植被覆盖人工化程度）与所在样地自身的差异（包括自然河岸带宽度、高程）也是影响植物物种耐湿能力大小分布的重要影响因素之一，仅次于水文生境指标。这主要是因为这些因素使得植物物种生长的环境发生了较大的改变，如河岸带层次的抬高与人工化的改造，对河岸带距水边的水平与垂直距离发生了变化，因而导致河流水文水动力条件对河岸带水文生境特征的影响程度发生了改变；人类活动对河岸带植被覆盖类型的改造，使得生长在河岸带上的植物物种本身的生态演替过程遭到干预，并通过人工灌溉、除草等农耕活动改变了河岸带本身的物种结构，引入了大量外来物种及农作物带来的逸生种等。这些因素均导致了物种及其耐湿能力在不同河段分布的差异变化。

3）各物种耐湿能力等级的 DCCA 排序结果

根据图 6-31 中所示对以上 8 个影响因子和中游河段拦河坝上、下代表样地内灌草层的 46 个物种的耐湿能力等级的排序分析结果，可以发现蓝色与深蓝色圆点表示的对生长环境湿度要求较高的湿生型植物与湿中生型植物物种主要在 *D*、WP、*V* 轴及其延长线附近，但也在环境因子所在轴线与河岸带景观结构及覆被指标所在轴线的延长线附近，说明其不仅受水文生境因子的影响，也受环境因子、河岸带景观结构与覆被因子变化的影响。橘黄色圆点所代表的陆生型植物物种也主要在 *D*、WP、*V* 轴及其延长线附近。绿色圆点所代表的中生型植物物种散布却并未围绕在水文生境因子所在轴附近，主要是湿生型植物、湿中生型植物、陆生型植物物种对水文生境条件的限制性要求较高，而中生型植物物种则对其要求不高所致。

综上，对中游河段拦河坝上、下 13 个代表样地内灌草层植物物种耐湿能力等级分布与 8 个影响因子间关系的对应分析，表明了两者间存在着紧密的联系，尤其是灌草层内的湿生型植物、湿中生型植物与陆生型植物物种，对水文生境条件的要求较高，受水文生境条件变化的影响较大。联系到中游河段拦河坝建设、防洪堤坝的修建与农业活动对河岸带土地利用的改造行为，可以进一步得出上述活动带来的景观格局特征的改变将影响着不同耐湿能力的植物物种的分布特征。

6.5 小　结

本章选取了受水利工程建设影响最为剧烈的中游河段展开了拦河坝上、下景观格局特征变化及其带来的生态水文效应的研究。分析了水利工程建设对该尺度景观格局特征的影响，并用图示化的方式进行总结与分析；采用 Mike 系列模型模拟了流溪河中游河段水动力与水质条件的动态变化，以此为基础分析水利工程建设对该河段水文生境、水质与水生生物生境条件的影响；分析了拦河坝上、下河段河岸植物群落的分布特征以及其物种与样地的耐湿等级差异，并运用对应分析的方法建立植物物种耐湿能力等级在该河段的分布差异与对应区段景观格局特征、水文生境特征间的关系，以进一步反映水利工程建设下景观格局特征变化及其带来的生态水文效应。

（1）密集的水利工程建设为流溪河中游区段带来了较为典型的梯级景观格局，且以拦河坝为界，其在拦河坝上、下河段的河道内外景观空间结构与植被覆盖特征均存在较突出的差异。本章确立了三大类表征梯级景观格局特征的景观组成要素，包括河道内外断面结构、河岸带植被覆盖与坝上、坝下河道纵向结构特征要素。对拦河坝上、下梯级景观格局特征的综合分析可以得出，坝上河段河道内外景观结构简单，河岸植被覆盖人工化严重，河床纵向结构被人为抬高，并受大坝水力调控的影响冲淤现象出现在坝上近坝体河段；坝下河段河道内外景观结构复杂，河岸植被覆盖综合了人工与自然的作用而表现出更加多样化的特点，河床纵向结构由于上游河床抬高与水力冲刷的影响，近坝堤河段河床下切严重。

在此基础上，结合图式化分析的结果确立了 13 种景观格局特征的基本结构单元，其自由组合后可全面地表征拦河坝上、下差异显著的梯级景观格局综合特征。

（2）对流溪河中游河段河道水动力与水质条件的模拟与分析，确立了以大坳、牛心岭、李溪拦河坝为例的坝上、坝下河段的水深、湿周、流速条件的时空动态变化特征，以及水利工程建设前后中游河段 CODmn 浓度的时空动态变化与鱼类生境条件的动态变化。研究发现拦河坝的建设与运行带来了中游河段坝上、坝下水文生境、水质与鱼类生境条件演变的巨大时空差异。其中，中游河段坝上水深、湿周与流速波动小，水文生境条件较为稳定，季节性的水文水动力条件变化对河道两侧河岸带影响较小；坝下水深、湿周与流速波动大，水文生境条件复杂多变，季节性的水文水动力条件变化对河道两侧河岸带影响较大，由此带来了坝上前段河道的冲淤变化及坝下前段河道的严重下切现象，导致中游河段在拦河坝上、下纵向结构上的差异，由此总结成为 2 种典型的水文生境条件图示化结构。在水利工程建设后，中游河段各断面 CODmn 的浓度增加了，且梯级电站的建设对其浓度的增加有突出的累积作用，鱼类分布特征与其水生生境条件也有较突出的变化。

（3）对三个典型拦河坝所在河段河岸植物群落分布特征及其耐湿等级的划分确立了拦河坝上、下河岸植物物种分布与耐湿能力等级的空间差异。基于此，对其与坝上、坝下景观格局特征差异的对应分析进一步反映了两者间的变化效应。拦河坝坝下总是表现出比坝上更为丰富、多样化的草本植物物种类型，且其耐湿等级的梯度效应也比坝上更为显著，这均离不开坝下河段丰富、多变的水文生境条件与特殊的景观结构和植被覆盖特征。

参 考 文 献

[1] 衣秀勇，关春曼，果有娜，等. DHI MIKE FLOOD 洪水模拟技术应用与研究［M］. 北京：中国水利水电出版社，2014.

[2] DHI Water&Environment. MIKE21&MIKE3 FLOW FM：Hydrodynamic and Transport Module Scientific Documentation［M］. Denmark：DHI Water&Environment，2007.

[3] 江涛，钟鸣，邹隆建，等. 石马河泄洪与东江水利枢纽调节不同情景下东江水质的模拟与分析［J］. 中山大学学报（自然科学版），2016，55（2）：117-123.

[4] 路洪涛，路洪波，刘金光. 基于 MIKE21 的城市湖泊人工水循环流场数值模拟［J］. 环保科技，2013，19（2）：44-48.

[5] 毛致伟. 地表水环境优化管理模型及实例研究［D］. 吉林：吉林大学，2005.

[6] 卢丽锋. 基于鱼类生物完整性指数的东江干流和流溪河流域健康评估研究［D］. 广州：暨南大学.

[7] Shaw J R，Cooper D J. Linkages among watersheds，stream reaches，and riparian vegetation in dryland ephemeral stream networks［J］. Journal of Hydrology，2008，350（1）：68-82.

[8] 张金屯. 数量生态学. 第 2 版［M］. 北京：科学出版社，2011.

第7章 结　论

本书以流溪河流域为研究区，围绕人类活动影响对流域、河流廊道与河段尺度景观格局变化的影响，构建了一套流域景观格局特征时空变化规律的多尺度分析方法，探讨了流域—廊道—河段多个维度景观格局变化特征与水文水动力相互作用关系，得到了以下几个主要结论。

（1）流溪河流域整体健康状况不佳，从上游至下游的健康等级依次下降，尤其是城市化程度较高的中、下游区域河流健康状况极差。其中，流域上游区段水文条件较差、鱼类多样性水平较低，中游区段水文与水质条件均较差、浮游植物与底栖动物多样性水平较低，下游区段水文与水质条件均较差、底栖动物多样性水平较低。

（2）在人类活动影响下，1980～2015年间流溪河流域景观呈现出中、下游地区耕地破碎化与均质化剧烈，被大量转化为建设用地的时空变化格局。146.33km²的耕地景观减少并转化成为建设用地，使得建设用地景观面积翻倍，总面积达283.14km²，且建设用地与耕地均为流溪河流域各景观类型中在流域尺度转换变化最为剧烈的两大景观类型。针对引起上述变化的时空维度驱动因素的分析，确立了非农业人口占比（即城市人口占比）与产业的转型为主要的时间驱动因素，高程一直是景观格局空间分布差异形成的关键因素，而其与其他人为因素的共同作用在2000年以后进一步加强。

（3）在1980～2015年间，人类活动对流域景观格局特征的改造也导致了流域范围内水文与水质条件的响应变化。通过采用SWAT模型反演了流域范围内不同景观情境下月均径流量、月均氨氮含量与月均总磷含量的变化过程，发现相比于1980年，2015年的景观情景下月均径流量、月均氨氮含量与月均总磷含量更高且变化率比35年间变化率更大，尤其是在流域中、下游地区，其月均径流量、月均氨氮含量与月均总磷含量的总量、变化量与变化率分别为70.1m³/s、15521kg与11834kg，2.4m³/s、4747kg与7238kg，13.61%、32.34%与24.16%。与之相对应地，该区域在2015年景观情景下拥有占比更高的建设用地面积与更低的耕地、林地面积，因而导致流域内地表径流过程中下垫面蓄滞、下渗及截污的能力削弱。

（4）河流廊道尺度不同宽度河岸带土地利用变化特征的分析结果表明，1980～2015年间在不同宽度河岸带内均以建设用地突出的动态变化为特征，与流域尺度分析一致的是均由耕地转换影响，且主要发生在流溪河中、下游区段，两者的动态度分别为2.43%和−0.52%。构建了包括300m宽度河岸带建设用地动态度在内的，结合河道内外物理结构特征与水文生境特征的7大指标。对7大指标的计算与分析发现流溪河上、中、下游廊道尺度景观格局特征存在突出的空间差异。中、下游区段相较于上游区段，具备着较高的建设用地动态度（为上游区段的近2倍），自然河岸带宽度不足175m且远小于上游区段，河岸带坡度＜20°且不足上游区段的一半；其河道湿宽较大，均大于100m，且宽深比大接近3.00，均超过上游区段的1.6倍；河道纵坡比降极小，且均不足0.15%；河流形态蜿蜒度较低且均不足1.50；较为特殊的是，中游区段相较于下游，水利梯级工程的建设最为密集，使得该区段具有全线最低的河道纵向连通性。

（5）对廊道尺度流溪河上、中、下游河段景观格局特征的解构与分类，共形成了四大类 26 个图式化景观单元，对各河段景观格局特征的图式化分析进一步地强化了其空间差异，突出了中游河段景观格局特征兼具上、下游河段特征与自身梯级景观特色的特殊性。中游区段是流溪河全线河岸植物物种类型与数量最为丰富的河段，物种总量高达全线总物种量的近 70%；具有全线最为丰富的草本植物物种，高达该层次全线总物种量的近 72%。廊道尺度景观格局特征的变化及其空间差异特征带来了河岸植物群落分布特征在不同层次、不同区段的巨大差异。河岸带土地利用变化特征指标主要影响乔木层物种的分布，尤其是人工栽培的经济物种；河道内外物理结构特征与水文生境特征因子的作用在流溪河全线均能有效体现，且对乔木层与灌草层植被的分布均有重要影响，生长在特殊环境中的植物物种对这两类因子尤为敏感，如坡地植物物种、喜湿型植物物种等。

（6）高密度的水利梯级工程建设与开发在中游河段促使了特征鲜明的梯级景观格局的形成，且其在各梯级拦河坝上、下表现出突出的空间差异性变化。在对拦河坝上、下三大类河段景观格局特征要素的分析与水动力水质条件模拟的基础上，本书结合图式化分析方法绘制出了 13 种表征拦河坝上、下河段景观格局综合特征与 2 种水文生境条件特征的图式单元，从而得出坝下相较于坝上更加复杂的景观结构、季节性大幅波动的水文生境条件以及人工与自然综合的河岸植被覆盖特征的结论。对比梯级景观带在拦河坝上、下河段变化的生态水文效应，坝下河段相较于坝上河段，河岸草本层植物物种更为丰富与多样，植物物种耐湿等级变化的梯度效应更显著，且进一步发现这离不开坝下河段层次更丰富的景观结构特征、自然与人工混合的植被覆盖特征以及不断变化的水文生境条件。高密度的水利梯级工程建设也使得该河段呈现出较为典型的污染物浓度随梯级增加而累积增加的特征，鱼类分布也因其对生境的阻隔在坝上和坝下河段呈现出较为突出的差异。

附　　录

附表 1　流溪河河岸带内 29 个采样地中 225 种植物物种名录

编号	层次	植物名称	拉丁学名	科	属	物种来源	生活型
1	乔木	水杉	*Metasequoia glyptostroboides*	柏科	水杉属	经济物种	落叶乔木
2	乔木	女贞	*Ligustrum lucidum*	木犀科	女贞属	本土物种	常绿乔木
3	乔木	红豆杉	*Taxus wallichiana var.chinensis*	红豆杉科	红豆杉属	本土物种	常绿乔木
4	乔木	粉单竹	*Bambusa chungii*	禾本科	簕竹属	经济物种	常绿乔木状竹类
5	乔木	冬青	*Ilex chinensis*	冬青科	冬青属	本土物种	小乔木
6	乔木	樟	*Cinnamomum camphora*	樟科	樟属	本土物种	常绿乔木
7	乔木	枫香树	*Liquidambar formosana*	金缕梅科	枫香树属	本土物种	落叶乔木
8	乔木	SP1	未识别出				
9	乔木	SP2	未识别出				
10	乔木	山茶	*Camellia japonica*	山茶科	山茶属	经济物种	小乔木
11	乔木	鹅掌柴	*Schefflera heptaphylla*	五加科	鹅掌柴属	本土物种	常绿乔木
12	乔木	柿	*Diospyros kaki*	柿科	柿属	经济物种	落叶乔木
13	乔木	马尾松	*Pinus massoniana*	松科	松属	本土物种	常绿乔木
14	乔木	木荷	*Schima superba*	山茶科	木荷属	本土物种	常绿乔木
15	乔木	SP3	未识别出				
16	乔木	SP4	未识别出				
17	乔木	滇刺枣	*Ziziphus mauritiana*	鼠李科	枣属	经济物种	小乔木
18	乔木	蒲桃	*Syzygium jambos*	桃金娘科	蒲桃属	本土物种	常绿乔木

续表

编号	层次	植物名称	拉丁学名	科	属	物种来源	生活型
19	乔木	猴欢喜	*Sloanea sinensis*	杜英科	猴欢喜属	本土物种	常绿乔木
20	乔木	岭南山竹子	*Garcinia oblongifolia*	藤黄科	藤黄属	经济物种	常绿乔木
21	乔木	杜英	*Elaeocarpus decipiens*	杜英科	杜英属	本土物种	常绿乔木
22	乔木	竹	*Bambusoideae*	禾本科	竹属	经济物种	常绿乔木
23	乔木	苹婆	*Sterculia monosperma*	梧桐科	苹婆属	本土物种	常绿乔木
24	乔木	羊蹄甲	*Bauhinia purpurea*	豆科	羊蹄甲属	本土物种	常绿乔木
25	乔木	SP5	未识别出				
26	乔木	银合欢	*Leucaena leucocephala*	豆科	银合欢属	本土物种	小乔木
27	乔木	檵木	*Loropetalum chinense*	金缕梅科	檵木属	本土物种	小乔木
28	乔木	柯	*Lithocarpus glaber*	壳斗科	柯属	本土物种	常绿乔木
29	乔木	土蜜树	*Bridelia tomentosa*	叶下珠科	土蜜树属	本土物种	小乔木
30	乔木	松树	*Pinus*	松科	松属	本土物种	常绿乔木
31	乔木	梅	*Prunus mume*	蔷薇科	杏属	本土物种	落叶乔木
32	乔木	龙眼	*Dimocarpus longan*	无患子科	龙眼属	经济物种	常绿乔木
33	乔木	山石榴	*Catunaregam spinosa*	茜草科	山石榴属	本土物种	小乔木
34	乔木	对叶榕	*Ficus hispida*	桑科	榕属	本土物种	常绿乔木
35	乔木	荔枝	*Litchi chinensis*	无患子科	荔枝属	经济物种	常绿乔木
36	乔木	盐肤木	*Rhus chinensis*	漆树科	盐肤木属	本土物种	落叶小乔木
37	乔木	天竺桂	*Cinnamomum japonicum*	樟科	樟属	经济物种	常绿乔木
38	乔木	梭罗树	*Reevesia pubescens*	梧桐科	梭罗树属	本土物种	常绿乔木
39	乔木	山油柑	*Acronychia pedunculata*	芸香科	山油柑属	本土物种	常绿乔木
40	乔木	三桠苦	*Euodia lepta*	芸香科	吴茱萸属	本土物种	常绿乔木

续表

编号	层次	植物名称	拉丁学名	科	属	物种来源	生活型
41	乔木	构树	*Broussonetia papyrifera*	桑科	构属	本土物种	落叶乔木
42	乔木	锥	*Castanopsis chinensis*	壳斗科	锥属	本土物种	常绿乔木
43	乔木	山黄麻	*Trema tomentosa*	榆科	山黄麻属	本土物种	小乔木
44	乔木	黄连木	*Pistacia chinensis*	漆树科	黄连木属	本土物种	落叶乔木
45	乔木	杧果	*Mangifera indica*	漆树科	杧果属	经济物种	常绿乔木
46	乔木	栾树	*Koelreuteria paniculata*	无患子科	栾树属	经济物种	落叶乔木
47	乔木	假柿木姜子	*Litsea monopetala*	樟科	木姜子属	本土物种	常绿乔木
48	乔木	桉	*Eucalyptus robusta*	桃金娘科	桉属	引种栽培种	常绿乔木
49	乔木	枇杷	*Eriobotrya japonica*	蔷薇科	枇杷属	经济物种	常绿乔木
50	乔木	水同木	*Ficus fistulosa*	桑科	榕属	本土物种	常绿乔木
51	乔木	黄皮	*Clausena lansium*	芸香科	黄皮属	经济物种	常绿乔木
52	乔木	榕树	*Ficus microcarpa*	桑科	榕属	本土物种	大乔木
53	乔木	交让木	*Daphniphyllum macropodum*	虎皮楠科	虎皮楠属	本土物种	常绿乔木
54	乔木	猴耳环	*Archidendron clypearia*	豆科	猴耳环属	本土物种	常绿乔木
55	乔木	无患子	*Sapindus saponaria*	无患子科	无患子属	经济物种	落叶乔木
56	乔木	润楠	*Machilus nanmu*	樟科	润楠属	经济物种	乔木
57	乔木	琴叶榕	*Ficus pandurata*	桑科	榕属	本土物种	常绿乔木
58	乔木	水翁蒲桃	*Syzygium nervosum*	桃金娘科	蒲桃属	本土物种	常绿乔木
59	乔木	菜豆树	*Radermachera sinica*	紫葳科	菜豆树属	本土物种	落叶乔木
60	乔木	山桃	*Prunus davidiana*	蔷薇科	桃属	经济物种	落叶乔木
61	乔木	杉木	*Cunninghamia lanceolata*	杉科	杉木属	经济物种	常绿乔木
62	乔木	楠树	*Phoebe zhennan*	樟科	楠属	经济物种	常绿乔木

续表

编号	层次	植物名称	拉丁学名	科	属	物种来源	生活型
63	乔木	朴树	*Celtis sinensis*	榆科	朴属	本土物种	落叶乔木
64	乔木	潺槁木姜子	*Litsea glutinosa*	樟科	木姜子属	本土物种	常绿乔木
65	乔木	SP8	未识别出				
66	乔木	SP9	未识别出				
67	灌木	杜鹃	*Rhododendron simsii*	杜鹃花科	杜鹃属	经济物种	常绿或落叶灌木
68	灌木	光荚含羞草	*Mimosa bimucronata*	豆科	含羞草属	外来入侵种	落叶灌木
69	灌木	萝芙木	*Rauvolfia verticillata*	夹竹桃科	萝芙木属	本土物种	直立常绿灌木
70	灌木	银柴	*Aporosa dioica*	大戟科	银柴属	本土物种	灌木
71	灌木	齿叶冬青	*Ilex crenata*	冬青科	冬青属	本土物种	多支常绿灌木
72	灌木	破布叶	*Microcos paniculata*	椴树科	破布叶属	本土物种	灌木
73	灌木	草珊瑚	*Sarcandra glabra*	金粟兰科	草珊瑚属	本土物种	常绿亚灌木
74	灌木	香花鸡血藤	*Callerya dielsiana*	豆科	鸡血藤属	本土物种	常绿攀援状灌木
75	灌木	马甲菝葜	*Smilax lanceifolia*	百合科	菝葜属	本土物种	攀援灌木
76	灌木	南烛	*Vaccinium bracteatum*	杜鹃花科	越桔属	本土物种	常绿灌木
77	灌木	土茯苓	*Smilax glabra*	百合科	菝葜属	本土物种	常绿攀援状灌木
78	灌木	山血丹	*Ardisia lindleyana*	紫金牛科	紫金牛属	本土物种	灌木
79	灌木	酸藤子	*Embelia laeta*	紫金牛科	酸藤子属	本土物种	攀援灌木或藤本
80	灌木	白背叶	*Mallotus apelta*	大戟科	野桐属	本土物种	灌木
81	灌木	苎麻	*Boehmeria nivea*	荨麻科	苎麻属	本土物种	灌木
82	灌木	中南鱼藤	*Derris fordii*	豆科	鱼藤属	本土物种	攀援状灌木
83	灌木	翼核果	*Ventilago leiocarpa*	鼠李科	翼核果属	本土物种	藤状灌木
84	灌木	鸡矢藤	*Paederia foetida*	茜草科	鸡矢藤属	本土物种	藤状灌木

续表

编号	层次	植物名称	拉丁学名	科	属	物种来源	生活型
85	灌木	天香藤	*Albizia corniculata*	豆科	合欢属	本土物种	攀援状灌木或藤本
86	灌木	吴茱萸五加	*Gamblea ciliata* var.*evodiifolia*	五加科	五加属	本土物种	灌木
87	灌木	箬竹	*Indocalamus tessellatus*	禾本科	箬竹属	经济物种	灌木状或小灌木状类
88	灌木	山麻杆	*Alchornea davidii*	大戟科	山麻杆属	本土物种	落叶灌木
89	灌木	刺果藤	*Byttneria grandifolia*	梧桐科	刺果藤属	本土物种	灌木
90	灌木	假鹰爪	*Desmos chinensis*	番荔枝科	假鹰爪属	本土物种	直立或攀援灌木
91	灌木	胡枝子	*Lespedeza bicolor*	豆科	胡枝子属	本土物种	多年生直立灌木
92	灌木	印度野牡丹	*Melastoma malabathricum*	野牡丹科	野牡丹属	本土物种	灌木
93	灌木	马缨丹	*Lantana camara*	马鞭草科	马缨丹属	外来入侵种	直立或蔓性常绿灌木
94	灌木	毛稔	*Melastoma sanguineum*	野牡丹科	野牡丹属	本土物种	直立灌木
95	灌木	朱槿	*Hibiscus rosa-sinensis*	锦葵科	木槿属	本土物种	常绿灌木
96	灌木	悬钩子	*Rubus corchorifolius*	蔷薇科	悬钩子属	本土物种	落叶灌木
97	灌木	一叶萩	*Flueggea suffruticosa*	大戟科	白饭树属	本土物种	灌木
98	灌木	菝葜	*Smilax china*	百合科	菝葜属	本土物种	攀援灌木
99	灌木	白花灯笼	*Clerodendrun fortunatum*	马鞭草科	大青属	本土物种	直立灌木
100	灌木	大青	*Clerodendrum cyrtophyllum*	马鞭草科	大青属	本土物种	灌木
101	灌木	木姜子	*Litsea pungens*	樟科	木姜子属	本土物种	落叶灌木
102	灌木	茅莓	*Rubus parvifolius*	蔷薇科	悬钩子属	本土物种	落叶小灌木
103	灌木	南天竹	*Nandina domestica*	小檗科	南天竹属	本土物种	常绿小灌木
104	灌木	SP6	未识别出				
105	灌木	刺蒴麻	*Triumfetta rhomboidea*	椴树科	刺蒴麻属	本土物种	亚灌木
106	草本	芭蕉	*Musa basjoo*	芭蕉科	芭蕉属	经济物种	多年生大型草本

续表

编号	层次	植物名称	拉丁学名	科	属	物种来源	生活型
107	草本	海芋	*Alocasia macrorrhiza*	天南星科	海芋属	本土物种	大型常绿草本
108	草本	金毛狗	*Cibotium barometz*	蚌壳蕨科	金毛狗属	本土物种	多年生树蕨
109	草本	芒萁	*Dicranopteris pedata*	里白科	芒萁属	本土物种	多年生蕨类
110	草本	乌毛蕨	*Blechnum orientale*	乌毛蕨科	乌毛蕨属	本土物种	蕨类植物
111	草本	扇叶铁线蕨	*Adiantum flabellulatum*	铁线蕨科	铁线蕨属	本土物种	多年生蕨类
112	草本	淡竹叶	*Lophatherum gracile*	禾本科	淡竹叶属	本土物种	多年生草本
113	草本	海金沙	*Lygodium japonicum*	海金沙科	海金沙属	本土物种	攀援草本
114	草本	地胆草	*Elephantopus scaber*	菊科	地胆草属	本土物种	多年生草本
115	草本	兰科未定种 1		兰科	未识别出		
116	草本	细圆藤	*Pericampylus glaucus*	防己科	细圆藤属	本土物种	木质藤本
117	草本	菖蒲	*Acorus calamus*	天南星科	菖蒲属	本土物种	多年生水生草本
118	草本	蕨类未定种 1	未识别出	鳞毛蕨科	鳞毛蕨属		蕨类植物
119	草本	扁竹兰	*Iris confusa*	鸢尾科	鸢尾属	本土物种	多年生草本
120	草本	禾本科未定种 1		禾本科			
121	草本	蕨类未定种 2		未识别出			蕨类植物
122	草本	葛	*Pueraria montana*	豆科	葛属	本土物种	多年生草质藤本
123	草本	香蒲	*Typha orientalis*	香蒲科	香蒲属	本土物种	多年生水生草本
124	草本	求米草	*Oplismenus undulatifolius*	禾本科	求米草属	本土物种	多年生草本
125	草本	三叶崖爬藤	*Tetrastigma hemsleyanum*	葡萄科	崖爬藤属	本土物种	攀援藤本
126	草本	金线吊乌龟	*Stephania cephalantha*	防己科	千金藤属	本土物种	落叶草质无毛藤本
127	草本	长鬃蓼	*Polygonum longisetum*	蓼科	蓼属	本土物种	一年生草本
128	草本	双盖蕨	*Diplazium donianum*	蹄盖蕨科	双盖蕨属	本土物种	蕨类植物

续表

编号	层次	植物名称	拉丁学名	科	属	物种来源	生活型
129	草本	山蒟	*Piper hancei*	胡椒科	胡椒属	本土物种	攀援藤本
130	草本	剑叶凤尾蕨	*Pteris ensiformis*	凤尾蕨科	凤尾蕨属	本土物种	多年生常绿草本
131	草本	伏石蕨	*Lemmaphyllum microphyllum*	水龙骨科	伏石蕨属	本土物种	多年生附生草本
132	草本	绿萝	*Epipremnum aureum*	天南星科	麒麟叶属	引种栽培种	常绿藤本
133	草本	橙黄玉凤花	*Habenaria rhodocheila*	兰科	玉凤花属	本土物种	多年生草本
134	草本	龙须藤	*Bauhinia championii*	豆科	羊蹄甲属	本土物种	藤本
135	草本	风藤	*Piper kadsura*	胡椒科	胡椒属	本土物种	常绿藤本
136	草本	锡叶藤	*Tetracera sarmentosa*	五桠果科	锡叶藤属	本土物种	常绿木质藤本
137	草本	半边旗	*Pteris semipinnata*	凤尾蕨科	凤尾蕨属	本土物种	蕨类植物
138	草本	半夏	*Pinellia ternata*	天南星科	半夏属	本土物种	多年生草本
139	草本	山菅	*Dianella ensifolia*	百合科	山菅属	本土物种	多年生草本
140	草本	地锦草	*Euphorbia humifusa*	大戟科	大戟属	本土物种	一年生草本
141	草本	薯蓣	*Dioscorea polystachya*	薯蓣科	薯蓣属	经济物种	缠绕草质藤本
142	草本	芒	*Miscanthus sinensis*	禾本科	芒属	本土物种	多年生草本
143	草本	藿香蓟	*Ageratum conyzoides*	菊科	霍香蓟属	引种栽培种	一年生草本
144	草本	鸭跖草	*Commelina communis*	鸭跖草科	鸭跖草属	本土物种	一年生披散草本
145	草本	田麻	*Corchoropsis crenata*	椴树科	田麻属	本土物种	一年生草本
146	草本	青江藤	*Celastrus hindsii*	卫矛科	南蛇藤属	本土物种	常绿藤本
147	草本	一点红	*Emilia sonchifolia*	菊科	一点红属	本土物种	一年生草本
148	草本	香附子	*Cyperus rotundus*	莎草科	莎草属	本土物种	多年生草本
149	草本	小蓬草	*Erigeron canadensis*	菊科	白酒草属	外来入侵种	一年生草本
150	草本	塞内加尔水苋菜	*Ammannia senegalensis*	千屈菜科	水苋菜属	逸生种	多年生沉水草本

续表

编号	层次	植物名称	拉丁学名	科	属	物种来源	生活型
151	草本	微甘菊	*Mikania micrantha*	菊科	假泽兰属	外来入侵种	多年生草质藤本
152	草本	蓼	*Polygonum*	蓼科	蓼属	本土物种	一年生草本
153	草本	短叶水蜈蚣	*Kyllinga brevifolia*	莎草科	水蜈蚣属	本土物种	多年生草本
154	草本	鬼针草	*Bidens pilosa*	菊科	鬼针草属	本土物种	一年生草本
155	草本	茅未定种 1		禾本科	未识别出		多年生草本
156	草本	华南毛蕨	*Cyclosorus parasiticus*	金星蕨科	毛蕨属	本土物种	蕨类植物
157	草本	马唐	*Digitaria sanguinalis*	禾本科	马唐属	本土物种	一年生草本
158	草本	蚕茧草	*Polygonum japonicum*	蓼科	蓼属	本土物种	多年生直立草本
159	草本	夜香牛	*Vernonia cinerea*	菊科	斑鸠菊属	本土物种	一年生草本
160	草本	金星蕨	*Parathelypteris glanduligera*	金星蕨科	金星蕨属	本土物种	蕨类植物
161	草本	草胡椒	*Peperomia pellucida*	胡椒科	草胡椒属	逸生种	一年生肉质草本
162	草本	蟛蜞菊	*Sphagneticola calendulacea*	菊科	蟛蜞菊属	外来入侵种	多年生匍匐状蔓生草本
163	草本	SP10	未识别出				
164	草本	丁香蓼	*Ludwigia prostrata*	柳叶菜科	丁香蓼属	本土物种	一年生直立草本
165	草本	毛草龙	*Ludwigia octovalvis*	柳叶菜科	丁香蓼属	本土物种	亚灌木状湿生草本
166	草本	翼茎阔苞菊	*Pluchea sagittalis*	菊科	阔苞菊属	逸生种	一年生草本
167	草本	香茅	*Cymbopogon*	禾本科	香茅属	引种栽培种	多年生密丛型香味草本
168	草本	香膏萼距花	*Cuphea carthagenensis*	千屈菜科	萼距花属	引种栽培种	一年生草本
169	草本	鳞盖蕨	*Microlepia*	姬蕨科	鳞盖蕨属	本土物种	蕨类植物
170	草本	荩草	*Arthraxon hispidus*	禾本科	荩草属	本土物种	一年生草本
171	草本	马㼎儿	*Zehneria japonica*	葫芦科	马㼎儿属	本土物种	多年生草质藤本
172	草本	雾水葛	*Pouzolzia zeylanica*	荨麻科	雾水葛属	本土物种	多年生草本

续表

编号	层次	植物名称	拉丁学名	科	属	物种来源	生活型
173	草本	蒲公英	*Taraxacum*	菊科	蒲公英属	本土物种	多年生草本
174	草本	叶下珠	*Phyllanthus urinaria*	叶下珠科	叶下珠属	本土物种	一年生草本
175	草本	茅未定种 2		禾本科	未识别出		多年生草本
176	草本	艳山姜	*Alpinia zerumbet*	姜科	山姜属	本土物种	多年生草本
177	草本	地桃花	*Urena lobata*	锦葵科	梵天花属	本土物种	直立亚灌木状草本
178	草本	软荚豆	*Teramnus labialis*	豆科	软荚豆属	本土物种	一年生缠绕草本
179	草本	华南凤尾蕨	*Pteris austrosinica*	凤尾蕨科	凤尾蕨属	本土物种	蕨类植物
180	草本	水茄	*Solanum torvum*	茄科	茄属	本土物种	多年生亚灌木状草本
181	草本	清风藤	*Sabia japonica*	清风藤科	清风藤属	本土物种	落叶攀援木质藤本
182	草本	矮慈姑	*Sagittaria pygmaea*	泽泻科	慈姑属	本土物种	一年生草本
183	草本	凤梨	*Ananas comosus*	凤梨科	凤梨属	引种栽培种	多年生草本
184	草本	络石	*Trachelospermum jasminoides*	夹竹桃科	络石属	本土物种	常绿木质藤本
185	草本	含羞草	*Mimosa pudica*	豆科	含羞草属	引种栽培种	多年生亚灌木状草本
186	草本	阔叶丰花草	*Spermacoce alata*	茜草科	丰花草属	引种栽培种	多年生披散草本
187	草本	风龙	*Sinomenium acutum*	防己科	风龙属	本土物种	木质大藤本
188	草本	糯米团	*Gonostegia hirta*	荨麻科	糯米团属	本土物种	多年生草本
189	草本	牛皮消	*Cynanchum auriculatum*	萝藦科	鹅绒藤属	本土物种	多年生缠绕草本
190	草本	三裂叶野葛	*Pueraria phaseoloides*	豆科	葛属	本土物种	草质藤本
191	草本	两型豆	*Amphicarpaea edgeworthii*	豆科	两型豆属	引种栽培种	一年生缠绕草本
192	草本	头状穗莎草	*Cyperus glomeratus*	莎草科	莎草属	引种栽培种	一年生草本
193	草本	五爪金龙	*Ipomoea cairica*	旋花科	番薯属	外来入侵种	多年生缠绕草本
194	草本	沿阶草	*Ophiopogon bodinieri*	百合科	沿阶草属	引种栽培种	多年生草本

续表

编号	层次	植物名称	拉丁学名	科	属	物种来源	生活型
195	草本	毛蕨	*Cyclosorus interruptus*	金星蕨科	毛蕨属	本土物种	蕨类植物
196	草本	芋	*Colocasia esculenta*	天南星科	芋属	引种栽培种	多年生草本
197	草本	狗肝菜	*Dicliptera chinensis*	爵床科	狗肝菜属	本土物种	一年生草本
198	草本	篱栏网	*Merremia hederacea*	旋花科	鱼黄草属	本土物种	缠绕草本
199	草本	王瓜	*Trichosanthes cucumeroides*	葫芦科	栝楼属	本土物种	多年生草质藤本
200	草本	火炭母	*Polygonum chinense*	蓼科	蓼属	本土物种	多年生草本
201	草本	铁苋菜	*Acalypha australis*	大戟科	铁苋菜属	本土物种	一年生草本
202	草本	商陆	*Phytolacca acinosa*	商陆科	商陆属	本土物种	多年生草本
203	草本	野木瓜	*Stauntonia chinensis*	木通科	野木瓜属	本土物种	常绿藤本
204	草本	紫苏	*Perilla frutescens*	唇形科	紫苏属	引种栽培种	一年生草本
205	草本	犁头尖	*Typhonium blumei*	天南星科	犁头尖属	本土物种	多年生草本
206	草本	弓果黍	*Cyrtococcum patens*	禾本科	弓果黍属	本土物种	一年生草本
207	草本	杠板归	*Polygonum perfoliatum*	蓼科	蓼属	本土物种	多年生蔓性草本
208	草本	白车轴草	*Trifolium repens*	豆科	车轴草属	引种栽培种	多年生草本
209	草本	扁担藤	*Tetrastigma planicaule*	葡萄科	崖爬藤属	本土物种	木质大藤本
210	草本	落花生	*Arachis hypogaea*	豆科	落花生属	引种栽培种	一年生草本
211	草本	兰	*Cymbidium*	兰科	兰属	本土物种	附生草本
212	草本	艾	*Artemisia argyi*	菊科	蒿属	本土物种	多年生草本
213	草本	禾本科未定种 2		禾本科	未识别出		多年生草本
214	草本	喜旱莲子草	*Alternanthera Philoxeroides*	苋科	莲子草属	逸生种	多年生宿根性草本
215	草本	刺苋	*Amaranthus spinosus*	苋科	苋属	本土物种	一年生草本
216	草本	金丝草	*Pogonatherum crinitum*	禾本科	金发草属	本土物种	多年生草本

续表

编号	层次	植物名称	拉丁学名	科	属	物种来源	生活型
217	草本	虮子草	*Leptochloa panicea*	禾本科	千金子属	本土物种	一年生草本
218	草本	打碗花	*Calystegia hederacea*	旋花科	打碗花属	本土物种	一年生草本
219	草本	假臭草	*Praxelis clematidea*	菊科	假臭草属	外来入侵种	一年生草本
220	草本	伞房花耳草	*Hedyotis corymbosa*	茜草科	耳草属	本土物种	一年生草本
221	草本	碎米莎草	*Cyperus iria*	莎草科	莎草属	引种栽培种	一年生草本
222	草本	灯心草	*Juncus effusus*	灯心草科	灯心草属	本土物种	多年生草本
223	草本	假蒟	*Piper sarmentosum*	胡椒科	胡椒属	本土物种	匍匐、逐节生根草本
224	草本	合果芋	*Syngonium podophyllum*	天南星科	合果芋属	引种栽培种	多年生蔓性常绿草本植物
225	草本	SP7	未识别出				

注：表中 SP 代表未识别出的物种，共计 16 种。

附表 2　流溪河河岸带内 29 个采样地中植物物种分布详情*

编号	S1	S2	S3	S4	S5	S6	S7	S8	S9	S10	S11	S12	S13	S14	S15	S16	S17	S18	S19	S20	S21	S22	S23	S24	S25	S26	S27	S28	S29
1	●																												▲
2	○	○	○																										
3	▲																												
4	●		●																										
5	○	●	○																										
6	○	○	○																										
7	○	○			●			○																					
8		○																											

* 表中数字编号为附录 1 中对应的各物种；S1～S29 为采样地编号，其中 S1～S5 为流溪河上游区段，S6～S24 为流溪河中游区段，S25～S29 为流溪河下游区段；
“●”表示该物种在对应样地内为优势物种，“▲”表示该物种在对应样地内为伴生物种，“○”表示该物种在对应样地内的其他物种，主要按物种在样地内重要值的大小划分。

续表

编号	S1	S2	S3	S4	S5	S6	S7	S8	S9	S10	S11	S12	S13	S14	S15	S16	S17	S18	S19	S20	S21	S22	S23	S24	S25	S26	S27	S28	S29
9		○																											
10		○																											
11		○	○		●			○		●																			
12		○																											
13		○																											
14		○																											
15		○																											
16		○																											
17			○																										
18				●								●	▲																●
19				○																									
20				○																									
21				●	▲																								
22					●			○			●		●		●	●			●	●		●	●			●	●		●
23					○																								
24					○																								
25					○																								
26					○													○											
27					○																								
28					○			▲																					
29					○						○												○						
30					○			●																					
31					▲																								
32						●	●			○	○		▲	●		●			○			●	▲				●	▲	○

续表

编号	S1	S2	S3	S4	S5	S6	S7	S8	S9	S10	S11	S12	S13	S14	S15	S16	S17	S18	S19	S20	S21	S22	S23	S24	S25	S26	S27	S28	S29
33						○					○																		
34							○									○	○			○				○			○		○
35							○	●		●	●	●	●	●	●	○	●	●	●	●	●	○	▲	●	●	○			
36								○																					
37								▲																					
38								○																					
39								○																					
40								○																					
41								○								○				○				●					
42								○																					
43									○																				
44									○																				
45										○						○													
46										○																			
47						▲				○					○				○	▲					○	○	○	●	▲
48													○	○			●	○											
49		○														○													
50										○															▲			▲	
51															○											●	●		
52	○		○												○														
53		○																											
54		○																											
55									○																				
56										○	○																		

续表

编号	S1	S2	S3	S4	S5	S6	S7	S8	S9	S10	S11	S12	S13	S14	S15	S16	S17	S18	S19	S20	S21	S22	S23	S24	S25	S26	S27	S28	S29
57											○																		
58												▲																	
59																	○												
60																							●						
61																													●
62																													▲
63																													○
64																								▲					
65																										○			
66																										○			
67		○																											
68			○		▲	○	●	●	●			○	●	●	▲	○	○	○											
69					○																								
70					●			▲																					
71								○																					
72								▲																					
73	○	●																											
74	▲																												
75	○																												
76		▲																											
77		○																											
78		○																											
79		○																											
80			○																										

续表

编号	S1	S2	S3	S4	S5	S6	S7	S8	S9	S10	S11	S12	S13	S14	S15	S16	S17	S18	S19	S20	S21	S22	S23	S24	S25	S26	S27	S28	S29
81				▲				▲												○									
82				●																									
83				○																									
84				○						○																			
85				▲																									
86					○																								
87					●			○																					
88					○			●															●	▲					
89								○																					
90								○																					
91								○																					
92								○		○	○										○								
93								○	▲				○		▲			○		●	●				●		○		
94								○																					
95										○																			
96										○						●													
97												▲																	
98															○	○				○									
99																		●											
100																							○						
101																							○						
102																							○						
103																									○				
104																	○												

续表

编号	S1	S2	S3	S4	S5	S6	S7	S8	S9	S10	S11	S12	S13	S14	S15	S16	S17	S18	S19	S20	S21	S22	S23	S24	S25	S26	S27	S28	S29
105																									●	○			
106			▲			▲	●		●	○		▲				●		●	○			○	▲	●		○		●	○
107				▲		▲	○	○		●	●	▲	▲	●	●	▲	●	●	●	●	○	●	●	●			●		●
108	▲																												
109	▲	●	●																										
110	●																												
111	○	●						○																					
112	●	▲	●			●	●	●		●	●	○				●			●	●	●	●	○	▲	●	▲	●		
113	○		○		○	○		○		○	○						○	○			○						○		
114	○																												
115		○																											
116		○	○																										
117		○		○																									
118		○																											
119		○																											
120			○																										
121			○																	○									
122			○			○				▲	○	▲							▲										
123			▲																										
124			▲			○		○		▲	●				○	○			▲	▲	○	●		○		▲		●	
125			▲																										
126			○																										
127			▲																										
128			○	○						▲	●					○	▲				○								●

续表

编号	S1	S2	S3	S4	S5	S6	S7	S8	S9	S10	S11	S12	S13	S14	S15	S16	S17	S18	S19	S20	S21	S22	S23	S24	S25	S26	S27	S28	S29
129			○	▲							○																		
130				○		○		○						○				○		○			○						
131				○																									
132				○																									
133				○																									
134				○																									
135				○																									
136					○			○		○																			
137					○			▲		▲	▲			▲	●				○				○	○	●	○			
138					○																								
139					▲			○																					
140					▲																								
141					○												○												
142					●			○	●		○	▲	▲	▲			▲							●	▲				
143					●	●	▲		○		○							○	▲		▲	○				○			
144					○		○	○			▲		▲					○				○			○				○
145					○																								
146					○																								
147					○																								
148							▲					○				○			○		○								
149					○																								
150					○																								
151						▲		▲	▲	○	○		○		○	▲	○	▲	○	○	○	○	○	▲	●	○	●		
152						●	○					○	○			●		●	○			○							

续表

编号	S1	S2	S3	S4	S5	S6	S7	S8	S9	S10	S11	S12	S13	S14	S15	S16	S17	S18	S19	S20	S21	S22	S23	S24	S25	S26	S27	S28	S29
153						▲	●					○	○					○	○		○	○							
154						○	○		●			▲	○	●	○	●	○	○	○		●	○	●		▲	●	●		
155						○			▲			●	●	●			●	●	○				●	●					
156						▲	▲			▲		○		▲	▲	▲			○	▲	▲	○		▲			▲		
157						○	○					○	○		●			○	●		▲	○	○			▲	●		
158						○																							
159						▲					○																		
160						▲				○								○		▲							▲	○	●
161						○																							
162							●	▲			○	●	●	●	●	●	●	▲				○							
163							○																						
164							●											○					○						
165							○											▲											
166							○																						
167							○																						
168							○																						
169							▲							○	○			○				●		▲	○	○	▲		
170							○	▲	●								▲		○		○					○			
171							○																						
172							○									○													
173							○																						
174							○											○	○		○	▲				▲	○		
175								○																					
176								○																					

续表

编号	S1	S2	S3	S4	S5	S6	S7	S8	S9	S10	S11	S12	S13	S14	S15	S16	S17	S18	S19	S20	S21	S22	S23	S24	S25	S26	S27	S28	S29
177								○	▲	○	○							▲	○		○					▲			
178								○																					
179								▲																					
180								○																					
181										○																			
182										○																			
183										○																			
184											○																		
185											○																		
186											○	●						●	○				○			▲			
187											○																		
188											○																		
189												○																	
190												▲																	
191												○						○											
192												○									○		○			○			
193														△				○					▲	○					
194														○						▲			○						
195															○														
196																○													
197																○				○									
198																○													
199																	▲												
200																		▲	○		○	▲	○	○					

续表

编号	S1	S2	S3	S4	S5	S6	S7	S8	S9	S10	S11	S12	S13	S14	S15	S16	S17	S18	S19	S20	S21	S22	S23	S24	S25	S26	S27	S28	S29
201																		○	○		○			○					
202																		○											
203																			○										
204																			○		○								
205																			○										
206																			○										
207																			○										
208																			○										
209																				○									
210																					○								
211																					○								
212																						○							
213																							▲			○			
214																							▲						
215																							○						
216																							●						
217																										○			
218																										○			
219																										○			
220																										○			
221																										○			
222																										○			
223																												●	
224																													▲
225																		●											

附表 3　流溪河上、中、下游各区段河岸植物物种分布及其重要物种

区段	类别	物种	各区段共有物种	各区段特色物种	重要物种
上游	乔木	女贞、红豆杉、粉单竹、冬青、樟、枫香树、鹅掌柴、马尾松、木荷、蒲桃、猴欢喜、杜英、竹、苹婆、羊蹄甲、银合欢、檵木、萝芙木、银柴、柯、枫香树、鹅掌柴、土蜜树、松树、梅、光荚含羞草、水杉、山茶、柿、滇刺枣、岭南山竹子、SP1、SP2、SP3、SP4、SP5	蒲桃、竹	女贞、红豆杉、粉单竹、冬青、樟、马尾松、木荷、猴欢喜、杜英、苹婆、羊蹄甲、檵木、萝芙木、土蜜树、梅、山茶柿、杜鹃、滇刺枣、岭南山竹子	水杉、粉单竹、冬青、女贞、杜英、枫香树、蒲桃、竹
	灌木	杜英、草珊瑚、香花鸡血藤、马甲菝葜、南烛、交让木、猴耳环、土茯苓、山血丹、酸藤子、白背叶、苎麻、中南鱼藤、翼核果、鸡矢藤、天香藤、吴茱萸五加、山麻杆、光荚含羞草、箬竹、杜鹃	山麻杆	杜英、草珊瑚、香花鸡血藤、南烛、交让木、猴耳环、土茯苓、山血丹、白背叶、苎麻、中南鱼藤、翼核果、天香藤、吴茱萸五加、箬竹、杜鹃	草珊瑚、中南鱼藤
	草本	金毛狗、芒萁、乌毛蕨、扇叶铁线蕨、淡竹叶、海金沙、地胆草、细圆藤、菖蒲、鳞毛蕨未定种、扁竹兰、葛、香蒲、求米草、三叶崖爬藤、金线吊乌龟、长鬃蓼、双盖蕨、山蒟、剑叶凤尾蕨、伏石蕨、海芋、橙黄玉凤花、龙须藤、风藤、锡叶藤、半边旗、半夏、山菅、地锦草、芒、鸭跖草、田麻、青江藤、一点红、香附子、小蓬草、芭蕉、薯莨、藿香蓟	淡竹叶、求米草、双盖蕨、海芋、半边旗、芒、鸭跖草、芭蕉、剑叶凤尾蕨、藿香蓟	金毛狗、芒萁、乌毛蕨、地胆草、细圆藤、菖蒲、蕨类未定种、扁竹兰、香蒲、三叶崖爬藤、长鬃蓼、伏石蕨、橙黄玉凤花、龙须藤、风藤、半夏、地锦草、田麻、青江藤、一点红、小蓬草	淡竹叶、乌毛蕨、扇叶铁线蕨、芒萁、海芋、芒、藿香蓟
中游	乔木	山石榴、对叶榕、盐肤木、梭罗树、齿叶冬青、柯、山油柑、竹、银柴、三桠苦、鹅掌柴、破布叶、松树、枫香树、锥、山黄麻、黄连木、假柿木姜子、蒲桃、海芋、菜豆树、银合欢、光荚含羞草、桉、芭蕉、龙眼、荔枝、天竺桂、杧果、栾树、枇杷、山桃、SP5	蒲桃、竹	山石榴、盐肤木、娑罗树、齿叶冬青、山油柑、三桠苦、破布叶、锥、山黄麻、黄连木、菜豆树、桉、天竺桂、杧果、栾树、枇杷、山桃	鹅掌柴、山桃、荔枝、龙眼、蒲桃、竹
	灌木	柯、苎麻、刺果藤、山麻杆、假鹰爪、毛稔、胡枝子、印度野牡丹、鸡矢藤、悬钩子、络石、一叶萩、菝葜、白花灯笼、大青、木姜子、酸藤子、茅莓、光荚含羞草、马缨丹、润楠、无患子	山麻杆	柯、刺果藤、假鹰爪、毛稔、胡枝子、印度野牡丹、悬钩子、络石、一叶萩、白花灯笼、大青、木姜子、润楠、无患子	光荚含羞草、山麻杆、悬钩子、一叶萩、马缨丹
	草本	海芋、淡竹叶、蓼、短叶水蜈蚣、鬼针草、华南毛蕨、马唐、蚕茧草、剑叶凤尾蕨、海金沙、求米草、夜香牛、金星蕨、葛、鸭跖草、香附子、丁香蓼、毛草笼、鳞盖蕨、荩草、马爬儿、雾水葛、蒲公英、叶下珠、半边旗、艳山姜、地桃花、扇叶铁线蕨、软荚豆、华南凤尾蕨、水茄、山菅、芒、锡叶藤、朱槿、双盖蕨、清风藤、矮慈姑、山蒟、风龙、糯米团、牛皮消、三裂叶野葛、毛蕨、狗肝菜、篱栏网、王瓜、火炭母、铁苋菜、商陆、野木瓜、犁头尖、弓果黍、杠板归、白车轴草、扁担藤、兰、艾、刺苋、金丝草、金线吊乌龟、微甘菊、蟛蜞菊、五爪金龙、芭蕉、薯莨、藿香蓟、草胡椒、翼茎阔苞菊、香茅、香膏萼距花、凤梨、含羞草、阔叶丰花草、两型豆、头状穗莎草、沿阶草、芋、紫苏、落花生、喜旱莲子草、SP6	淡竹叶、求米草、双盖蕨、海芋、半边旗、芒、鸭跖草、芭蕉、剑叶凤尾蕨、藿香蓟	蓼、短叶水蜈蚣、蚕茧草、夜香牛、丁香蓼、毛草笼、马爬儿、雾水葛、蒲公英、艳山姜、软荚豆、华南凤尾蕨、水茄、朱槿、清风藤、矮慈姑、风龙、糯米团、牛皮消、三裂叶野葛、毛蕨、狗肝菜、篱栏网、王瓜、商路、野木瓜、犁头尖、弓果黍、杠板归、白车轴草、扁担藤、兰、艾、刺苋、金丝草、蟛蜞菊、草胡椒、翼茎阔苞菊、香茅、香膏萼距花、凤梨、含羞草、两型豆、沿阶草、芋、紫苏、落花生、喜旱莲子草	芭蕉、半边旗、淡竹叶、地桃花、鬼针草、海芋、华南毛蕨、藿香蓟、金星蕨、荩草、阔叶丰花草、蓼、鳞盖蕨、马唐、喜旱莲子草芒、蟛蜞菊、求米草

续表

区段	类别	物种	各区段共有物种	各区段特色物种	重要物种
下游	乔木	对叶榕、构树、水同木、竹、蒲桃、海芋、朴树、假柿木姜子、荔枝、芭蕉、黄皮、龙眼、水杉、杉木、楠树、SP8、SP9	蒲桃、竹	构树、水同木、朴树、黄皮、杉木、楠树	假柿木姜子、构树、黄皮、荔枝、龙眼、蒲桃、竹
	灌木	山麻杆、南天竹、刺蒴麻、马缨丹、潺槁木姜子	山麻杆	南天竹、刺蒴麻、潺槁木姜子	刺蒴麻、马缨丹
	草本	芭蕉、海芋、华南毛蕨、鳞盖蕨、求米草、半边旗、铁苋菜、淡竹叶、火炭母、芒、剑叶凤尾蕨、马唐、鬼针草、鸭跖草、叶下珠、地桃花、荩草、虮子草、打碗花、伞房花耳草、碎米莎草、灯心草、海金沙、金星蕨、假蒟、双盖蕨、五爪金龙、微甘菊、假臭草、头状穗莎草、藿香蓟、阔叶丰花草、合果芋、SP6	淡竹叶、求米草、双盖蕨、海芋、半边旗、芒、鸭跖草、芭蕉、剑叶凤尾蕨、藿香蓟	虮子草、打碗花、伞房花耳草、碎米莎草、灯心草、假蒟、假臭草、合果芋	芭蕉、半边旗、淡竹叶、鬼针草、海芋、假蒟、金星蕨、马唐、芒、求米草、双盖蕨、微甘菊

附表 4　三个典型拦河坝坝上、坝下河段河岸植物物种的分布

区域		类型	物种	科	属
大坳坝	坝上	乔木（8 科 9 属）	假柿木姜子、荔枝、竹、杧果、龙眼、枇杷、黄皮、构树、对叶榕、榕树	无患子科、禾本科、豆科、天南星科、芭蕉科、漆树科、桑科、蔷薇科	荔枝属、竹属、含羞草属、海芋属、芭蕉属、杧果属、龙眼属、榕属、枇杷属
		灌木（4 科 4 属）	光荚含羞草、菝葜、悬钩子、马缨丹	豆科、百合科、蔷薇科、马鞭草科	含羞草属、菝葜属、悬钩子属、马缨丹属
		草本（10 科 14 属）	微甘菊、篱栏网、鳞盖蕨、毛蕨、淡竹叶、芭蕉、狗肝菜、蟛蜞菊、鬼针草、海芋、求米草、马唐、华南毛蕨、香附子、半边旗	天南星科、菊科、禾本科、金星蕨科、姬蕨科、凤尾蕨科、爵床科、旋花科、莎草科、荨麻科	海芋属、蟛蜞菊属、求米草属、马唐属、毛蕨属、鬼针草属、鳞盖蕨属、假泽兰属、凤尾蕨属、狗肝菜属、淡竹叶属、鱼黄草属、莎草属、雾水葛属
	坝下	乔木（4 科 5 属）	荔枝、菜豆树、银合欢、桉、对叶榕	无患子科、紫葳科、豆科、桃金娘科	荔枝属、菜豆树属、银合欢属、桉属、榕属
		灌木（2 科 3 属）	光荚含羞草、白花灯笼、马缨丹	豆科、马鞭草科	含羞草属、大青属、马缨丹属
		草本（21 科 26 属）	微甘菊、王瓜、薯蓣、阔叶丰花草、五爪金龙、两型豆、芒、荩草、双盖蕨、地桃花、鳞盖蕨、商陆、芭蕉、叶下珠、鸭跖草、藿香蓟、铁苋菜、剑叶凤尾蕨、金星蕨、蓼、蟛蜞菊、鬼针草、海芋、海金沙、火炭母、马唐、短叶水蜈蚣、丁香蓼、毛草龙	天南星科、菊科、禾本科、葫芦科、蹄盖蕨科、海金沙科、薯蓣科、茜草科、锦葵科、叶下珠科、鸭跖草科、姬蕨科、蓼科、大戟科、旋花科、莎草科、豆科、商陆科、金星蕨科、凤尾蕨科、柳叶菜科	海芋属、蟛蜞菊属、芒属、假泽兰属、鬼针草属、栝楼属、荩草属、双盖蕨属、海金沙属、薯蓣属、丰花草属、梵天花属、叶下珠属、鸭跖草属、鳞盖蕨属、藿香蓟属、蓼属、马唐属、铁苋菜属、番薯属、水蜈蚣属、两型豆属、商陆属、金星蕨属、凤尾蕨属、丁香蓼属

续表

区域		类型	物种	科	属
牛心岭坝	坝上	乔木（1 科 1 属）	荔枝	无患子科	荔枝属
		灌木（2 科 2 属）	印度野牡丹、马缨丹	马鞭草科、野牡丹科	马缨丹属、野牡丹属
		草本（14 科 20 属）	淡竹叶、头状穗莎草、地桃花、荩草、双盖蕨、落花生、铁苋菜、紫苏、藿香蓟、叶下珠、鬼针草、马唐、兰、短叶水蜈蚣、求米草、海芋、火炭母、香附子、海金沙、华南毛蕨	禾本科、莎草科、菊科、豆科、锦葵科、大戟科、兰科、天南星科、唇形科、蓼科、蹄盖蕨科、海金沙科、金星蕨科、叶下珠科	淡竹叶属、马唐属、莎草属、鬼针草属、落花生属、梵天花属、铁苋菜属、兰属、假泽兰属、水蜈蚣属、求米草属、海芋属、紫苏属、蓼属、荩草属、双盖蕨属、藿香蓟属、海金沙属、毛蕨属、叶下珠属
	坝下	乔木（4 科 5 属）	竹、龙眼、山桃、荔枝、土蜜树	禾本科、无患子科、蔷薇科、大戟科	竹属、龙眼属、桃属、荔枝属、土蜜树属
		灌木（3 科 4 属）	酸藤子、大青、木姜子、山麻杆	马鞭草科、樟科、紫金牛科	大青属、木姜子属、酸藤子属、山麻杆属
		草本（16 科 24 属）	千金藤、半边旗、茅莓、微甘菊、艾草、刺苋、五爪金龙、阔叶丰花草、淡竹叶、鳞盖蕨、头状穗莎草、芭蕉、鸭跖草、叶下珠、藿香蓟、蓼、沿阶草、剑叶凤尾蕨、蟛蜞菊、鬼针草、海芋、求米草、火炭母、短叶水蜈蚣、马唐、华南毛蕨、丁香蓼、喜旱莲子草、金丝草	天南星科、鸭跖草科、菊科、禾本科、蓼科、姬蕨科、叶下珠科、莎草科、金星蕨科、柳叶菜科、苋科、百合科、防己科、旋花科、茜草科、凤尾蕨科	海芋属、鸭跖草属、蟛蜞菊属、淡竹叶属、求米草属、蓼属、鳞盖蕨属、叶下珠属、鬼针草属、藿香蓟属、假泽兰属、水蜈蚣属、马唐属、蒿属、毛蕨属、丁香蓼属、莲子草属、苋属、沿阶草属、金丝草属、千金藤属、番薯属、丰花草属、凤尾蕨属
李溪坝	坝上	乔木（3 科 3 属）	假柿木姜子、荔枝、水同木	樟科、无患子科、桑科	木姜子属、荔枝属、榕属
		灌木（3 科 3 属）	刺蒴麻、南天竹、马缨丹	小檗科、椴树科、马鞭草科	刺蒴麻属、南天竹属、马缨丹属
		草本（5 科 8 属）	微甘菊、鳞盖蕨、淡竹叶、芒、鸭跖草、鬼针草、马唐、半边旗	姬蕨科、菊科、禾本科、鸭跖草科、凤尾蕨科	鳞盖蕨属、假泽兰属、马唐属、淡竹叶属、鬼针草属、鸭跖草属、芒属、凤尾蕨属
	坝下	乔木（4 科 5 属）	假柿木姜子、竹、黄皮、荔枝、龙眼、对叶榕	禾本科、芸香科、无患子科、芭蕉科	竹属、黄皮属、荔枝属、芭蕉属、龙眼属
		灌木（2 科 2 属）	刺蒴麻、马缨丹	椴树科、马鞭草科	刺蒴麻属、马缨丹属
		草本（13 科 22 属）	阔叶丰花草、虮子草、打碗花、假臭草、微甘菊、淡竹叶、头状穗莎草、地桃花、荩草、鳞盖蕨、伞房花耳草、芭蕉、叶下珠、藿香蓟、碎米莎草、灯心草、金星蕨、鬼针草、马唐、求米草、海金沙、海芋、华南毛蕨、半边旗	叶下珠科、菊科、禾本科、莎草科、锦葵科、姬蕨科、茜草科、凤尾蕨科、旋花科、灯心草科、海金沙科、天南星科、金星蕨科	叶下珠属、鬼针草属、淡竹叶属、马唐属、莎草属、梵天花属、荩草属、鳞盖蕨属、藿香蓟属、丰花草属、凤尾蕨属、千金子属、打碗花属、泽兰属、蛇舌草属、灯心草属、假泽兰属、求米草属、海金沙属、海芋属、金星蕨属、毛蕨属

附表 5　三个典型拦河坝坝上、坝下河岸带植物物种耐湿能力的划分

区域		陆生型植物（UPL）	中生型植物（FACU）	湿中生型/两栖型植物（FAC）	湿生型植物（FACW）	水湿生型植物（OBL）
大坳坝	坝上	灌木：光荚含羞草、菝葜 草本：微甘菊、篱栏网	乔木：假柿木姜子、荔枝、竹、杧果、龙眼、枇杷、黄皮、构树 灌木：悬钩子 草本：鳞盖蕨、毛蕨、淡竹叶	乔木：对叶榕、榕树 灌木：马缨丹 草本：芭蕉、狗肝菜、蟛蜞菊、鬼针草	草本：海芋、求米草、马唐、华南毛蕨、香附子、半边旗	—
	坝下	灌木：光荚含羞草、白花灯笼 草本：微甘菊、王瓜、薯蓣、阔叶丰花草、五爪金龙、两型豆	乔木：荔枝、菜豆树、银合欢 草本：芒、荩草、双盖蕨、地桃花、鳞盖蕨、商陆	乔木：桉、对叶榕 灌木：马缨丹 草本：芭蕉、叶下珠、鸭跖草、藿香蓟、铁苋菜、剑叶凤尾蕨、金星蕨、蓼、蟛蜞菊、鬼针草	草本：海芋、海金沙、火炭母、马唐、短叶水蜈蚣、丁香蓼、毛草龙	—
牛心岭坝	坝上	草本：微甘菊	乔木：荔枝 灌木：印度野牡丹 草本：淡竹叶、头状穗莎草、地桃花、荩草、双盖蕨	灌木：马缨丹 草本：落花生、铁苋菜、紫苏、藿香蓟、叶下珠、鬼针草	草本：马唐、兰、短叶水蜈蚣、求米草、海芋、火炭母、香附子、海金沙、华南毛蕨	—
	坝下	灌木：酸藤子 草本：千金藤、半边旗、茅莓、微甘菊、艾草、刺苋、五爪金龙、阔叶丰花草	乔木：竹、龙眼、山桃、荔枝 灌木：大青、木姜子、山麻杆 草本：淡竹叶、鳞盖蕨、头状穗莎草	乔木：土蜜树 草本：芭蕉、鸭跖草、叶下珠、藿香蓟、蓼、沿阶草、剑叶凤尾蕨、蟛蜞菊、鬼针草	草本：海芋、求米草、火炭母、短叶水蜈蚣、马唐、华南毛蕨、丁香蓼、喜旱莲子草、金丝草	—
李溪坝	坝上	灌木：刺蒴麻 草本：微甘菊	乔木：假柿木姜子、荔枝 灌木：南天竹 草本：鳞盖蕨、淡竹叶、芒	乔木：水同木 灌木：马缨丹 草本：鸭跖草、鬼针草	草本：马唐、半边旗	—
	坝下	灌木：刺蒴麻 草本：阔叶丰花草、虮子草、打碗花、假臭草、微甘菊	乔木：假柿木姜子、竹、黄皮、荔枝、龙眼 草本：淡竹叶、头状穗莎草、地桃花、荩草、鳞盖蕨、伞房花耳草	乔木：对叶榕 灌木：马缨丹 草本：芭蕉、叶下珠、藿香蓟、碎米莎草、灯心草、金星蕨、鬼针草	草本：马唐、求米草、海金沙、海芋、华南毛蕨、半边旗	—
总种数（种）		20	26	23	14	0